高等学校公共基础课系列教材

计算机工程训练与创新实践
——综合训练指导

主　编　帅剑平　袁　煜　周信东

副主编　韦绍杰　江叶玲　殷佳林

西安电子科技大学出版社

内 容 简 介

本书以培养计算机核心素养为目的，针对学生在校期间需要掌握的计算机基础知识，全面系统地对计算机相关实用技术进行了介绍。全书将工程性和实践性相结合，设计了符合非计算机专业的实训项目，这些实训项目涵盖了计算机操作系统的基本操作、网络数据包的分析、网络的组建及测试、多媒体技术的融合、商务文档的编排、数据分析工具的使用、Python 数据分析及硬件编程等。

本书既注重思维培养，又兼顾实践能力提升，循序渐进地组织和安排实训内容，具有突出重点、详解难点、注重计算机能力培养的特点，旨在帮助读者利用计算机解决工程实践问题，提高工程实践能力。

本书可作为高等院校非计算机专业基础教育的实训课程教材，也可作为对计算机科学感兴趣的技术人员的参考书。

图书在版编目(CIP)数据

计算机工程训练与创新实践：综合训练指导/帅剑平，袁煜，周信东主编.
—西安：西安电子科技大学出版社，2021.9(2022.7 重印)
ISBN 978-7-5606- 6187-2

Ⅰ. ①计… Ⅱ. ①帅… ②袁… ③周… Ⅲ. ① 电子计算机—高等学校—教材 Ⅳ. ①TP3

中国版本图书馆 CIP 数据核字(2021)第 178145 号

策　　划　陈婷
责任编辑　陈　婷
出版发行　西安电子科技大学出版社(西安市太白南路 2 号)
电　　话　(029)88202421　88201467　　　邮　　编　710071
网　　址　www.xduph.com　　　　　　　电子邮箱　xdupfxb001@163.com
经　　销　新华书店
印刷单位　陕西天意印务有限责任公司
版　　次　2021 年 9 月第 1 版　2022 年 7 月第 3 次印刷
开　　本　787 毫米×1092 毫米　1/16　印 张　15.5
字　　数　368 千字
印　　数　1801～4800 册
定　　价　38.00 元
ISBN 978-7-5606-6187-2 / TP

XDUP 6489001-3

前　言

当代社会，计算机科学与信息技术的应用已经渗透到社会生活的各个方面，成为推动社会进步的重要引擎。高等教育中任何一门学科，如果不能结合计算机的相关知识和技能，就不能成为符合新时代发展的学科。

《计算机工程训练与创新实践》作为高校的计算机公共基础课程教材，创新性地将工程认证中的认证点与计算机学科基础知识相结合，采用理论知识与课内实践交互进行的方式，通过灵活的案例，使课程教学能支持多个学科的知识，有针对性地迅速提升学生解决实际问题的能力。作者结合多年来的教学经验和体会，编写了《计算机工程训练与创新实践》教材的综合训练指导，作为其配套的实训教材。本书的实训项目涵盖了操作系统的基本操作、网络数据包的分析、网络的组建及测试、多媒体技术的融合、商务文档的编排、数据分析工具的使用、Python 数据分析及硬件编程等。

本书具有以下特色：

(1) 内容全面、系统，适用于高校计算机基础课程实训教学。本书以工程认证思维为导向，有助于学生全面认识和掌握利用计算机分析和解决问题的实用技术。项目 1 和项目 2 通过对计算机软、硬件的实际操作，让学生对计算机有更直观的认识；项目 3 通过从易到难、问题导入的形式，介绍了网络组建及测试的知识，有利于实训的渐进实施和内容的消化掌握；项目 4 内容的设计迎合了多媒体时代发展的需求；项目 5 和项目 6 以实际工程项目为背景，让学生掌握商务类文档的编排和数据处理的方法；项目 7 和项目 8 借助 Python 语言培养学生的逻辑思维及工程实践能力。

(2) 以实际工程背景为导向。本书融社会实际需求与教学为一体，帮助学生学习、巩固、加深对计算机基本概念和理论的理解，了解现代信息社会计算机工程及信息系统的设计方法，掌握计算机系统的调试方法、测试方法、问题分析方法，使学生了解和认识理论与实践的问题、软件与硬件相结合的问题、工程教育的问题、多学科和综合的问题。

(3) 有助于提高学生的工程素养。本书旨在培养学生主动思考、自主学习、主动实践和独立解决工程问题的研究能力与创新意识，形成理论联系实际的工程观点，具备实验研究能力和科学归纳能力，提高工程设计能力和解决实际问题的能力。

本书的出版凝聚着桂林电子科技大学多位从事计算机基础教学老师的辛勤汗水，书中设计的实训项目都是由几位老师从多年的实践教学及实际工程项目中提炼而来的，绝大多数的知识、项目内容都经过了考证或实验验证。本书项目1、项目2、项目7由袁煜编写，项目3、项目6由帅剑平编写，项目4、项目5由周信东编写，项目8由韦绍杰编写，附录及电子资源的收集和整理由江叶玲、殷佳林完成。全书由帅剑平统稿。

本书所用到的素材的获取路径可参考配套教材《计算机工程训练与创新实践》一书。

由于作者水平有限，书中不妥之处在所难免，恳请读者批评指正。

编　者
2021年6月

目　　录

项目 1

计算机硬件识别和组装

任务 目的

(1) 加深对理论知识的理解，提高实际动手能力。

(2) 了解计算机的各主要部件及其功能和微型机的各项技术指标与参数。

(3) 掌握现代计算机组成结构、内部部件的连接和装机步骤。

(4) 熟练掌握计算机的基本组装技巧。

任务 内容

(1) 了解计算机的主要部件、外部设备的种类和发展情况。

(2) 掌握计算机的主要部件、外部设备的主要性能指标。

(3) 知道如何选购计算机的主要部件和外部设备。

(4) 根据了解的知识和学校的实际情况，尝试组装一台微型计算机系统。

(5) 了解并掌握计算机系统的调试、维护方法。

任务 步骤

1. 认识计算机的主要部件及外部设备

1) 计算机硬件系统的组成

计算机硬件系统由运算器、控制器、存储器、输入设备、输出设备五大部分组成。通常一台微机是由微处理器(CPU)、主板、内存、外存储器、输入系统设备、显示系统设备、机箱与电源、显示器等具体部件构成的。

2) 计算机的主要部件及其功能

(1) 主板。主板是一块方形的电路板，在其上面分布着众多电子元件和各种设备的插槽，用于放置计算机的内存条、显卡、网卡等配件，如图 1-1 所示。

主板的芯片组是整个主板的核心，主板上各个部件的运行都是通过主板芯片组来控制的。主板上的插座主要是指 CPU 插座和电源插座。

(2) 中央处理器(Central Processing Unit，CPU)，如图 1-2 所示。CPU 由控制器和运算器这两个主要部件组成。控制器是整个计算机系统的指挥中心。在控制器的指挥控制下，运算器、存储器和输入/输出设备等部件协同工作，构成了一台完整的通用计算机。运算器是计算机中用于实现数据加工处理等功能的部件，它接收控制器的命令，负责完成对操作数据的加工处理任务，其核心部件是算术逻辑单元。

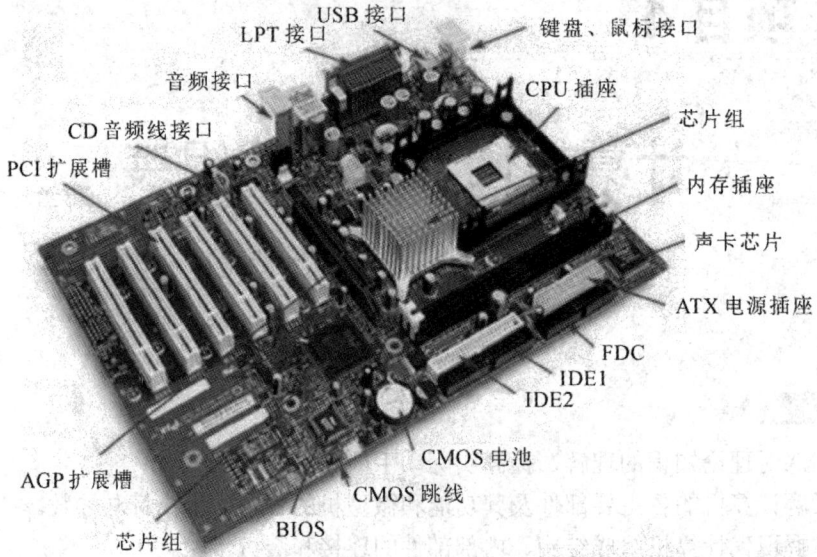

图 1-1　计算机主板

图 1-2　中央处理器(CPU)

(3) 内存。内存主要由内存条、PCB 电路板、金手指等部分组成，用于暂时存放 CPU 的运算数据，以及与硬盘等设备交换的数据。内存的容量有限，它需要不断地从外部存储器调入当前操作需要的数据以备 CPU 使用。图 1-3 所示为台式机内存条。

图 1-3　台式机内存条

(4) 硬盘(Hard Disk Drive，HDD)。硬盘是计算机最主要的存储设备。硬盘由一个或多个铝制(或者玻璃制)的碟片组成，这些碟片外覆盖有铁磁性材料，如图 1-4 所示。

图 1-4 硬盘

3) 计算机的拆装

所需工具：螺丝刀。

(1) 拆卸计算机部件的操作步骤如下：

步骤 1：关闭电源，用螺丝刀拆下螺丝，拆卸机箱。

步骤 2：观察主机各部件的连接线(电源和信号线)、各部件的固定位置和方式(固定点、螺钉类型)，并登记。

步骤 3：拆除电源和信号线、板卡、内存、硬盘和软驱(不要拆除 CPU、风扇、主板；注意安全，防止被划伤)。

(2) 安装计算机部件的操作步骤如下：

步骤 1：安装内存条。先掰开主板上内存插槽两边的把手，然后将内存条上的缺口与主板内存插槽的缺口对齐，并垂直压下内存条，当插槽两侧的固定夹自动跳起夹紧内存条并发出"咔"的一声时，说明内存条已被锁紧。

步骤 2：安装硬盘。首先把硬盘用螺丝固定在机箱上，然后插上电源线，并在硬盘上连上数据线，最后把数据线的另一端和主板接口连接。

步骤 3：安装光驱。安装方法与硬盘基本相同。不同之处在于：数据线的尾部端口和主板的光驱接口连接，数据线的 1 线对准接口的第 1 脚，并将电源的小四孔插头插入光驱的电源插头。

步骤 4：安装显卡。将显卡对准主板上的插槽并插下，用螺丝把显卡固定在机箱上。

步骤 5：安装声卡。找到声卡对应的插槽，将声卡的接口朝机箱后部插入插槽，并固定在机箱上。

步骤 6：连接机箱内部连线。

步骤 7：连接主板电源线。

步骤 8：整理内部连线。

检测无误后即可加电测试。

2. 填写组装的计算机硬件配置信息

(1) CPU：_____

(2) 内存：_____

(3) 硬盘：_____

(4) 显卡：_____

(5) 电源：_____

(6) 主板：_____

(7) 显示器：_____

项目 2

Windows 10 操作实训

任务一　Windows 10 的基本操作

任务目的

(1) 认识 Windows 10 的桌面环境及其组成。
(2) 掌握 Windows 10 桌面设置的基本方法。
(3) 掌握 Windows 10 任务栏与"开始"菜单的设置方法。
(4) 掌握 Windows 任务管理器的使用方法。
(5) 掌握中文输入法及系统日期的设置方法。

任务内容

(1) 设置桌面。
(2) 设置任务栏和"开始"菜单。
(3) 使用资源管理器。
(4) 使用任务管理器。

任务步骤

1. 设置桌面

桌面是打开计算机并启动 Windows 10 系统之后看到的主屏幕区域，也是 Windows 系统组织和管理资源的一种有效方式。桌面上主要有常用的管理程序图标、应用程序的快捷方式、桌面背景和任务栏等。

1) 设置桌面外观

步骤 1：右击桌面空白处，在弹出的快捷菜单中选择"个性化"命令，打开个性化设置窗口，如图 2-1 所示。

步骤 2：在左窗口中单击"主题"按钮，然后再单击"主题设置"，在弹出的窗口中选择自己喜欢的一个主题。

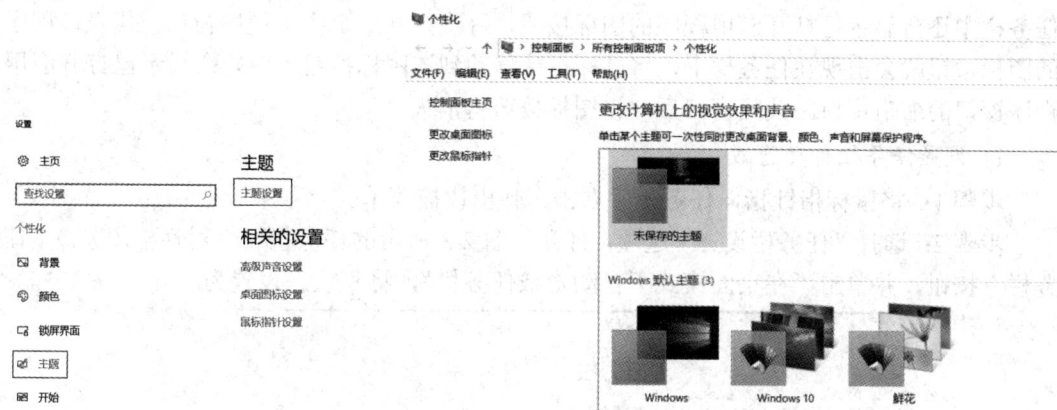

图 2-1　个性化设置窗口

2) 设置桌面背景和屏幕保护程序

步骤 1：在打开的个性化窗口中，单击"背景"按钮，打开桌面背景窗口，选择自己喜欢的图片。如在列表中未找到所需图片，可以单击"浏览"按钮，在本地磁盘中选择自己所需的图片。

步骤 2：回到个性化窗口，先单击"锁屏界面"按钮，然后选择"屏幕保护程序设置"，设置屏幕保护程序的类型、屏幕保护程序的等待时间，如选择"在恢复时显示登录屏幕"（如图 2-2 所示），则每次恢复使用时都会要求用户输入登录密码。设置好后，单击"确定"按钮。

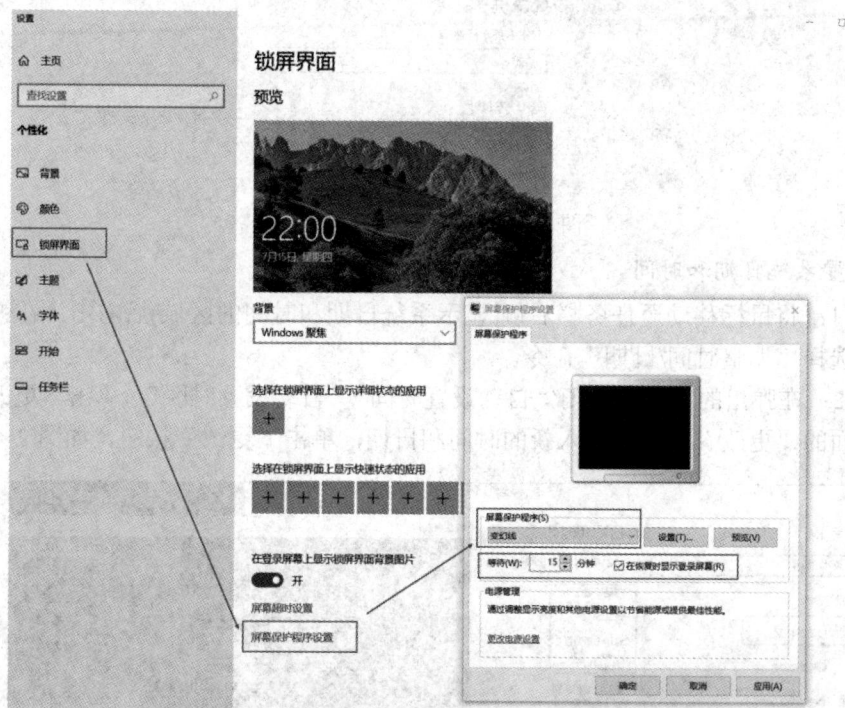

图 2-2　设置屏幕保护程序

2. 设置任务栏和"开始"菜单

任务栏位于桌面底部，包括开始按钮、通知区域及时钟、输入方式、状态图标等。在任务栏中还会显示已打开应用程序的图标按钮，每次打开一个应用程序窗口，代表该程序的图标按钮就会出现在任务栏上，将鼠标指针移动到该图标按钮上时，会显示已打开应用程序窗口的缩略窗口。关闭窗口后，该图标按钮将消失。

1) 设置任务栏自动隐藏

步骤 1：将鼠标指针指向任务栏并右击，弹出快捷菜单。

步骤 2：选择"任务栏设置"选项，打开如图 2-3 所示的任务栏属性对话框。选择"任务栏"按钮，并单击"在桌面模式下自动隐藏任务栏"，将其状态设置为"开"。

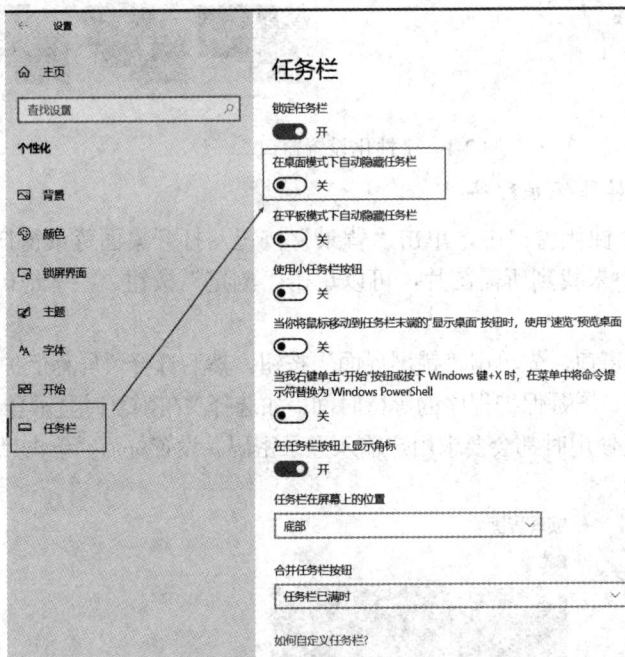

图 2-3　设置任务栏自动隐藏

2) 设置系统日期和时间

步骤 1：将鼠标移动至任务栏右侧(显示系统日期和时间的区域)后右击，在弹出的快捷菜单中选择"调整时间/日期"命令。

步骤 2：在弹出的窗口中关闭"自动设置时间""自动设置时区"，单击"更改日期和时间"下面的"更改"按钮。输入新的时间和日期，单击"更改"按钮，如图 2-4 所示。

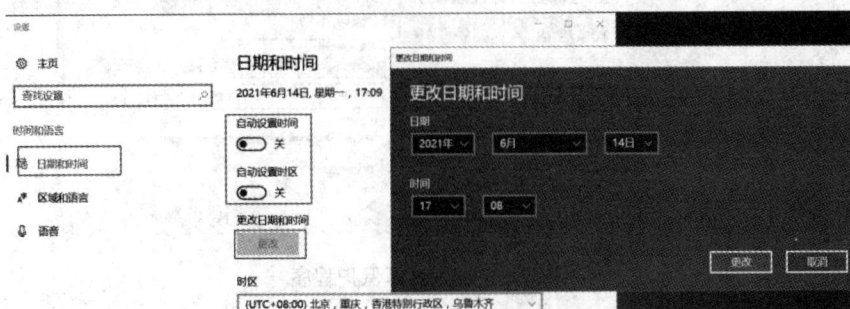

图 2-4　设置系统日期和时间

3. 使用资源管理器

Windows 10 的"此电脑"和"资源管理器"是管理计算机资源的主要程序，也是实现文件和文件夹操作的有力工具。Windows 10 资源管理器的地址栏用级别按钮取代了传统的纯文本方式，将不同级别路径用不同的按钮分割，用户通过单击按钮即可实现目录跳转，从而通过资源管理器完成对计算机的各种操作。

使用"Windows 资源管理器"查看 C 盘下"Program Files"文件夹下内容的步骤为：双击桌面上的"此电脑"图标，在资源管理器的左边选择"本地磁盘(C:)"，在窗口界面的右边双击"Program Files"文件夹，进入"Program Files"文件夹后可查看到该文件夹下的内容，如图 2-5 所示。

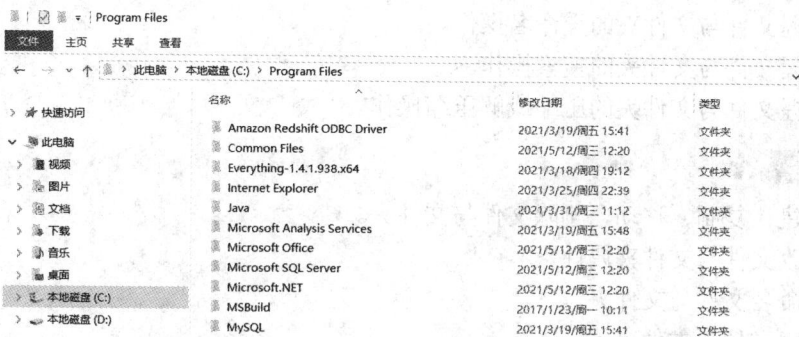

图 2-5　查看 C 盘下"Program Files"文件夹下的内容

4. 使用任务管理器

Windows 10 的任务管理器是管理计算机中运行程序的应用程序，它提供了有关计算机性能的信息，通过任务管理器可以查看计算机的性能情况以及正在运行的应用程序和进程。

使用任务管理器查看进程，终止"画图"应用程序的具体步骤为：

步骤 1：启动"画图"程序。

步骤 2：将鼠标指针指向任务栏空白处并右击，在弹出的快捷菜单中选择"任务管理器"命令，打开 Windows 任务管理器窗口。

步骤 3：在任务管理器窗口中选择进程名为"画图"的应用程序，将鼠标移动到"画图"进程的上方，按下鼠标右键，在弹出的快捷菜单中选择"结束任务"命令终止"画图"应用程序，如图 2-6 所示。

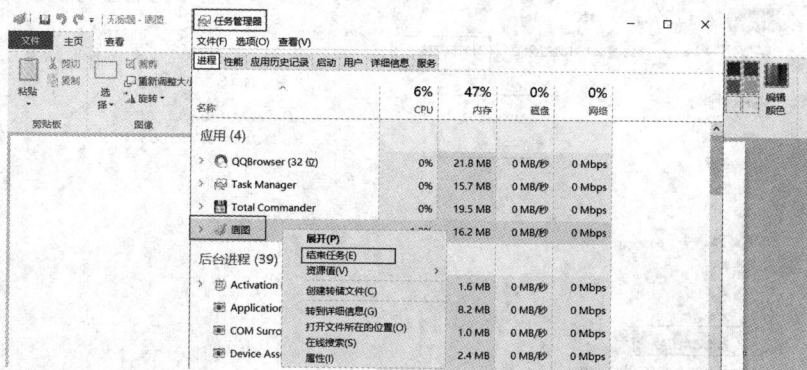

图 2-6　使用任务管理器查看进程并终止"画图"应用程序

此方法也可用于终止某些出现异常情况的应用程序,通过关闭这些异常应用程序使系统恢复正常。

任务二　文件与文件夹操作

任 务 目 的 ▶▶······●●●

(1) 掌握文件与文件夹的新建、复制、移动、删除操作。
(2) 掌握文件与文件夹的属性修改操作。
(3) 掌握文件与文件夹的重命名操作。
(4) 掌握文件与文件夹的搜索操作。
(5) 掌握文件与文件夹的压缩或解压缩操作。

任 务 内 容 ▶▶······●●●

(1) 新建、复制、移动、删除文件与文件夹。
(2) 修改文件与文件夹属性。
(3) 重命名文件与文件夹。
(4) 搜索文件与文件夹。
(5) 压缩或解压缩文件与文件夹。

任 务 步 骤 ▶▶······●●●

1. 新建文件与文件夹

在 D 盘的根目录下新建一个文件夹,文件夹的名字为学生的所在院系名;在此新建文件下再新建两个文件夹,其中一个文件夹的名字为学生的学号,另一个文件夹的名字为学生的姓名。

步骤 1:先双击桌面上的"此电脑"图标,然后在打开的窗口中双击 D 盘,再单击窗口中的新建文件夹命令。在如图 2-7 所示的窗口中就可以看到 D 盘中新建了一个文件夹,名称为院系名。

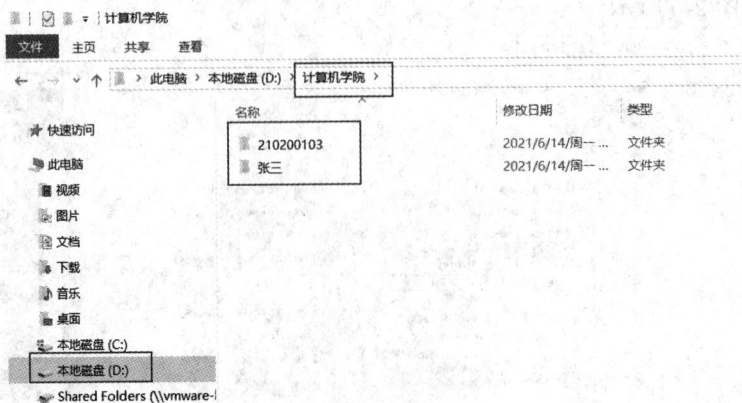

图 2-7　新建文件夹

步骤 2：更改新建文件夹的名称，输入学生所在的院系名，按回车键，即可完成新文件夹的重命名。

步骤 3：打开新建好的院系文件夹，在院系文件夹下按同样方法新建学号和姓名两个文件夹。

另一种新建文件夹的方法是：在选定位置直接右击鼠标，在弹出的快捷菜单中选择"新建"子菜单下的"文件夹"命令即可。

文件的新建与文件不同格式的处理软件有关，用户往往在文件保存时对文件名和存放路径进行操作。

2. 复制、移动文件与文件夹

(1) 将院系文件夹下的姓名文件夹移动至 D 盘的根目录下，并将院系文件夹下的学号文件夹复制到根目录下。

步骤 1：首先在 D 盘的院系文件夹中找到已创建的姓名文件夹，右击该文件夹，从弹出的快捷菜单中选择"剪切"命令；然后回到 D 盘的根目录，在空白处单击鼠标右键，在弹出的快捷菜单中选择"粘贴"命令，则姓名文件夹被移动到 D 盘的根目录下，如图 2-8 所示。

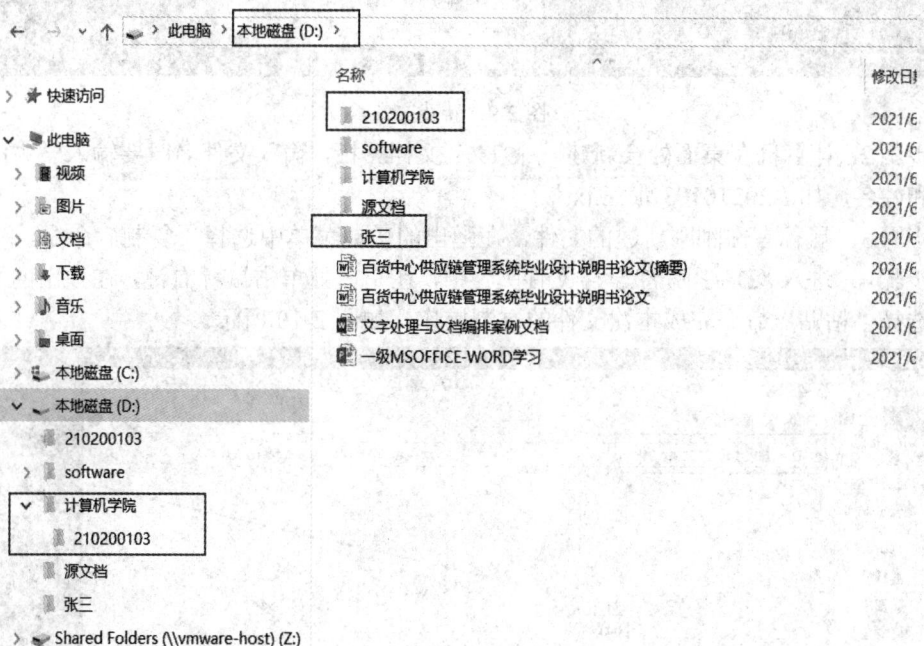

图 2-8　文件夹的移动与复制

步骤 2：首先再次进入 D 盘的院系文件夹，找到已创建的学号文件夹，右击该文件夹，从弹出的快捷菜单中选择"复制"命令；然后回到 D 盘的根目录，在空白处单击鼠标右键，在弹出的快捷菜单中选择"粘贴"命令，则学号文件夹被复制到 D 盘的根目录下，如图 2-8 所示。

(2) 在桌面新建一个名为"学号姓名.txt"的文件，并利用 Windows 资源管理器将其复制至"D:\学院名\学号文件夹"中，如"D:\计算机学院\210200103\"。

步骤 1：在桌面空白处单击鼠标右键，在弹出的菜单中选择"新建"命令，将鼠标移动至"文本文档"子命令并单击，如图 2-9 所示。

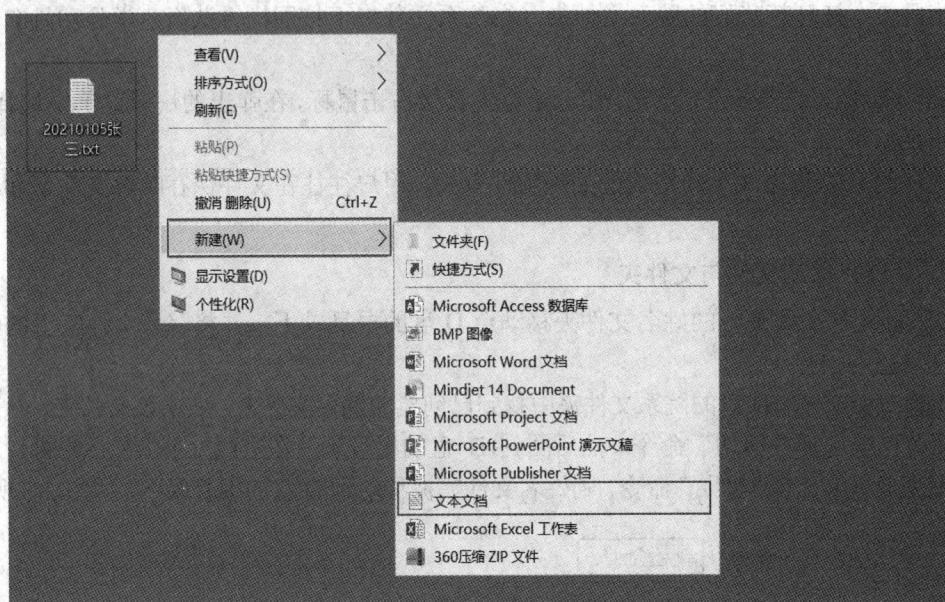

图 2-9　新建文件

步骤 2：计算机在桌面处会新建一个 TXT 文档图标，输入文件名时要输入学生的真实学号和姓名，如"20210103 张三.txt"。

步骤 3：鼠标右击刚刚新建的文件，在弹出的快捷菜单中选择"复制"命令。

步骤 4：进入"D:\学院名\学号文件夹"中，在空白处单击鼠标右键，在弹出的快捷菜单中选择"粘贴"命令完成本次文件的复制操作，如图 2-10 所示。

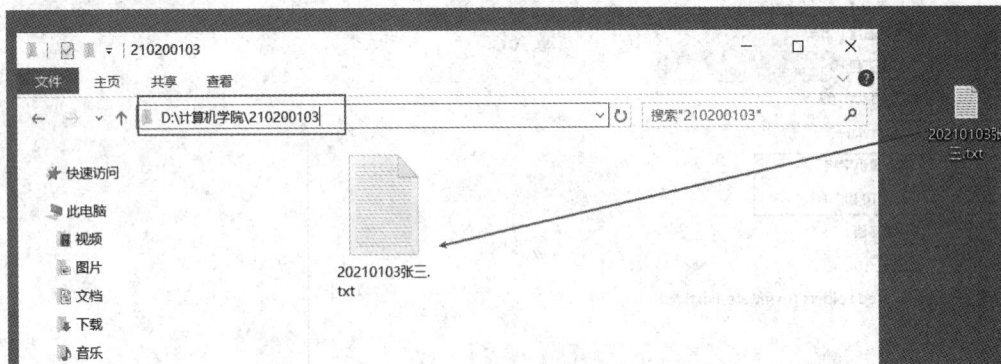

图 2-10　复制文件

3. 修改文件与文件夹属性

将 D 盘根目录下的姓名文件夹属性修改为只读，将桌面的"学号姓名.txt"文件(如20210103 张三.txt)属性修改为隐藏。

步骤 1：首先鼠标右击姓名文件夹，在弹出的快捷菜单中选择"属性"命令，然后在弹出窗口的"常规"选项卡中单击"只读"选项，最后单击"确定"按钮，如图 2-11 所示。

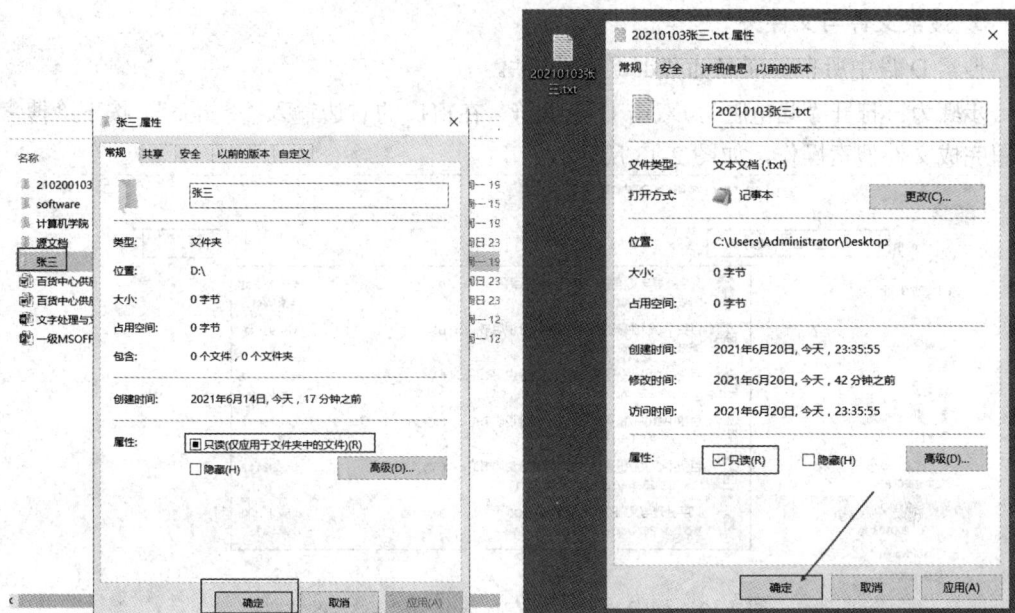

图 2-11　修改文件与文件夹属性

步骤 2：首先鼠标右击"20210103 张三.txt"文件，在弹出的快捷菜单中选择"属性"命令，然后在弹出窗口的"常规"选项卡中选择"隐藏"选项，最后单击"确定"按钮并观察在 D 盘的根目录下此文件是否已消失。

4. 删除文件或文件夹

删除文件或文件夹，只要先选中要删除的文件或文件夹，再按下"Delete"键即可。需要注意的是，正常删除的文件会放入 Windows 桌面的回收站中。

若要彻底删除文件，需清空回收站。

删除"D:\学院名\学号文件夹"(如"D:\计算机学院\20210103\")中刚刚创建的"学号姓名.txt"文件并清空回收站。

步骤 1：利用 Windows 资源管理器进入"D:\学院名\学号文件夹"，找到"学号姓名.txt"文件，如"20210103 张三.txt"，在键盘上按下"Delete"键，删除该文件。

步骤 2：在桌面上先使用鼠标左键单击"回收站"图标，再按下鼠标右键，在弹出的快捷菜单中单击"清空回收站"命令，在弹出对话框中单击"是"按钮，完成本次操作，如图 2-12 所示。

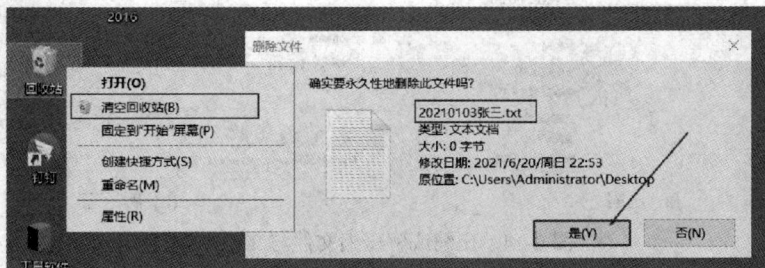

图 2-12　清空回收站

5. 搜索文件与文件夹

搜索 D 盘中所有扩展名为"doc"的文件。

步骤为：打开"此电脑"，双击 D 盘盘符，在窗口的右边输入"*.doc"，按下"搜索"按钮完成文件搜索操作，如图 2-13 所示。

图 2-13　搜索 D 盘中所有扩展名为"doc"的文件

6. 压缩或解压缩文件与文件夹

先压缩 D 盘根目录下学号文件夹及文件夹下的所有文件，压缩文件名为"学号.zip"，再在 D 盘根目录下的姓名文件夹下解压"学号.zip"文件。

步骤 1：进入 D 盘根目录，鼠标右击学号文件夹，在弹出的快捷菜单中选择"添加到 xxx.zip"命令(见图 2-14(a))，稍等片刻后，在 D 盘根目录下就会出现"学号.zip"的文件，此压缩包文件包含了学号文件夹及文件夹下的所有文件。

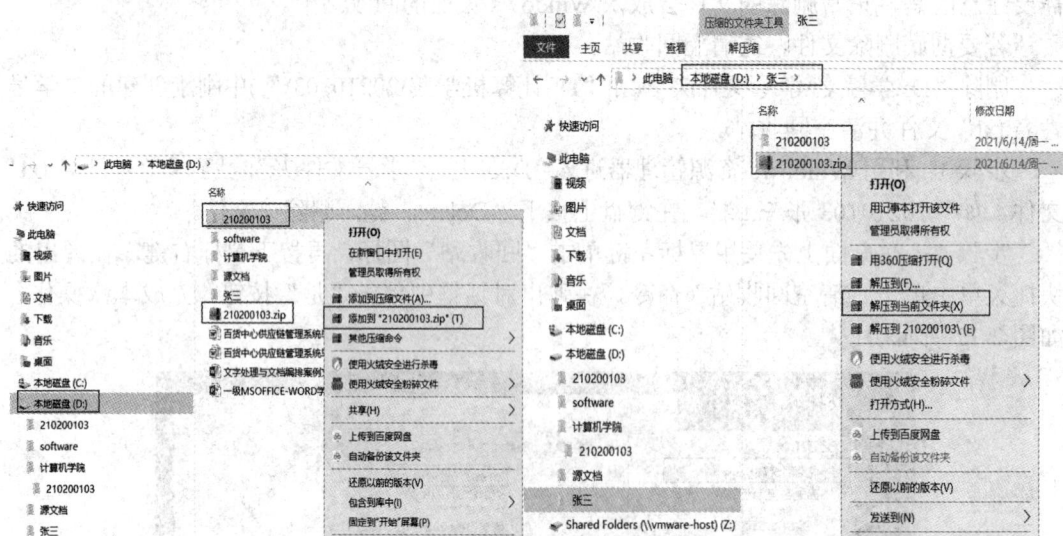

(a) 压缩　　　　　　　　　　　　(b) 解压缩

图 2-14　压缩或解压缩文件与文件夹

步骤 2：将"学号.zip"的文件复制到姓名文件夹中。鼠标右击"学号.zip"文件，在弹出的快捷菜单中选择"解压到当前文件夹"命令(见图 2-14(b))，稍等片刻后，在姓名文件夹下会出现学号文件夹及其文件夹下的所有文件。

任务三　控制面板

任务 **目的** ▶▶┅┅●●●

(1) 掌握控制面板的使用方法。

(2) 掌握系统设置的简单方法。

任务 **内容** ▶▶┅┅●●●

(1) 设置分辨率。

(2) 格式化磁盘。

(3) 删除程序。

(4) 建立用户账户或更改用户账户密码。

(5) 查找并添加新的硬件。

任务 **步骤** ▶▶┅┅●●●

控制面板是 Windows 系统对系统环境进行调整和设置的工具，它集中了用来配置系统的全部应用程序，允许用户查看并进行计算机系统硬件的设置和控制。

1. 打开控制面板

鼠标右击屏幕左下角的 Windows 图标，在弹出的快捷菜单中选择"控制面板"命令，即可打开控制面板，如图 2-15 所示。

图 2-15　打开控制面板

2. 设置分辨率

控制面板中的"显示"选项可以让用户设置屏幕的分辨率、屏幕的显示方向，以及检测显示器和选择显示器，在弹出窗口的"高级显示设置"选项中可对显示器的屏幕刷新率和颜色进行设置。

将显示分辨率设置为 1920×1080。

步骤 1：打开控制面板，鼠标右击"显示"选项，在弹出窗口的右边单击"更改显示器设置"选项，在弹出窗口中单击"高级显示设置"选项。

步骤 2：在分辨率的下拉框中选择"1920×1080"选项(如图 2-16 所示)，然后单击"应用"按钮完成本次操作。

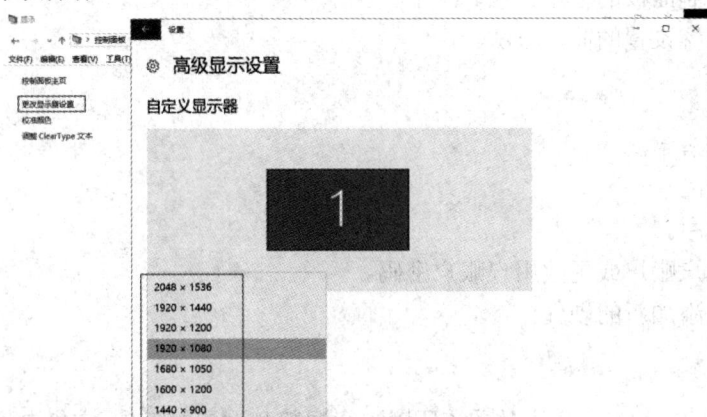

图 2-16　设置分辨率

3. 格式化磁盘

所有新磁盘都必须先进行格式化以后才能使用。

需要特别强调的是，一旦磁盘进行了格式化，磁盘中的数据将被全部清除。

步骤 1：选择需要格式化的磁盘盘符，鼠标右击，在弹出的快捷菜单中选择"格式化…"命令，如图 2-17(a)所示。

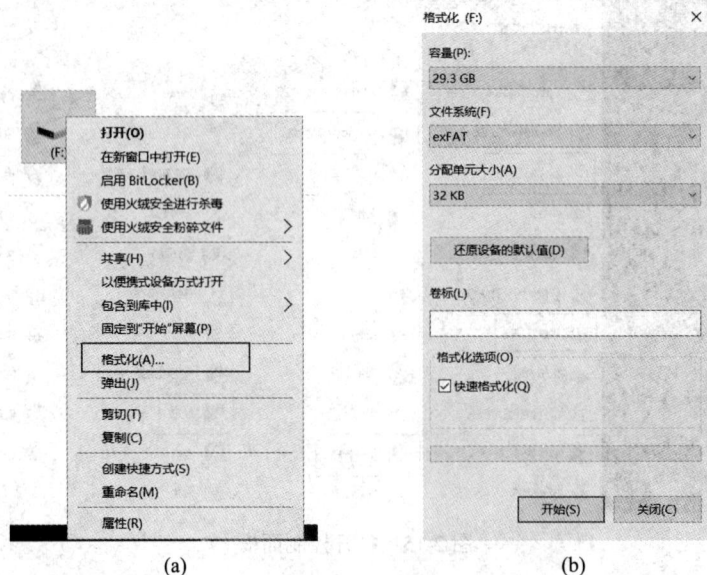

(a)　　　　　　　(b)

图 2-17　格式化磁盘

步骤 2：在弹出的格式化窗口中查看容量、文件系统和分配单元的大小，确认无误后输入卷标，单击"开始"按钮，即可完成对磁盘的格式化操作，如图 2-17(b)所示。

4. 删除程序(卸载软件)

计算机在使用一段时间后，Windows 10 系统内会安装很多软件，当不需要某个软件的时候，可以通过控制面板删除该软件程序，以释放存储空间。

在图 2-18 所示界面中双击需要删除的程序，则会弹出该程序的卸载窗口，按照程序的指示完成即可。

图 2-18　删除程序(卸载软件)界面

5. 建立用户账户或更改用户账户密码

用户可以对计算机系统的用户账户设置或更改密码。

步骤 1：进入控制面板，单击"用户账户"选项。

步骤 2：先在弹出窗口中单击"管理其他账户"选项，再双击需要设置密码的账户，然后单击"创建密码"选项，如图 2-19(a)所示。

步骤 3：输入两次正确的密码(密码可以使用英文字符的大写、小写、特殊字符或数字，但不能使用中文)，然后单击"创建密码"按钮，如图 2-19(b)所示。

(a)　　　　　　　　　　　　　　　　　　(b)

图 2-19　更改密码

6. 查找并添加新的硬件

一般来说，Windows 10 操作系统会自动识别用户所插入的第三方硬件。

　　打开控制面板，单击"设备管理器"，可以查看到当前已安装的所有硬件，如发现有硬件未能正确安装，可以通过"操作"菜单下的"扫描检测硬件改动"命令进行人工查找并安装硬件，如图 2-20 所示。

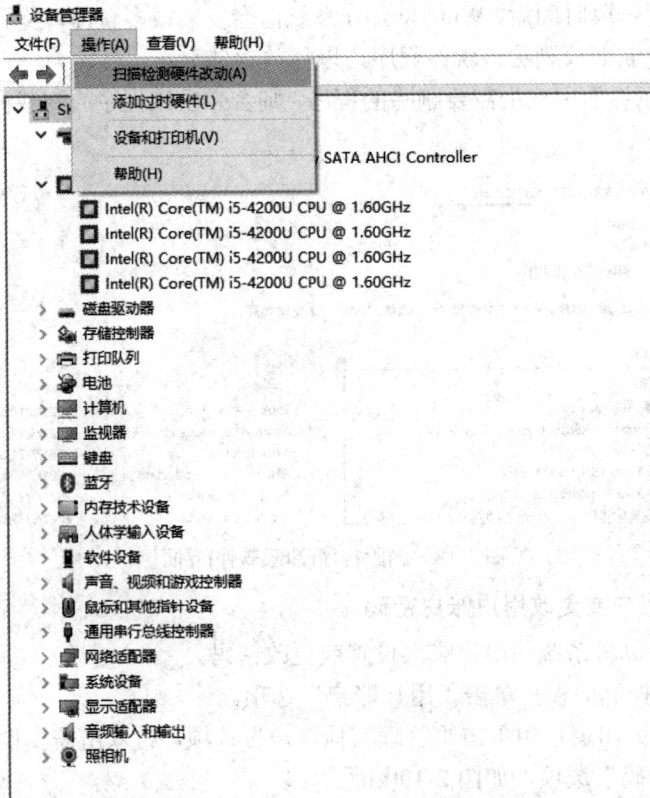

图 2-20　查找并添加新的硬件

项目 3

计算机网络实训

任务一　常用网络命令

任务目的 ▶▶-----●●●

(1) 掌握常用网络命令的使用方法。

(2) 学会使用网络命令获取网络信息及测试网络状况。

(3) 掌握网络问题诊断与分析方法。

任务内容 ▶▶-----●●●

(1) 使用网络命令查看网络配置、跟踪路由等。

(2) 学会配置网络 IP 属性。

任务步骤 ▶▶-----●●●

1. 执行 ipconfig 命令

执行 ipconfig 命令可查看计算机系统正在使用的网络参数信息，包括接口类型、IP 地址、子网掩码、默认网关、MAC 地址、DNS 服务器等信息。

步骤 1：在 Windows 操作系统下，首先按住键盘上的 Win 图标键(即系统键)，然后再按"R"键。在弹出的"运行"对话框中输入"cmd"命令。如图 3-1 所示。

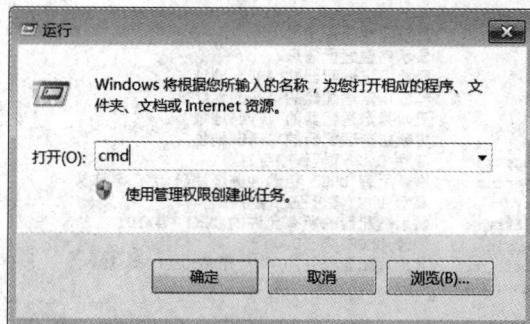

图 3-1　"运行"对话框

步骤 2：执行 ipconfig/all 命令，查看网络信息，网络信息如图 3-2 所示。

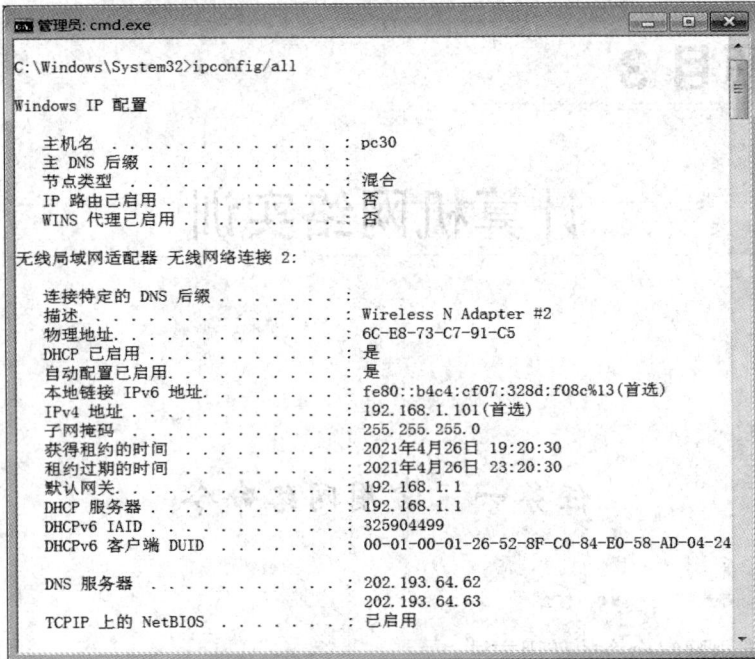

```
管理员: cmd.exe                                                    _ □ X

C:\Windows\System32>ipconfig/all

Windows IP 配置

    主机名 . . . . . . . . . . . . . . : pc30
    主 DNS 后缀 . . . . . . . . . . . . :
    节点类型 . . . . . . . . . . . . . : 混合
    IP 路由已启用 . . . . . . . . . . . : 否
    WINS 代理已启用 . . . . . . . . . . : 否

无线局域网适配器 无线网络连接 2:

    连接特定的 DNS 后缀 . . . . . . . . :
    描述. . . . . . . . . . . . . . . : Wireless N Adapter #2
    物理地址. . . . . . . . . . . . . . : 6C-E8-73-C7-91-C5
    DHCP 已启用 . . . . . . . . . . . . : 是
    自动配置已启用. . . . . . . . . . . : 是
    本地链接 IPv6 地址. . . . . . . . . : fe80::b4c4:cf07:328d:f08c%13(首选)
    IPv4 地址 . . . . . . . . . . . . . : 192.168.1.101(首选)
    子网掩码 . . . . . . . . . . . . . : 255.255.255.0
    获得租约的时间 . . . . . . . . . . : 2021年4月26日 19:20:30
    租约过期的时间 . . . . . . . . . . : 2021年4月26日 23:20:30
    默认网关. . . . . . . . . . . . . . : 192.168.1.1
    DHCP 服务器 . . . . . . . . . . . . : 192.168.1.1
    DHCPv6 IAID . . . . . . . . . . . . : 325904499
    DHCPv6 客户端 DUID . . . . . . . . . : 00-01-00-01-26-52-8F-C0-84-E0-58-AD-04-24

    DNS 服务器 . . . . . . . . . . . . : 202.193.64.62
                                         202.193.64.63
    TCPIP 上的 NetBIOS . . . . . . . . : 已启用
```

图 3-2　网络信息

步骤 3：执行 ipconfig/? 命令查看帮助信息，以查看此命令的其他使用方法，如图 3-3 所示。

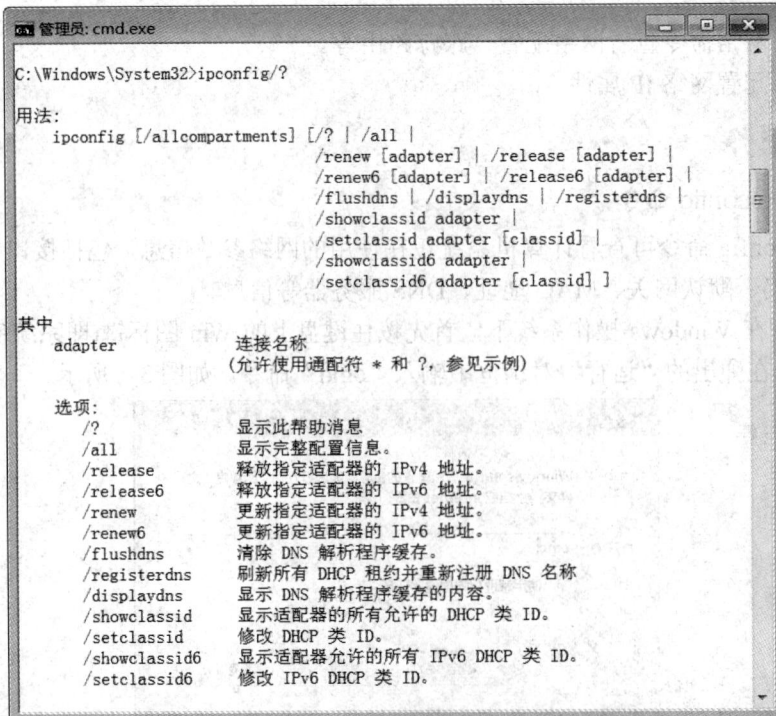

```
管理员: cmd.exe                                                    _ □ X

C:\Windows\System32>ipconfig/?

用法:
    ipconfig [/allcompartments] [/? | /all |
                                  /renew [adapter] | /release [adapter] |
                                  /renew6 [adapter] | /release6 [adapter] |
                                  /flushdns | /displaydns | /registerdns |
                                  /showclassid adapter |
                                  /setclassid adapter [classid] |
                                  /showclassid6 adapter |
                                  /setclassid6 adapter [classid] ]

其中
    adapter             连接名称
                        (允许使用通配符 * 和 ?, 参见示例)

    选项:
       /?               显示此帮助消息
       /all             显示完整配置信息。
       /release         释放指定适配器的 IPv4 地址。
       /release6        释放指定适配器的 IPv6 地址。
       /renew           更新指定适配器的 IPv4 地址。
       /renew6          更新指定适配器的 IPv6 地址。
       /flushdns        清除 DNS 解析程序缓存。
       /registerdns     刷新所有 DHCP 租约并重新注册 DNS 名称
       /displaydns      显示 DNS 解析程序缓存的内容。
       /showclassid     显示适配器的所有允许的 DHCP 类 ID。
       /setclassid      修改 DHCP 类 ID。
       /showclassid6    显示适配器允许的所有 IPv6 DHCP 类 ID。
       /setclassid6     修改 IPv6 DHCP 类 ID。
```

图 3-3　ipconfig 帮助信息

步骤 4：为网络接口配置 IP 地址、子网掩码、默认网关、DNS 服务器 IP 地址信息，如图 3-4 所示。

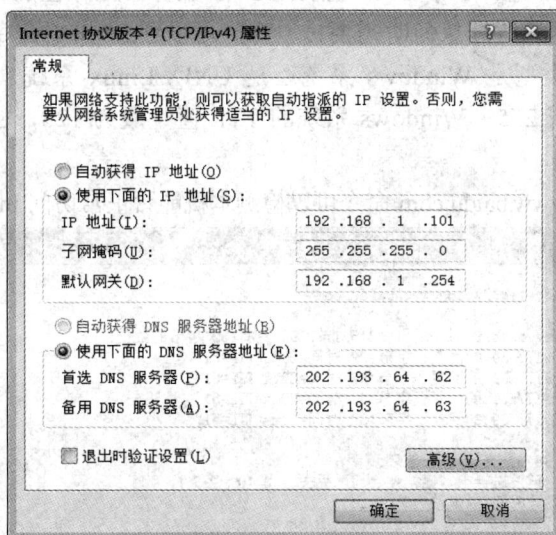

图 3-4　网络信息配置

2. 执行 ping 命令

ping 是 Windows、Unix 和 Linux 系统下的一个共用命令。ping 属于一种通信协议，是 TCP/IP 协议的一部分。利用 ping 命令可以检查网络是否连通，可以很好地帮助用户分析和判定网络故障。

ping 命令可以用来测试两个主机之间的连通性。使用 ping 命令时，源站点将向目的站点发送一个 ICMP 回应请求报文(包括一些任选的数据)，如目的站点接收到该报文，必须向源站点发回一个 ICMP 回应应答报文，源站点收到应答报文(且其中的任选数据与所发送的相同)，则认为目的站点是可达的，否则认为不可达。

步骤 1：在命令行窗口执行 ping 127.0.0.1 命令(127.0.0.1 为回环地址)，检查本地的 TCP/IP 是否设置完成，如图 3-5 所示。

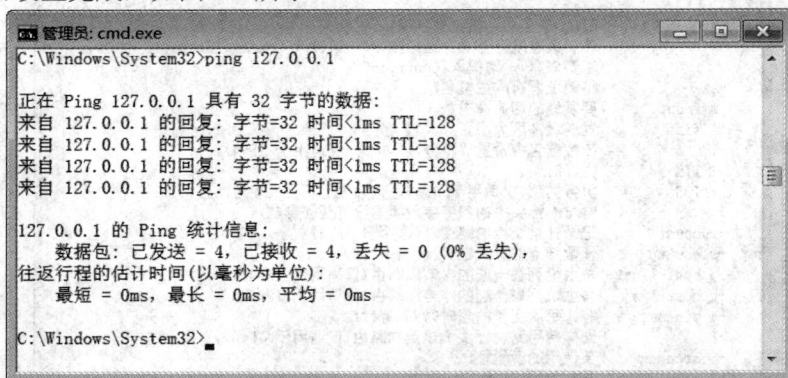

图 3-5　执行 ping127.0.0.1 命令

ping 命令返回值含义为：

字节(Byte)值：数据包大小。

时间(Time)值：响应时间，这个时间越小，说明连接这个地址速度越快。

TTL (Time To Live) 值：表示 DNS 记录在 DNS 服务器上存在的时间，它是 IP 协议包的一个值，告诉路由器该数据包何时需要被丢弃。可以通过 ping 命令返回的 TTL 值大小粗略地判断目标系统类型是 Windows 系统还是 UNIX/Linux 系统。默认情况下，Linux 系统的 TTL 值为 64 或 255，Windows 系统的 TTL 值一般为 128，UNIX 系统的 TTL 值为 255。

步骤 2：执行 ping www.baidu.com 命令可以检测本机能否正常访问 Internet，如图 3-6 所示。

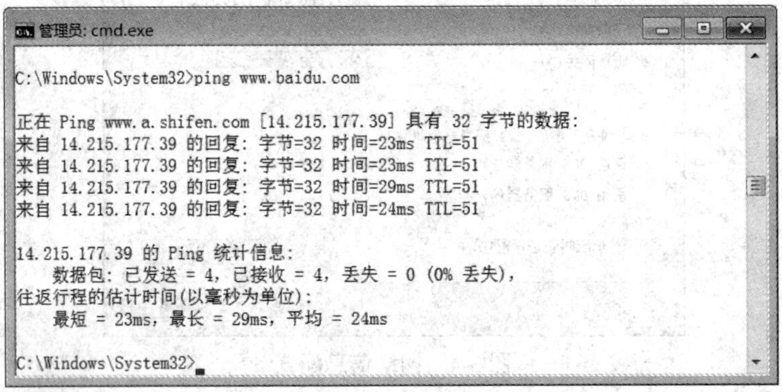

```
管理员: cmd.exe
C:\Windows\System32>ping www.baidu.com

正在 Ping www.a.shifen.com [14.215.177.39] 具有 32 字节的数据:
来自 14.215.177.39 的回复: 字节=32 时间=23ms TTL=51
来自 14.215.177.39 的回复: 字节=32 时间=23ms TTL=51
来自 14.215.177.39 的回复: 字节=32 时间=29ms TTL=51
来自 14.215.177.39 的回复: 字节=32 时间=24ms TTL=51

14.215.177.39 的 Ping 统计信息:
    数据包: 已发送 = 4, 已接收 = 4, 丢失 = 0 (0% 丢失),
往返行程的估计时间(以毫秒为单位):
    最短 = 23ms, 最长 = 29ms, 平均 = 24ms

C:\Windows\System32>
```

图 3-6　执行 ping www.baidu.com 命令

图 3.6 显示的状态表明本机网络运行正常，能够正常接入 Internet，否则表明主机网络存在故障。

步骤 3：执行 ping/? 命令查看 ping 命令帮助信息，以查看此命令的其他使用方法，如图 3-7 所示。

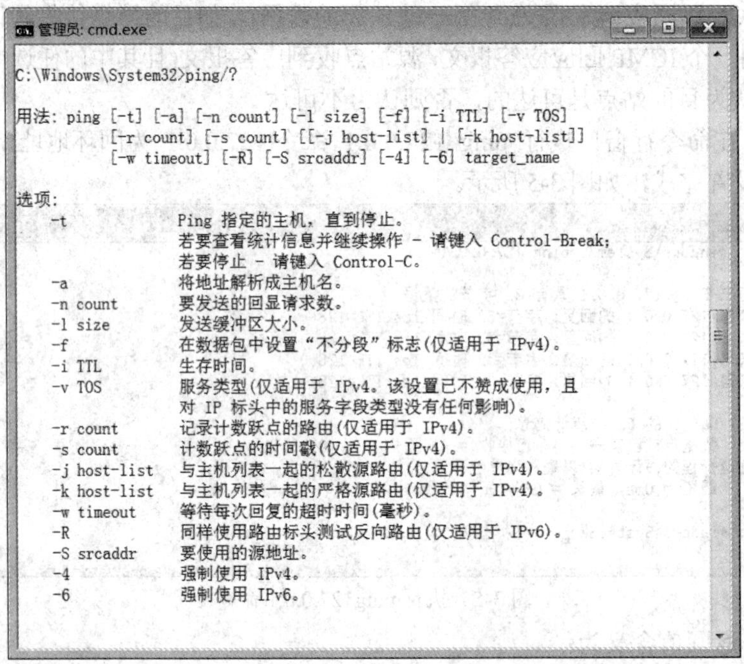

```
管理员: cmd.exe
C:\Windows\System32>ping/?

用法: ping [-t] [-a] [-n count] [-l size] [-f] [-i TTL] [-v TOS]
           [-r count] [-s count] [[-j host-list] | [-k host-list]]
           [-w timeout] [-R] [-S srcaddr] [-4] [-6] target_name

选项:
    -t             Ping 指定的主机，直到停止。
                   若要查看统计信息并继续操作 - 请键入 Control-Break;
                   若要停止 - 请键入 Control-C。
    -a             将地址解析成主机名。
    -n count       要发送的回显请求数。
    -l size        发送缓冲区大小。
    -f             在数据包中设置“不分段”标志(仅适用于 IPv4)。
    -i TTL         生存时间。
    -v TOS         服务类型(仅适用于 IPv4。该设置已不赞成使用，且
                   对 IP 标头中的服务字段类型没有任何影响)。
    -r count       记录计数跃点的路由(仅适用于 IPv4)。
    -s count       计数跃点的时间戳(仅适用于 IPv4)。
    -j host-list   与主机列表一起的松散源路由(仅适用于 IPv4)。
    -k host-list   与主机列表一起的严格源路由(仅适用于 IPv4)。
    -w timeout     等待每次回复的超时时间(毫秒)。
    -R             同样使用路由标头测试反向路由(仅适用于 IPv6)。
    -S srcaddr     要使用的源地址。
    -4             强制使用 IPv4。
    -6             强制使用 IPv6。
```

图 3-7　ping 帮助信息

3. 执行 tracert 命令

tracert 命令可以用来跟踪数据报的路由(路径),并列出了在所经过的每个路由器上所花的时间。因此,tracert 一般用来检测网络故障的位置。

步骤 1:执行 tracert www.baidu.com 命令,显示从本地到百度网站所在的网络服务器所经过的路由信息,如图 3-8 所示。

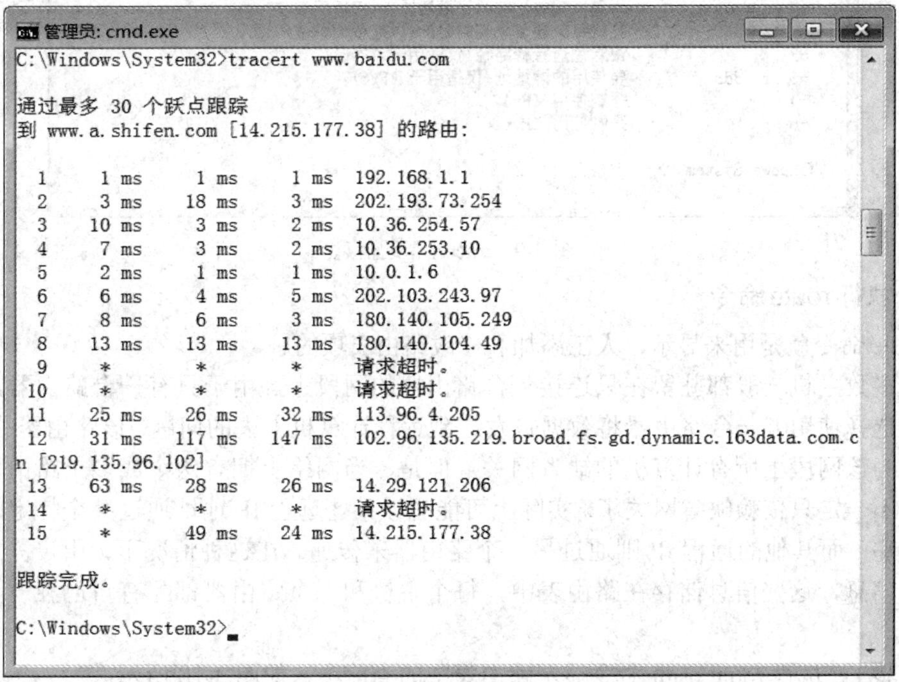

```
管理员: cmd.exe

C:\Windows\System32>tracert www.baidu.com

通过最多 30 个跃点跟踪
到 www.a.shifen.com [14.215.177.38] 的路由:

  1    1 ms     1 ms     1 ms   192.168.1.1
  2    3 ms    18 ms     3 ms   202.193.73.254
  3   10 ms     3 ms     2 ms   10.36.254.57
  4    7 ms     3 ms     2 ms   10.36.253.10
  5    2 ms     1 ms     1 ms   10.0.1.6
  6    6 ms     4 ms     5 ms   202.103.243.97
  7    8 ms     6 ms     3 ms   180.140.105.249
  8   13 ms    13 ms    13 ms   180.140.104.49
  9    *        *        *      请求超时。
 10    *        *        *      请求超时。
 11   25 ms    26 ms    32 ms   113.96.4.205
 12   31 ms   117 ms   147 ms   102.96.135.219.broad.fs.gd.dynamic.163data.com.c
n [219.135.96.102]
 13   63 ms    28 ms    26 ms   14.29.121.206
 14    *        *        *      请求超时。
 15    *       49 ms    24 ms   14.215.177.38

跟踪完成。

C:\Windows\System32>_
```

图 3-8　执行 tracert www.baidu.com 命令

关于图 3-8 的几点说明:

(1) tracert 命令用于确定 IP 数据包访问目标所经过的路径,显示从本地到目标网站所在网络服务器的一系列网络节点的访问速度,最多支持显示 30 个网络节点。

(2) 最左侧一列的 1,2,3…15 表示当前连接的网络,本例说明经过了 14(不算本地的)个路由节点到达百度网站的服务器。

(3) 中间的三列单位是 ms,表示本机连接到每个路由节点的速度、返回速度和多次连接反馈的平均值。

(4) 最后一列的 IP 地址就是每个路由节点对应的 IP 地址。

(5) 如果返回消息超时,则表示这个路由节点和本机是无法连通的,具体原因有很多种。比如:特意在路由上做了过滤限制,或者确实是路由的问题等,需要具体问题具体分析。

(6) 一般 10 个节点以内可以完成跟踪的网站访问速度都是不错的;10 到 15 个节点之内才完成跟踪的网站访问速度则比较差;如果超过 30 个节点都没有完成跟踪的网站,则可以认为目标网站是无法访问的。

步骤 2:执行 tracert/? 命令查看 tracert 命令帮助信息,以查看此命令的其他使用方法,如图 3-9 所示。

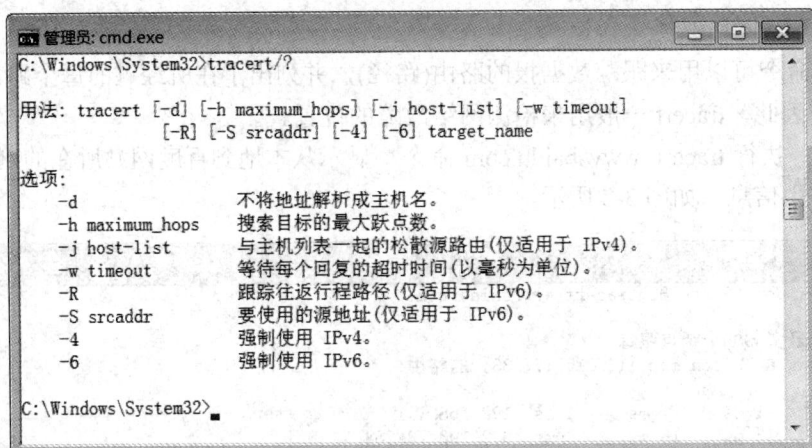

图 3-9　tracert 帮助信息

4. 执行 route 命令

route 命令就是用来显示、人工添加和修改路由表项的。

大多数主机一般都驻留在只连接一台路由器的网段上。由于只有一台路由器，因此不存在选择使用哪一台路由器将数据包发送到远程计算机上去的问题，该路由器的 IP 地址可作为该网段上所有计算机的缺省网关。但是，当网络上拥有两个或多个路由器时，用户就不一定只依赖缺省网关了。实际上可能想让某些远程 IP 地址通过某个特定的路由器来传递，而其他的远程 IP 则通过另一个路由器来传递。在这种情况下，用户需要相应的路由信息，这些信息储存在路由表中，每个主机和每个路由器都配有自己独一无二的路由表。

步骤 1：执行 route print 命令显示路由表中的当前项，如图 3-10 所示。

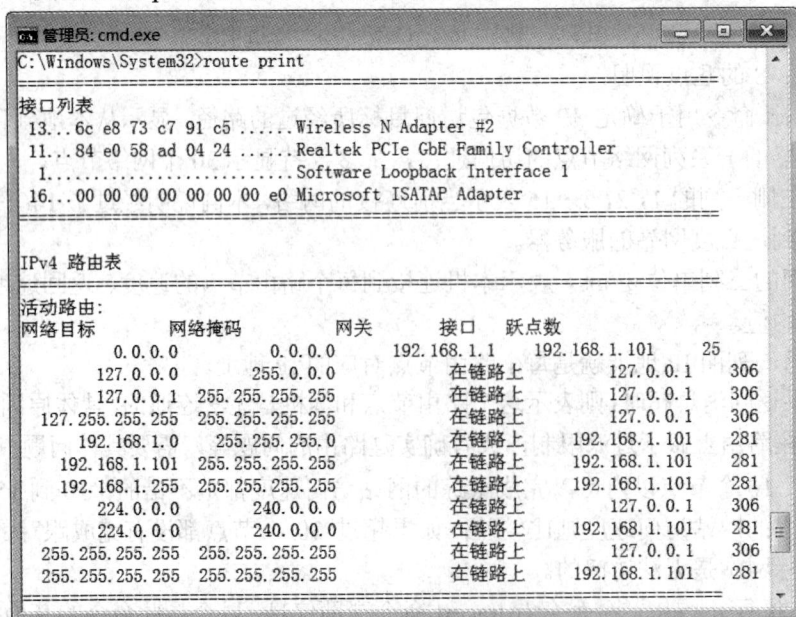

图 3-10　路由表中的信息

步骤 2：执行 route/？命令查看 route 命令帮助信息，以查看此命令的其他使用方法。

5. 执行 nslookup 命令

nslookup 命令用于解析域名，一般用来检测本机的 DNS 设置是否正确。如果网络异常或无法收到 DNS 服务器发来的消息，就无法解析出域名对应的 IP 地址。

步骤 1：执行 nslookup 命令，当显示部分信息后，继续输入“www.baidu.com”命令，即可显示百度网站所对应的 IP 地址，如图 3-11 所示。

步骤 2：在当前窗口执行 Ctrl + C 命令可中断当前状态。

```
管理员: cmd.exe - nslookup
C:\Windows\System32>nslookup
DNS request timed out.
    timeout was 2 seconds.
默认服务器:  UnKnown
Address:  202.193.64.62

> www.baidu.com
服务器:  UnKnown
Address:  202.193.64.62

非权威应答:
名称:    www.a.shifen.com
Addresses:  14.215.177.39
          14.215.177.38
Aliases:  www.baidu.com

>
```

图 3-11　nslookup 输出信息

6. 执行 netstat 命令

netstat 命令能够显示活动的 TCP 连接、计算机侦听的端口、以太网统计信息、IP 路由表、IPv4 统计信息(对于 IP、ICMP、TCP 和 UDP 协议)以及 IPv6 统计信息(对于 IPv6、ICMPv6、通过 IPv6 的 TCP 以及 UDP 协议)。使用时如果不带参数，netstat 显示活动的 TCP 连接。

步骤 1：执行 netstat 命令，显示 TCP 连接信息，如图 3-12 所示。

```
管理员: cmd.exe - netstat

C:\Windows\System32>netstat

活动连接

  协议  本地地址          外部地址        状态
  TCP    127.0.0.1:21441        pc30:53703             ESTABLISHED
  TCP    127.0.0.1:53703        pc30:21441             ESTABLISHED
  TCP    192.168.1.101:49268    124.227.185.228:http   CLOSE_WAIT
  TCP    192.168.1.101:49272    124.227.185.228:http   CLOSE_WAIT
  TCP    192.168.1.101:49371    101.91.37.29:http      ESTABLISHED
  TCP    192.168.1.101:51410    101.91.37.28:8080      ESTABLISHED
  TCP    192.168.1.101:51426    36.99.30.162:http      ESTABLISHED
  TCP    192.168.1.101:52865    106.11.12.4:https      ESTABLISHED
  TCP    192.168.1.101:53589    14.18.180.113:https    CLOSE_WAIT
  TCP    192.168.1.101:53635    14.18.180.113:https    CLOSE_WAIT
  TCP    192.168.1.101:53639    14.18.180.113:https    CLOSE_WAIT
  TCP    192.168.1.101:53666    183.57.48.94:https     CLOSE_WAIT
  TCP    192.168.1.101:53688    146:https              CLOSE_WAIT
```

图 3-12　执行 netstat 命令

步骤 2：执行 netstat/？命令查看帮助信息，以查看此命令的其他使用方法。

下面给出 netstat 的一些常用选项。

(1) netstat -a：-a 选项显示所有的有效连接信息列表，包括已建立的连接(ESTABLISHED)，也包括监听连接请求(LISTENING)的那些连接。

(2) netstat -n：-n 选项用于以点分十进制的形式列出 IP 地址，而不是象征性的主机名和网络名。

(3) netstat -e：-e 选项用于显示关于以太网的统计数据。它列出的项目包括传送的数据包的总字节数、错误数、删除数、数据包的数量和广播的数量。这些统计数据既有发送的数据包数量，也有接收的数据包数量。使用这个选项可以统计一些基本的网络信息。

(4) netstat -r：-r 选项可以显示关于路由表的信息，类似于 route print 命令时看到的信息。除了显示有效路由外，还显示当前有效的连接。

7. 执行 arp 命令

ARP 协议是 Address Resolution Protocol(地址解析协议)的缩写。ARP 缓存中包含一个或多个表，ARP 协议用于将网络中的 IP 地址解析为目标硬件地址(MAC 地址)，以保证通信的顺利进行。

步骤 1：执行 arp -a 命令，查看高速缓存中的所有项目，如图 3-13 所示。

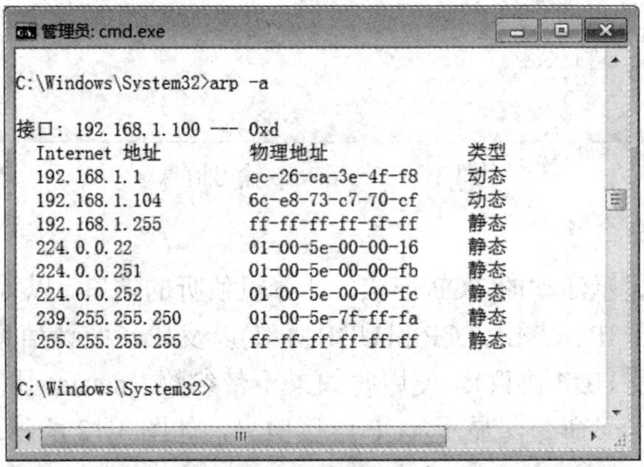

图 3-13　执行 arp 命令

任务二　网络抓包

任务 目的

(1) 掌握 Wireshark 软件的基本使用方法。

(2) 学会使用 Wireshark 软件对网卡上的数据包进行抓取。

(3) 掌握数据链路层、网络层、运输层常用数据包的定义。

任务 内容

(1) 使用 Wireshark 软件抓取网络数据包，并对报文简单分析。

(2) 使用过滤器功能过滤指定的数据包。

任务步骤 ▶▶-----•••

1. 使用 Wireshark 软件

步骤 1：启动软件，选择需要抓包的网卡。

当计算机上有多块网卡时，Wireshark 软件需要选择一个网卡以实现抓包功能。请按下面的方法选择网卡：

方法一：启动 Wireshark 软件，在主界面中会列出网卡信息(不同计算机会有所不同)。选择网卡"无线网络连接 2"，鼠标双击即可启动捕获数据，进入抓包页面，如图 3-14 所示。

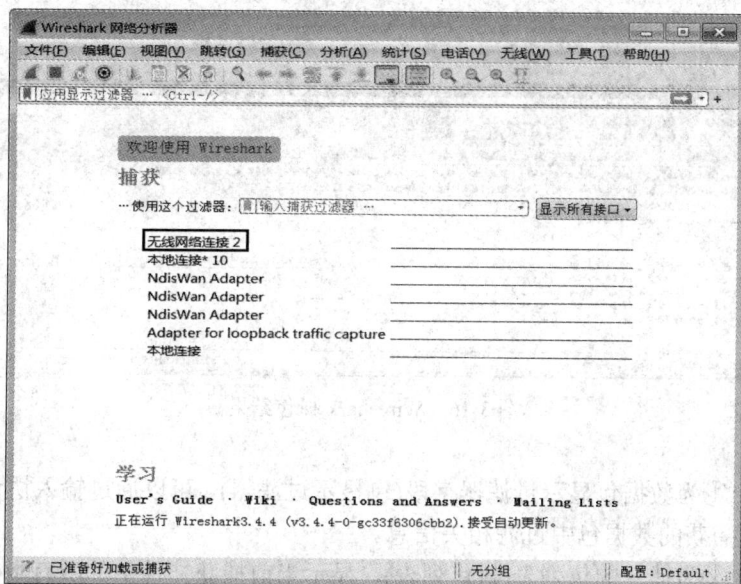

图 3-14　选择网卡方法一

方法二：首先在菜单栏选择"捕获(C)"→"选项(O)..."命令，弹出"捕获选项"对话框，然后在"Input"选项卡中选择"无线网络连接 2"，最后单击"开始"按钮，进入抓包页面，如图 3-15 所示。

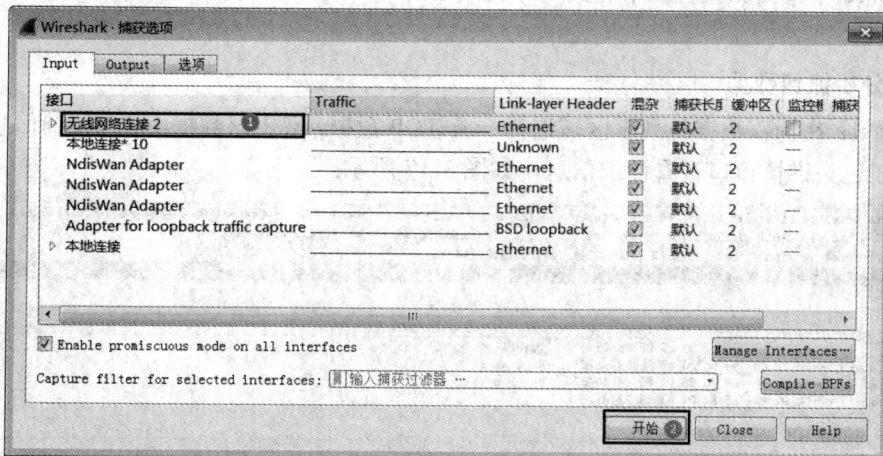

图 3-15　选择网卡方式二

步骤 2：打开一个终端，查看另一台计算机的 IP 地址(假如 IP 地址为 192.168.1.104)，并执行 ping 192.168.1.104 命令向此 IP 地址发送报文。

步骤 3：单击停止按钮 ■ 停止抓包，抓包结果如图 3-16 所示。

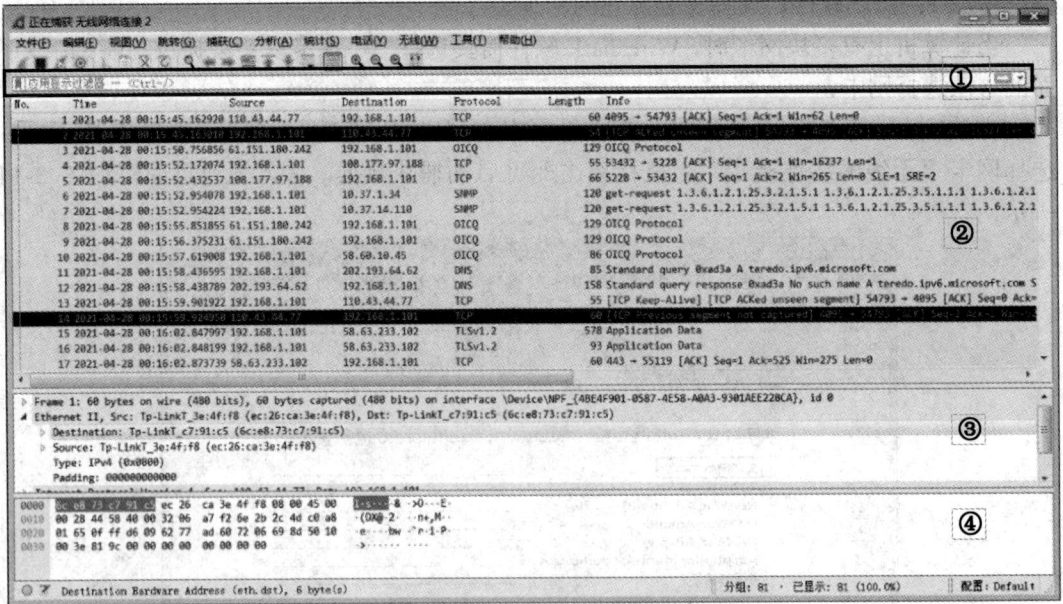

图 3-16　Wireshark 抓包结果

其中：

图 3-16 中①为数据包显示过滤器字段(包显示过滤器)，可以通过输入协议名称或其他信息，在众多捕获的数据包中过滤相关信息。

图 3-16 中②为捕获的包列表(封包列表)，显示当前捕获文件中的所有数据包，相关列字段可以进行定制。

图 3-16 中③为数据包头部细节(封包详细信息)，以 TCP/IP 格式分层显示一个数据包中的内容。

图 3-16 中④为数据包字节(包字节)，以 ASCII 和十六进制格式显示捕获的数据帧的全部内容。

2. 分析抓包数据

步骤 1：在捕获数据包列表区域选择一条 TCP 数据，双击该数据，进入详细信息页面，或直接在包头详情窗口查看详细信息，如图 3-17 所示。

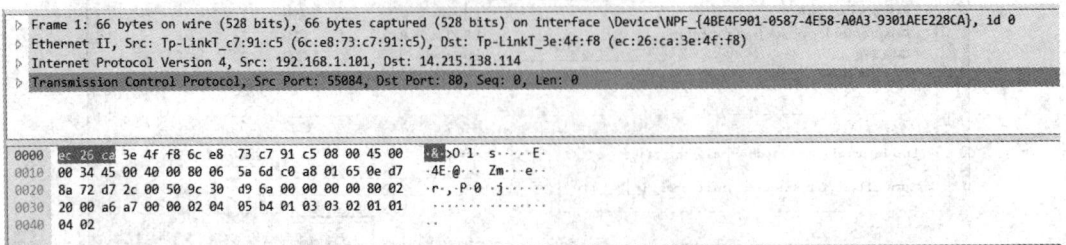

图 3-17　TCP 封包详细信息

其中：

Frame Ⅰ：物理层的数据帧概况。

EthernetⅡ：数据链路层以太网头部帧。

Internet Protocol Version 4：互联网层 IP 包头的信息。

Transmission Control Protocol：传输层的数据段头部信息，此处是 TCP 协议。

步骤 2：展开报文内容，查看互联网层(Internet Protocol Version 4)报文详情，如图 3-18 所示。

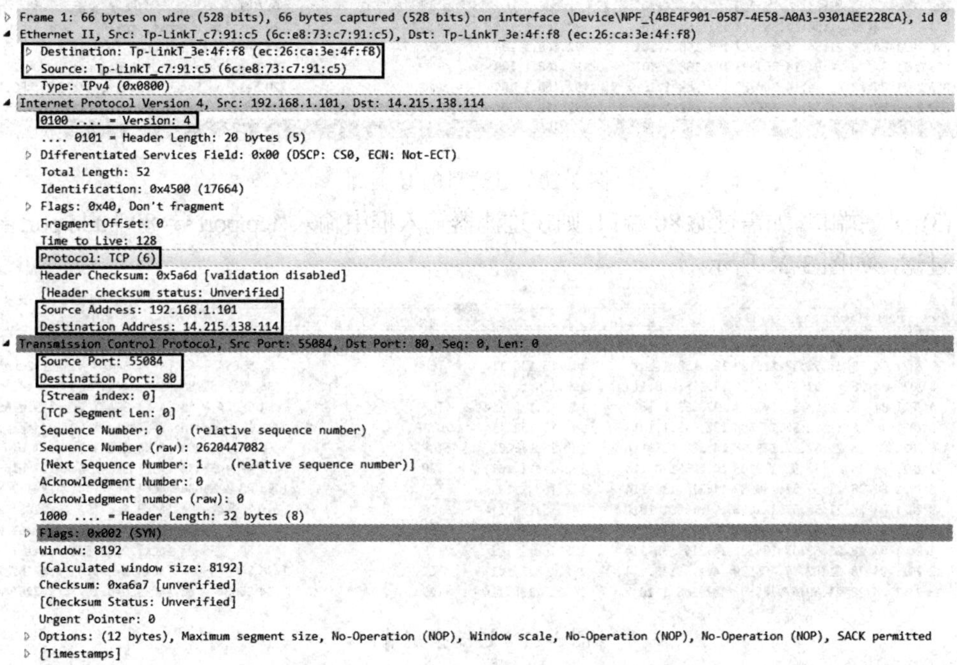

图 3-18　Internet Protocol Version 4 报文详情

其中：

数据链路层显示源 MAC 地址和目的 MAC 地址。

网络层 IP 的版本为 IPv4，协议为 TCP，源 IP 地址为 192.168.1.101(即本机地址)，目的 IP 地址为 14.215.138.114(即远端服务器地址)。

传输层显示源端口为 55 084，目的端口为 80。

3. 过滤报文信息

(1) 过滤源 IP 地址。如需找源地址为 192.168.1.101 的报文，则在过滤器输入框中输入"ip.src==192.168.1.101"进行过滤，如图 3-19 所示。

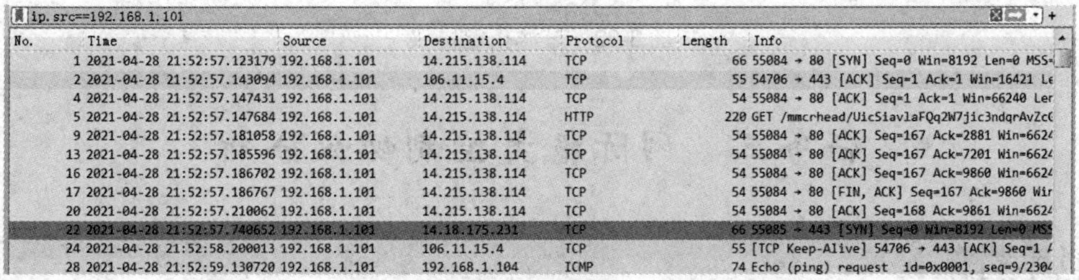

图 3-19　过滤源 IP 地址

(2) 过滤目的 IP 地址。如需找目的地址为 192.168.1.104 的报文，则在过滤器输入框中输入“ip.dst==192.168.1.104”进行过滤，如图 3-20 所示。

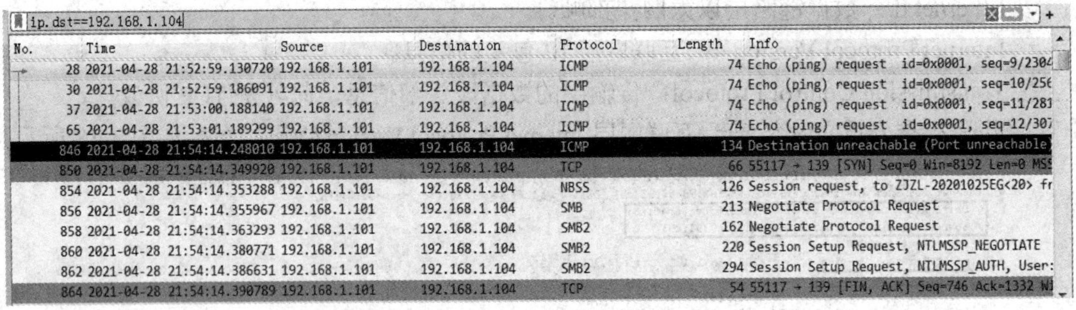

ip.dst==192.168.1.104

No.	Time	Source	Destination	Protocol	Length	Info
28	2021-04-28 21:52:59.130720	192.168.1.101	192.168.1.104	ICMP	74	Echo (ping) request id=0x0001, seq=9/2304
30	2021-04-28 21:52:59.186091	192.168.1.101	192.168.1.104	ICMP	74	Echo (ping) request id=0x0001, seq=10/256
37	2021-04-28 21:53:00.188140	192.168.1.101	192.168.1.104	ICMP	74	Echo (ping) request id=0x0001, seq=11/281
65	2021-04-28 21:53:01.189299	192.168.1.101	192.168.1.104	ICMP	74	Echo (ping) request id=0x0001, seq=12/307
846	2021-04-28 21:54:14.248010	192.168.1.101	192.168.1.104	ICMP	134	Destination unreachable (Port unreachable)
850	2021-04-28 21:54:14.349920	192.168.1.101	192.168.1.104	TCP	66	55117 → 139 [SYN] Seq=0 Win=8192 Len=0 MSS
854	2021-04-28 21:54:14.353288	192.168.1.101	192.168.1.104	NBSS	126	Session request, to ZJZL-20201025EG<20> fr
856	2021-04-28 21:54:14.355967	192.168.1.101	192.168.1.104	SMB	213	Negotiate Protocol Request
858	2021-04-28 21:54:14.363293	192.168.1.101	192.168.1.104	SMB2	162	Negotiate Protocol Request
860	2021-04-28 21:54:14.380771	192.168.1.101	192.168.1.104	SMB2	220	Session Setup Request, NTLMSSP_NEGOTIATE
862	2021-04-28 21:54:14.386631	192.168.1.101	192.168.1.104	SMB2	294	Session Setup Request, NTLMSSP_AUTH, User:
864	2021-04-28 21:54:14.390789	192.168.1.101	192.168.1.104	TCP	54	55117 → 139 [FIN, ACK] Seq=746 Ack=1332 Wi

图 3-20　过滤目的 IP 地址

(3) 过滤端口。如需过滤 80 端口，则在过滤器输入框中输入“tcp.port == 80 || udp.port ==80”进行过滤，如图 3-21 所示。

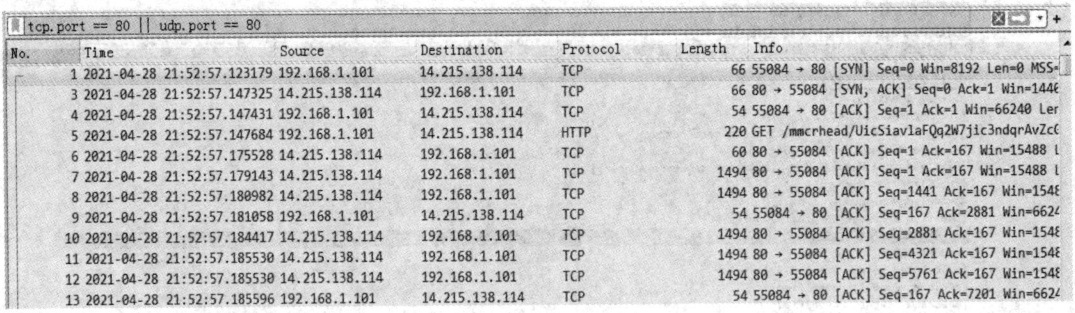

tcp.port == 80 || udp.port == 80

No.	Time	Source	Destination	Protocol	Length	Info
1	2021-04-28 21:52:57.123179	192.168.1.101	14.215.138.114	TCP	66	55084 → 80 [SYN] Seq=0 Win=8192 Len=0 MSS=
3	2021-04-28 21:52:57.147325	14.215.138.114	192.168.1.101	TCP	66	80 → 55084 [SYN, ACK] Seq=0 Ack=1 Win=1446
4	2021-04-28 21:52:57.147431	192.168.1.101	14.215.138.114	TCP	54	55084 → 80 [ACK] Seq=1 Ack=1 Win=66240 Len
5	2021-04-28 21:52:57.147684	192.168.1.101	14.215.138.114	HTTP	220	GET /mmcrhead/UicSiavlaFQq2W7jic3ndqrAvZcC
6	2021-04-28 21:52:57.175528	14.215.138.114	192.168.1.101	TCP	60	80 → 55084 [ACK] Seq=1 Ack=167 Win=15488 L
7	2021-04-28 21:52:57.179143	14.215.138.114	192.168.1.101	TCP	1494	80 → 55084 [ACK] Seq=1 Ack=167 Win=15488 L
8	2021-04-28 21:52:57.180982	14.215.138.114	192.168.1.101	TCP	1494	80 → 55084 [ACK] Seq=1441 Ack=167 Win=1548
9	2021-04-28 21:52:57.181058	192.168.1.101	14.215.138.114	TCP	54	55084 → 80 [ACK] Seq=167 Ack=2881 Win=6624
10	2021-04-28 21:52:57.184417	14.215.138.114	192.168.1.101	TCP	1494	80 → 55084 [ACK] Seq=2881 Ack=167 Win=1548
11	2021-04-28 21:52:57.185530	14.215.138.114	192.168.1.101	TCP	1494	80 → 55084 [ACK] Seq=4321 Ack=167 Win=1548
12	2021-04-28 21:52:57.185530	14.215.138.114	192.168.1.101	TCP	1494	80 → 55084 [ACK] Seq=5761 Ack=167 Win=1548
13	2021-04-28 21:52:57.185596	192.168.1.101	14.215.138.114	TCP	54	55084 → 80 [ACK] Seq=167 Ack=7201 Win=6624

图 3-21　过滤指定端口

(4) 过滤协议。如需过滤 TCP 协议，则在过滤器输入框中输入“tcp”进行过滤，只显示 TCP 协议的记录，如图 3-22 所示。

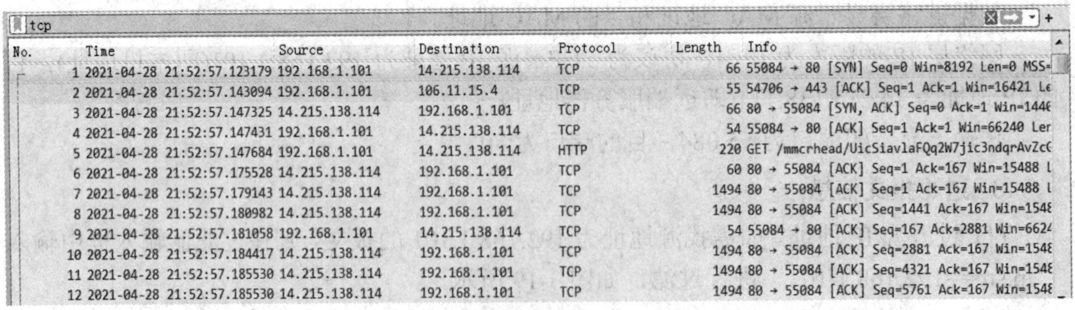

tcp

No.	Time	Source	Destination	Protocol	Length	Info
1	2021-04-28 21:52:57.123179	192.168.1.101	14.215.138.114	TCP	66	55084 → 80 [SYN] Seq=0 Win=8192 Len=0 MSS=
2	2021-04-28 21:52:57.143094	192.168.1.101	106.11.15.4	TCP	55	54706 → 443 [ACK] Seq=1 Ack=1 Win=16421 Le
3	2021-04-28 21:52:57.147325	14.215.138.114	192.168.1.101	TCP	66	80 → 55084 [SYN, ACK] Seq=0 Ack=1 Win=1440
4	2021-04-28 21:52:57.147431	192.168.1.101	14.215.138.114	TCP	54	55084 → 80 [ACK] Seq=1 Ack=1 Win=66240 Len
5	2021-04-28 21:52:57.147684	192.168.1.101	14.215.138.114	HTTP	220	GET /mmcrhead/UicSiavlaFQq2W7jic3ndqrAvZcC
6	2021-04-28 21:52:57.175528	14.215.138.114	192.168.1.101	TCP	60	80 → 55084 [ACK] Seq=1 Ack=167 Win=15488 L
7	2021-04-28 21:52:57.179143	14.215.138.114	192.168.1.101	TCP	1494	80 → 55084 [ACK] Seq=1 Ack=167 Win=15488 L
8	2021-04-28 21:52:57.180982	14.215.138.114	192.168.1.101	TCP	1494	80 → 55084 [ACK] Seq=1441 Ack=167 Win=1548
9	2021-04-28 21:52:57.181058	192.168.1.101	14.215.138.114	TCP	54	55084 → 80 [ACK] Seq=167 Ack=2881 Win=6624
10	2021-04-28 21:52:57.184417	14.215.138.114	192.168.1.101	TCP	1494	80 → 55084 [ACK] Seq=2881 Ack=167 Win=1548
11	2021-04-28 21:52:57.185530	14.215.138.114	192.168.1.101	TCP	1494	80 → 55084 [ACK] Seq=4321 Ack=167 Win=1548
12	2021-04-28 21:52:57.185530	14.215.138.114	192.168.1.101	TCP	1494	80 → 55084 [ACK] Seq=5761 Ack=167 Win=1548

图 3-22　过滤指定协议

任务三　网际报文控制协议分析

任务目的

(1) 掌握网际报文控制协议 ICMP 的基本概念。

(2) 掌握 ICMP 报文格式。

(3) 通过使用协议分析软件掌握 ICMP 协议的工作过程。

任务 内容 ▶------●●●

(1) 使用 Wireshark 软件抓取 ICMP 数据包。

(2) 分析 ICMP 请求和应答报文格式。

(3) 分析 tracert 路由信息。

任务 原理 ▶------●●●

1. ICMP 报文格式

ICMP 是 TCP/IP 协议的一个子协议，用于在 IP 主机和路由器之间传递控制消息，包括数据报错误信息、网络状况信息、主机状况信息等。当遇到计算机 IP 数据无法访问目标、IP 路由器无法按当前的传输速率转发数据包等情况时，ICMP 会自动发送 ICMP 消息，其目的是能够检测网络的连线状况和确保连线的准确性。

各种 ICMP 报文的前 32 bit 都包括三个长度固定的字段：Type 类型字段(8 bit)、Code 代码字段(8 bit)、Checksum 校验和字段(16 bit)。剩下的其他字节则互不相同。ICMP 报文格式如图 3-23 所示。

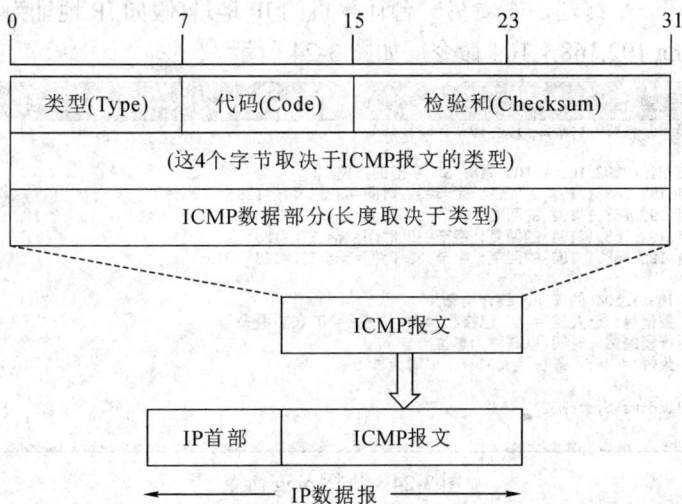

图 3-23 ICMP 报文格式

其中：

(1) 类型(Type)：表示 ICMP 数据包类型，长度为 8 bit。

(2) 代码(Code)：表示指定类型中的一个功能，是为了进一步区分某种类型中的几种不同情况，长度为 8 bit。

(3) 校验和(Checksum)：用来检验整个 ICMP 报文是否产生差错，长度为 16 bit。

2. 报文类型

ICMP 类型报文分为两类：差错报告报文和询问报文。常见的 ICMP 报文类型如表 3-1 所示。

表 3-1　常见的 ICMP 报文类型

ICMP 报文类型	类型值	ICMP 消息类型
差错报告报文	3	目的站点不可达
	4	源站点抑制
	5	路由重定向
	11	超时报告
	12	参数出错报告
询问报文	0 或 8	回送(Echo)请求或应答
	13 或 14	时间戳(Timestamp)请求或应答
	17 或 18	地址掩码请求或应答

任务 步骤 ▶----●●●

1. 捕获 ICMP 数据包

步骤 1：打开 Wireshark 抓包软件，在主界面双击需要抓包的网卡，进入抓包页面。

步骤 2：打开一个终端，查看另一台计算机的 IP 地址(假如 IP 地址为 192.168.1.104)，并在终端执行 ping 192.168.1.104 命令，如图 3-24 所示。

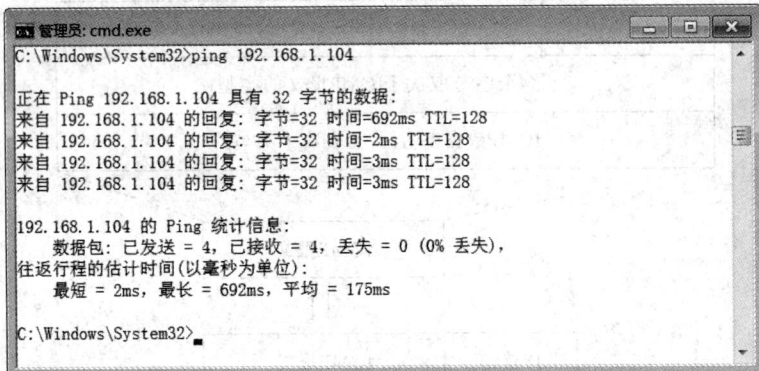

图 3-24　执行 ping 命令

步骤 3：回到 Wireshark 软件界面单击"停止"按钮，在过滤器输入框中输入"icmp"，如图 3-25 所示。

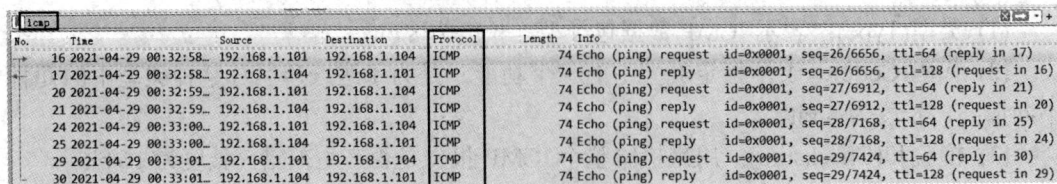

图 3-25　过滤 ICMP 包

从图 3-25 可以看到，执行 4 次 ping 数据发送后，Wireshark 捕获到 8 个 ICMP 询问报文，其中 request 为回送请求，reply 为回送应答。

2. 查看 ICMP 数据包详情并分析

(1) 查看 IP 包的首部。

步骤为：单击数据包列表区域的一个数据包，在数据包详情区域查看 IP 包首部的详细信息，如图 3-26 所示。

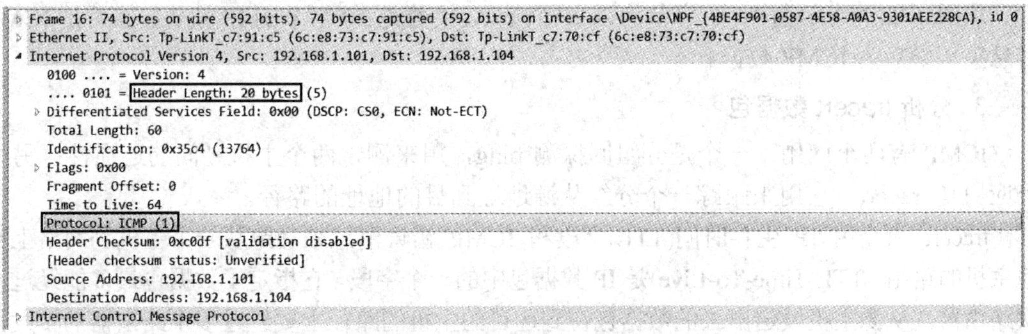

```
▷ Frame 16: 74 bytes on wire (592 bits), 74 bytes captured (592 bits) on interface \Device\NPF_{4BE4F901-0587-4E58-A0A3-9301AEE228CA}, id 0
▷ Ethernet II, Src: Tp-LinkT_c7:91:c5 (6c:e8:73:c7:91:c5), Dst: Tp-LinkT_c7:70:cf (6c:e8:73:c7:70:cf)
▲ Internet Protocol Version 4, Src: 192.168.1.101, Dst: 192.168.1.104
    0100 .... = Version: 4
    .... 0101 = Header Length: 20 bytes (5)
    ▷ Differentiated Services Field: 0x00 (DSCP: CS0, ECN: Not-ECT)
    Total Length: 60
    Identification: 0x35c4 (13764)
    ▷ Flags: 0x00
    Fragment Offset: 0
    Time to Live: 64
    Protocol: ICMP (1)
    Header Checksum: 0xc0df [validation disabled]
    [Header checksum status: Unverified]
    Source Address: 192.168.1.101
    Destination Address: 192.168.1.104
▷ Internet Control Message Protocol
```

图 3-26　IP 包首部详细信息

从图 3-26 中可知报文由 IP 首部和 ICMP 报文组成，IP 首部有 20 bytes。

(2) 查看 ICMP 包的首部。

步骤为：在数据详情区域单击"Internet Control Message Protocol"即可查看 ICMP 包的首部详细信息，如图 3-27 所示。

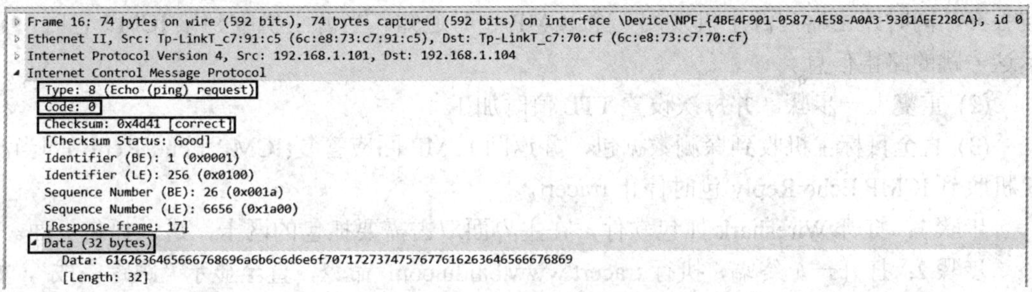

```
▷ Frame 16: 74 bytes on wire (592 bits), 74 bytes captured (592 bits) on interface \Device\NPF_{4BE4F901-0587-4E58-A0A3-9301AEE228CA}, id 0
▷ Ethernet II, Src: Tp-LinkT_c7:91:c5 (6c:e8:73:c7:91:c5), Dst: Tp-LinkT_c7:70:cf (6c:e8:73:c7:70:cf)
▷ Internet Protocol Version 4, Src: 192.168.1.101, Dst: 192.168.1.104
▲ Internet Control Message Protocol
    Type: 8 (Echo (ping) request)
    Code: 0
    Checksum: 0x4d41 [correct]
    [Checksum Status: Good]
    Identifier (BE): 1 (0x0001)
    Identifier (LE): 256 (0x0100)
    Sequence Number (BE): 26 (0x001a)
    Sequence Number (LE): 6656 (0x1a00)
    [Response frame: 17]
    ▲ Data (32 bytes)
        Data: 6162636465666768696a6b6c6d6e6f707172737475767761626364656667686869
        [Length: 32]
```

图 3-27　ICMP 包首部详细信息

其中：

ICMP 报文共有 74 个字节。

Type：Type 为 8 的包为请求回显报文(ping 请求)，Type 为 0 的包为回显应答报文(Ping 响应)。

Code：消息代码，区分某种类型中的几种不同情况，ping 请求和应答对应的 Code 值为 0。

Checksum：校验和，检验整个 ICMP 报文是否产生差错。ICMP 报文中的校验和为 0x4d41，状态为 correct。

Data：表示数据，这是一个可变长的字段，其中包含要返回给发送者的数据。回显应答通常返回与所收到的数据完全相同的数据。

(3) 查看数据包字节(十六进制表示的数据内容)。

步骤为：在数据详情区域单击"Internet Control Message Protocol"，在下方数据包字节区域即可查看实际数据，如图 3-28 所示。

```
0000  6c e8 73 c7 70 cf 6c e8  73 c7 91 c5 08 00 45 00    l·s·p·l·  s····E·
0010  00 3c 65 45 00 00 40 01  91 5e c0 a8 01 65 c0 a8    ·<eE·@·  ·^··e··
0020  01 68 08 00 4d 4a 00 01  00 11 61 62 63 64 65 66    ·h··MJ··  ··abcdef
0030  67 68 69 6a 6b 6c 6d 6e  6f 70 71 72 73 74 75 76    ghijklmn  opqrstuv
0040  77 61 62 63 64 65 66 67  68 69                      wabcdefg  hi
```

图 3-28 数据包实际数据

从图 3-28 可知：前 14 个字节为以太网帧头，接着是 20 字节的 IP 帧头，然后是 ICMP 信息头，最后为 ICMP 数据。

3. 分析 tracert 数据包

ICMP 有两个应用：一个是分组间探测 ping，用来测试两个主机之间的连通性；另一个应用是 tracert，它用来跟踪一个分组从源地址到目的地址的路径。

tracert 命令用 IP 生存时间(TTL)字段和 ICMP 错误消息来确定从一个主机到网络上其他主机的路由。TTL(Time-To-Live)是 IP 数据包中的一个字段，它指定了数据包最多能经过几次路由器。从源主机发送出去的数据包在到达目的主机的路径上要经过多个路由器的转发，在发送数据包的时候源主机会设置一个 TTL 的值，每经过一个路由器 TTL 值就会被减 1，当 TTL 值为 0 时该数据包会被直接丢弃(不再继续转发)，并发送一个超时 ICMP 报文给源主机。

ICMP 工作原理：

(1) 从源主机发出一个 ICMP 请求回显(ICMP Echo Request)数据包到目的主机，并将 TTL 值设置为 1；当数据包到达路由器时，将 TTL 值减 1。由于 TTL 值变为 0 时，数据包被丢弃，同时路由器向源主机发回一个 ICMP 超时通知。当源主机收到该 ICMP 包时，显示这一跳的路由信息。

(2) 重复上一步骤，并每次设置 TTL 值时加 1。

(3) 直至目标主机收到探测数据包，并返回 ICMP 回应答复(ICMP Echo Reply)即当源主机收到 ICMP Echo Reply 包时停止 tracert。

步骤 1：打开 Wireshark 抓包软件，在主界面双击需要抓包的网卡，进入抓包页面。

步骤 2：打开一个终端，执行 tracert www.baidu.com 命令，直至显示"跟踪完成"，如图 3-29 所示。

```
C:\Windows\System32>tracert www.baidu.com

通过最多 30 个跃点跟踪
到 www.a.shifen.com [14.215.177.38] 的路由:

  1     1 ms     1 ms     1 ms   192.168.1.1
  2    21 ms     2 ms     5 ms   202.193.73.254
  3     2 ms     2 ms     2 ms   10.36.254.57
  4     2 ms     5 ms     2 ms   10.36.253.10
  5     3 ms     3 ms     2 ms   10.0.1.6
  6     8 ms     4 ms     4 ms   202.103.243.97
  7     5 ms     2 ms     2 ms   180.140.105.249
  8    12 ms    16 ms    15 ms   180.140.104.49
  9     *        *        *      请求超时。
 10     *        *        *      请求超时。
 11    33 ms    32 ms    35 ms   113.96.4.205
 12    22 ms    22 ms    24 ms   102.96.135.219.broad.fs.gd.dynamic.163data.com.c
m [219.135.96.102]
 13    26 ms    29 ms    30 ms   14.29.121.206
 14     *        *        *      请求超时。
 15    27 ms    24 ms    28 ms   14.215.177.38

跟踪完成。
```

图 3-29 tracert 路由信息

从图 3-29 显示信息可知：到达目的主机所需的跳数、经过路由器的 IP 地址、延时情况等，其中第一跳地址为 192.168.1.1，第二跳地址为 202.193.73.254；每条记录输出 3 个延时结果，说明源地址每次默认发送 3 个数据包；*代表发出去的数据包没有收到相应的 ICMP 超时包，主要原因是某些路由器为了安全要求，拒绝返回 ICMP 超时包。

步骤 3：回到 Wireshark 软件界面单击"停止"按钮，在过滤器输入框中输入"icmp"，如图 3-30 所示。

No.	Time	Source	Destination	Protocol	Sequence Number (BE)	Info
15	23:42:38.301349	192.168.1.101	14.215.177.38	ICMP	142 (0x008e)	Echo (ping) request id=0x0001, seq=142/36352, ttl=1 (no response found!)
16	23:42:38.302468	192.168.1.1	192.168.1.101	ICMP	142 (0x008e)	Time-to-live exceeded (Time to live exceeded in transit)
17	23:42:38.302673	192.168.1.101	14.215.177.38	ICMP	143 (0x008f)	Echo (ping) request id=0x0001, seq=143/36608, ttl=1 (no response found!)
18	23:42:38.303755	192.168.1.1	192.168.1.101	ICMP	143 (0x008f)	Time-to-live exceeded (Time to live exceeded in transit)
19	23:42:38.303953	192.168.1.101	14.215.177.38	ICMP	144 (0x0090)	Echo (ping) request id=0x0001, seq=144/36864, ttl=1 (no response found!)
20	23:42:38.305031	192.168.1.1	192.168.1.101	ICMP	144 (0x0090)	Time-to-live exceeded (Time to live exceeded in transit)
53	23:42:48.606793	192.168.1.101	14.215.177.38	ICMP	145 (0x0091)	Echo (ping) request id=0x0001, seq=145/37120, ttl=2 (no response found!)
54	23:42:48.627796	202.193.73.254	14.215.177.38	ICMP	145 (0x0091)	Time-to-live exceeded (Time to live exceeded in transit)
55	23:42:48.628336	192.168.1.101	14.215.177.38	ICMP	146 (0x0092)	Echo (ping) request id=0x0001, seq=146/37376, ttl=2 (no response found!)
56	23:42:48.631046	202.193.73.254	192.168.1.101	ICMP	146 (0x0092)	Time-to-live exceeded (Time to live exceeded in transit)
57	23:42:48.631428	192.168.1.101	14.215.177.38	ICMP	147 (0x0093)	Echo (ping) request id=0x0001, seq=147/37632, ttl=2 (no response found!)
58	23:42:48.637019	202.193.73.254	192.168.1.101	ICMP	147 (0x0093)	Time-to-live exceeded (Time to live exceeded in transit)
163	23:43:09.639433	192.168.1.101	14.215.177.38	ICMP	148 (0x0094)	Echo (ping) request id=0x0001, seq=148/37888, ttl=3 (no response found!)
164	23:43:09.642270	10.36.254.57	192.168.1.101	ICMP	148 (0x0094)	Time-to-live exceeded (Time to live exceeded in transit)
165	23:43:09.642544	192.168.1.101	14.215.177.38	ICMP	149 (0x0095)	Echo (ping) request id=0x0001, seq=149/38144, ttl=3 (no response found!)
166	23:43:09.645113	10.36.254.57	192.168.1.101	ICMP	149 (0x0095)	Time-to-live exceeded (Time to live exceeded in transit)
167	23:43:09.645533	192.168.1.101	14.215.177.38	ICMP	150 (0x0096)	Echo (ping) request id=0x0001, seq=150/38400, ttl=3 (no response found!)
168	23:43:09.648108	10.36.254.57	192.168.1.101	ICMP	150 (0x0096)	Time-to-live exceeded (Time to live exceeded in transit)
200	23:43:19.652377	192.168.1.101	14.215.177.38	ICMP	151 (0x0097)	Echo (ping) request id=0x0001, seq=151/38656, ttl=4 (no response found!)
201	23:43:19.654995	10.36.253.10	192.168.1.101	ICMP	151 (0x0097)	Time-to-live exceeded (Time to live exceeded in transit)
202	23:43:19.655371	192.168.1.101	14.215.177.38	ICMP	152 (0x0098)	Echo (ping) request id=0x0001, seq=152/38912, ttl=4 (no response found!)
203	23:43:19.660990	10.36.253.10	192.168.1.101	ICMP	152 (0x0098)	Time-to-live exceeded (Time to live exceeded in transit)

图 3-30　Wireshark 抓取的 ICMP 数据包信息

从图 3-30 信息可知：源地址 192.168.1.101 向目的地址 14.215.177.38 发送 ICMP 请求回显(ICMP Echo Request)数据包，每跳默认发送 3 个，TTL 值设置为 1；数据包遇到路由器之后，被丢弃，返回 Time to live exceeded 超时通知，解析出第一跳路由器 IP 地址 192.168.1.1；源地址再发数据包，设置 TTL 值为 2，从而解析出第二跳路由器地址 202.193.74.254；同理，解析出第三跳路由器地址 10.36.254.57；与终端显示的信息相符；数据包从 seq=142 开始每次加 1，tracert 能够通过 seq 来唯一识别返回的包。

当 seq=166、167、168(第 9 跳路由即 TTL=9)从源主机向目的主机发送的 ICMP 请求回显数据包时并未收到路由器向源主机返回的 Time to live exceeded 超时通知，因此第 9 跳三个延时结果都显示*，与终端显示的信息相符，如图 3-31 所示。

750	23:44:20.014669	192.168.1.101	14.215.177.38	ICMP	166 (0x00a6)	Echo (ping) request id=0x0001, seq=166/42496, ttl=9 (no response found!)
766	23:44:23.798853	192.168.1.101	14.215.177.38	ICMP	167 (0x00a7)	Echo (ping) request id=0x0001, seq=167/42752, ttl=9 (no response found!)
785	23:44:27.798981	192.168.1.101	14.215.177.38	ICMP	168 (0x00a8)	Echo (ping) request id=0x0001, seq=168/43008, ttl=9 (no response found!)
806	23:44:31.800346	192.168.1.101	14.215.177.38	ICMP	169 (0x00a9)	Echo (ping) request id=0x0001, seq=169/43264, ttl=10 (no response found!...
817	23:44:35.798742	192.168.1.101	14.215.177.38	ICMP	170 (0x00aa)	Echo (ping) request id=0x0001, seq=170/43520, ttl=10 (no response found!...
825	23:44:39.798890	192.168.1.101	14.215.177.38	ICMP	171 (0x00ac)	Echo (ping) request id=0x0001, seq=171/43776, ttl=10 (no response found!...
838	23:44:43.800162	192.168.1.101	14.215.177.38	ICMP	172 (0x00ac)	Echo (ping) request id=0x0001, seq=172/44032, ttl=11 (no response found!...
839	23:44:43.833152	113.96.4.205	192.168.1.101	ICMP	172 (0x00ac)	Time-to-live exceeded (Time to live exceeded in transit)
840	23:44:43.833852	192.168.1.101	14.215.177.38	ICMP	173 (0x00ac)	Echo (ping) request id=0x0001, seq=173/44288, ttl=11 (no response found!...

图 3-31　未收到超时通和

当 TTL=15 时，源主机收到了目的主机的 ICMP 应答回复(ICMP Echo Reply)，说明源主机经过了 15 跳路由到达目的主机，与终端显示信息相符，如图 3-32 所示。

964	23:45:05.178506	192.168.1.101	14.215.177.38	ICMP	181 (0x00b5)	Echo (ping) request id=0x0001, seq=181/46336, ttl=14 (no response found!)
977	23:45:08.798873	192.168.1.101	14.215.177.38	ICMP	182 (0x00b6)	Echo (ping) request id=0x0001, seq=182/46592, ttl=14 (no response found!)
985	23:45:12.798508	192.168.1.101	14.215.177.38	ICMP	183 (0x00b7)	Echo (ping) request id=0x0001, seq=183/46848, ttl=14 (no response found!)
988	23:45:16.799130	192.168.1.101	14.215.177.38	ICMP	184 (0x00b8)	Echo (ping) request id=0x0001, seq=184/47104, ttl=15 (reply in 989)
989	23:45:16.826158	14.215.177.38	192.168.1.101	ICMP	184 (0x00b8)	Echo (ping) reply id=0x0001, seq=184/47104, ttl=51 (request 988)
990	23:45:16.826760	192.168.1.101	14.215.177.38	ICMP	185 (0x00b9)	Echo (ping) request id=0x0001, seq=185/47360, ttl=15 (reply in 991)
991	23:45:16.850928	14.215.177.38	192.168.1.101	ICMP	185 (0x00b9)	Echo (ping) reply id=0x0001, seq=185/47360, ttl=51 (reply in 990)
992	23:45:16.851420	192.168.1.101	14.215.177.38	ICMP	186 (0x00ba)	Echo (ping) request id=0x0001, seq=186/47616, ttl=15 (reply in 993)
993	23:45:16.879943	14.215.177.38	192.168.1.101	ICMP	186 (0x00ba)	Echo (ping) reply id=0x0001, seq=186/47616, ttl=51 (request 992)

图 3-32　TTL 为 15 时抓包信息

任务四　TCP 协议分析

任务 目的 ▶▶------●●●

(1) 掌握传输层 TCP 的工作原理。

(2) 掌握 TCP 报文格式。

(3) 掌握 TCP 连接建立与释放过程。

任务 内容 ▶▶------●●●

(1) 使用 Wireshark 软件抓取 TCP 数据包。

(2) 分析 TCP 三次握手和四次挥手过程。

任务 原理 ▶▶------●●●

1. TCP 连接、断开

TCP(Transmission Control Protocol，传输控制协议)是一种面向连接的、可靠的、基于字节流的通信协议，数据在传输前要建立连接，传输完毕后要断开连接。

(1) 三次握手建立连接。

客户端在收发数据前要先和服务器建立连接。建立连接的目的是保证 IP 地址、端口、物理链路等正确无误，为数据的传输开辟通道。TCP 建立连接时要传输三个数据包，俗称三次握手(Three-way Handshaking)，如图 3-33 所示。

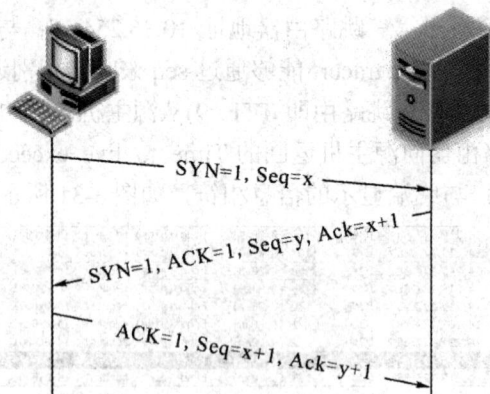

图 3-33　TCP 三次握手

TCP 三次握手的经过如下：

第一次握手：客户端的 TCP 首先向服务器的 TCP 发送一个连接请求报文段。这个特殊的报文段中不含应用层数据，其首部中的 SYN 标志位被置为 1。另外，客户端会随机选择一个起始序列号 Seq=x(连接请求报文不携带数据，但要消耗掉一个序号)。

第二次握手：服务器的 TCP 收到连接请求报文段后，如同意建立连接，就向客户端发回确认，并为该 TCP 连接分配 TCP 缓存和变量。在确认报文段中，SYN 和 ACK 位都被置为 1，确认号字段的值为 x+1，并且服务器随机产生起始序列号 Seq=y(确认报文不携带数据，但也要消耗掉一个序号)。确认报文段同样不包含应用层数据。

第三次握手：当客户端收到确认报文段后，还要向服务器给出确认，并且也要给该连接分配缓存和变量。这个报文段的 ACK 标志位被置为 1，序号字段为 x+1，确认序号字段值 Ack=y+1。该报文段可以携带数据，如果不携带数据则不消耗序号。

TCP 三次握手经过可以形象地比喻为下面的对话：

[第一次握手] A："你好 B，我需要和你通信，建立连接吧。"

[第二次握手] B："好的，我这边已准备就绪。"

[第三次握手] A："谢谢你接受我的请求。"

(2) 四次挥手断开连接。

建立连接非常重要，它是数据正确传输的前提；断开连接同样重要，它让计算机释放不再使用的资源。如果连接不能正常断开，不仅会造成数据传输错误，还会持续占用资源。建立连接需要三次握手，断开连接则需要四次挥手，如图 3-34 所示。

TCP 四次挥手经过为：

第一次挥手：客户端打算关闭连接，就向其服务端发送一个连接释放报文段，并停止发送数据，主动关闭 TCP 连接，该报文段的 FIN 标志位被置为 1，Seq = u，Seq 等于前面已传送过的数据的最后一个字节的序

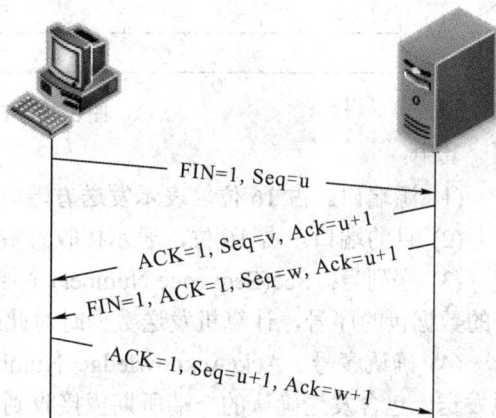

图 3-34　TCP 四次挥手

号加 1(FIN 报文段即使不携带数据，也要消耗一个序号)。TCP 是全双工的，即可以想象成是一条 TCP 连接上有两条数据通路。当客户端发送 FIN 报文时，发送 FIN 报文的时间段就不能再发送数据，也就是关闭了其中一条数据通路，但对方还可以发送数据。

第二次挥手：服务器收到连接释放报文段后即发出确认，确认号字段值 Ack = u+1，而这个报文段自己的序号是 v，等于它们前面已传送过的数据的最后一个字节的序号加 1。此时，从客户端到服务器这个方向的连接就释放了，TCP 连接处于半关闭状态。但服务器若发送数据，客户端仍要接收，即从服务器到客户端这个方向的连接并未关闭。

第三次挥手：若服务器已经没有再要向客户端发送数据，就通知 TCP 释放连接，此时服务器发出 FIN=1 的连接释放报文段。

第四次挥手：客户端收到连接释放报文段后，必须发出确认。在确认报文段中，ACK 字段被置为 1，确认序号 Ack = w+1，序列号 Seq = u+1。此时 TCP 连接还没有释放掉，必须经过时间等待计时器设置的时间后才真正进入到连接关闭状态。

TCP 四次挥手经过可以形象地比喻为下面的对话：

[第一次挥手] A："任务处理完毕，我想要断开连接。"

[第二次挥手] B："请稍等，我准备一下。"

等待片刻后……

[第三次挥手] B："我准备好了，可以断开连接了。"

[第四次挥手] A："好的，谢谢合作。"

2. TCP 报文格式

TCP 报文格式如图 3-35 所示。

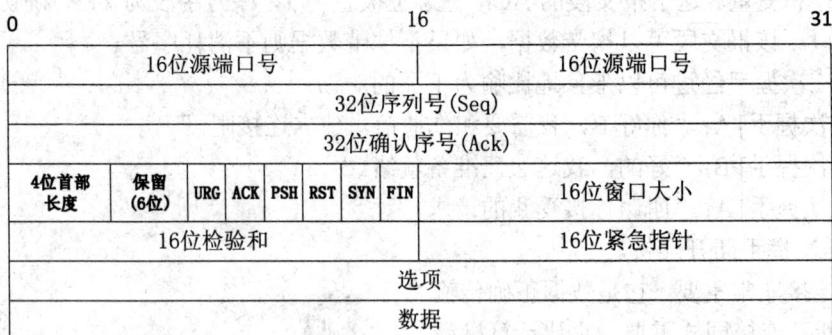

图 3-35　TCP 报文格式

其中：

(1) 源端口。占 16 位，表示发送方端口号。

(2) 目的端口。占 16 位，表示接收方端口号。

(3) 序列号。Seq(Sequence Number)序号占 32 位，用来标识从计算机 A 发送到计算机 B 的数据包的序号，计算机发送数据时对此进行标记。

(4) 确认序号。Ack(Acknowledge Number)确认序号占 32 位，客户端和服务器端都可以发送，包含发送确认的一端所期望接收到的下一个序号。因此，确认序号应该是上次已成功收到的数据字节序列号加 1，即 Ack = Seq + 1。

(5) 标志位。每个标志位占用 1 位，共有 6 个，分别为 URG、ACK、PSH、RST、SYN、FIN，具体含义如下：

URG：紧急指针(Urgent Pointer)有效。

ACK：确认序号有效。

PSH：接收方应该尽快将这个报文交给应用层。

RST：重置连接。

SYN：建立一个新连接。

FIN：断开一个连接。

Seq 是 Sequence 的缩写，表示序列；Ack(ACK)是 Acknowledge 的缩写，表示确认；SYN 是 Synchronous 的缩写，原意是"同步的"，这里表示建立同步连接；FIN 是 Finish 的缩写，表示完成。

任务步骤

捕获 TCP 数据包有 6 个步骤。

步骤 1：在同一个局域网内的两台不同计算机上分别打开一个终端，执行 ipconfig/all 命令，查看 IP 地址(假定其中一台计算机的 IP 地址为 192.168.1.101，另一台计算机的 IP 地址为 192.168.1.104)。

步骤 2：在以上两台计算机上分别启动"网络调试助手"工具软件，软件参数设置如表 3-2 所示。

表 3-2 软件参数设置表

计算机 1(IP 地址为 192.168.1.101)	计算机 2(IP 地址为 192.168.1.104)
协议类型(TCP Client)	协议类型(TCP Server)
远程主机地址(192.168.1.104)	本地主机地址(192.168.1.104)
远程主机端口(8888)	本地主机端口(8888)
网络设置 （1）协议类型 TCP Client （2）远程主机地址 192.168.1.104 （3）远程主机端口 8888 ● 连接	网络设置 （1）协议类型 TCP Server （2）本地主机地址 192.168.1.104 （3）本地主机端口 8888 ● 打开

步骤 3：启动 Wireshark 抓包软件，在主界面双击需要抓包的网卡，进入抓包页面。在过滤器输入框中输入过滤条件"tcp.port==8888"。

步骤 4：在计算机 2 的"网络调试助手"工具软件单击"打开"按钮，在计算机 1 的"网络调试助手"工具软件单击"连接"按钮。在 Wireshark 抓包软件中即可看到 TCP 三次握手协议的通信过程，如图 3-36 所示。选中第一条数据包，在封包详情信息中查看 Wireshark 中捕获的 TCP 数据包，如图 3-37 所示。

No.	Time	Source	Destination	Protocol	Info
31	23:20:40...	192.168.1.101	192.168.1.104	TCP	51421 → 8888 [SYN] Seq=0 Win=8192 Len=0 MSS=1460 WS=4 SACK_PERM=1
32	23:20:40...	192.168.1.104	192.168.1.101	TCP	8888 → 51421 [SYN, ACK] Seq=0 Ack=1 Win=65535 Len=0 MSS=1460 WS=256
33	23:20:40...	192.168.1.101	192.168.1.104	TCP	51421 → 8888 [ACK] Seq=1 Ack=1 Win=65700 Len=0

图 3-36 三次握手协议通信过程

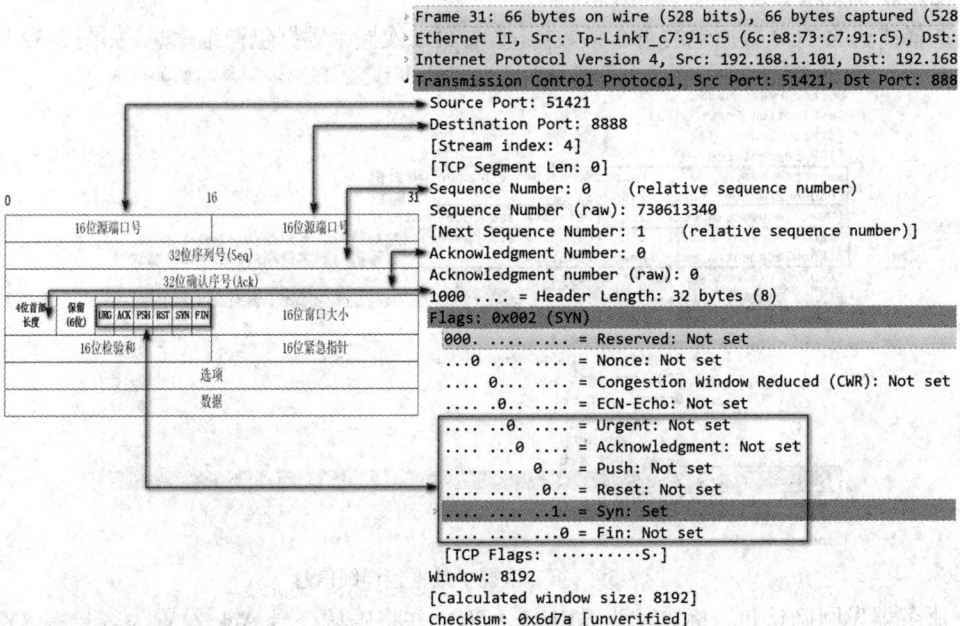

```
Frame 31: 66 bytes on wire (528 bits), 66 bytes captured (528
Ethernet II, Src: Tp-LinkT_c7:91:c5 (6c:e8:73:c7:91:c5), Dst:
Internet Protocol Version 4, Src: 192.168.1.101, Dst: 192.168
Transmission Control Protocol, Src Port: 51421, Dst Port: 888
  Source Port: 51421
  Destination Port: 8888
  [Stream index: 4]
  [TCP Segment Len: 0]
  Sequence Number: 0     (relative sequence number)
  Sequence Number (raw): 730613340
  [Next Sequence Number: 1     (relative sequence number)]
  Acknowledgment Number: 0
  Acknowledgment number (raw): 0
  1000 .... = Header Length: 32 bytes (8)
  Flags: 0x002 (SYN)
    000. .... .... = Reserved: Not set
    ...0 .... .... = Nonce: Not set
    .... 0... .... = Congestion Window Reduced (CWR): Not set
    .... .0.. .... = ECN-Echo: Not set
    .... ..0. .... = Urgent: Not set
    .... ...0 .... = Acknowledgment: Not set
    .... .... 0... = Push: Not set
    .... .... .0.. = Reset: Not set
    .... .... ..1. = Syn: Set
    .... .... ...0 = Fin: Not set
  [TCP Flags: ·········S·]
  Window: 8192
  [Calculated window size: 8192]
  Checksum: 0x6d7a [unverified]
```

图 3-37 捕获的 TCP 数据包

（TCP 报头结构图标注：16位源端口号、16位源端口号、32位序列号(Seq)、32位确认序号(Ack)、4位首部长度、保留(6位)、URG、ACK、PSH、RST、SYN、FIN、16位窗口大小、16位检验和、16位紧急指针、选项、数据；0、16、31）

(1) 第一次握手数据包详细信息。

选择捕获的 TCP 数据包的第 1 条数据，查看第一次握手数据包详细信息，如图 3-38 所示。

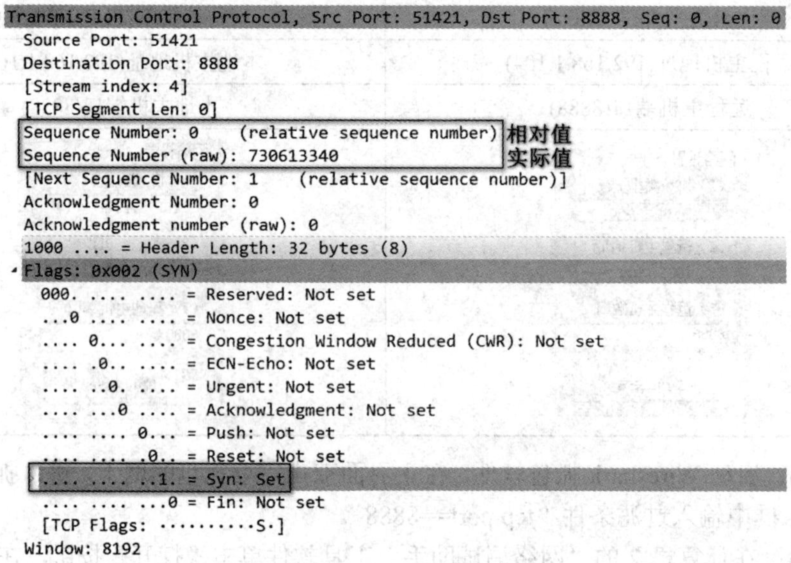

```
Transmission Control Protocol, Src Port: 51421, Dst Port: 8888, Seq: 0, Len: 0
    Source Port: 51421
    Destination Port: 8888
    [Stream index: 4]
    [TCP Segment Len: 0]
    Sequence Number: 0    (relative sequence number)    相对值
    Sequence Number (raw): 730613340                    实际值
    [Next Sequence Number: 1    (relative sequence number)]
    Acknowledgment Number: 0
    Acknowledgment number (raw): 0
    1000 .... = Header Length: 32 bytes (8)
  ▲ Flags: 0x002 (SYN)
    000. .... .... = Reserved: Not set
    ...0 .... .... = Nonce: Not set
    .... 0... .... = Congestion Window Reduced (CWR): Not set
    .... .0.. .... = ECN-Echo: Not set
    .... ..0. .... = Urgent: Not set
    .... ...0 .... = Acknowledgment: Not set
    .... .... 0... = Push: Not set
    .... .... .0.. = Reset: Not set
    .... .... ..1. = Syn: Set
    .... .... ...0 = Fin: Not set
    [TCP Flags: ··········S·]
    Window: 8192
```

图 3-38　第一次握手数据包详细信息

客户端发送一个 TCP，标志位 SYN 为 1，序列号为 0，代表客户端请求建立连接。

说明：当某个主机开启一个 TCP 会话时，它的初始序列号是随机的，可能是 0 和 4 294 967 295 之间的任意值；像 Wireshark 这种抓包软件，通常显示的都是相对序列号/确认号，而不是实际序列号/确认号(相对序列号/确认号是和 TCP 会话的初始序列号相关联的，比起真实序列号/确认号，Wireshark 软件跟踪更小的相对序列号/确认号会相对容易一些)。

(2) 第二次握手数据包详细信息。

选择捕获的 TCP 数据包的第 2 条数据，查看第二次握手数据包详细信息，如图 3-39 所示。

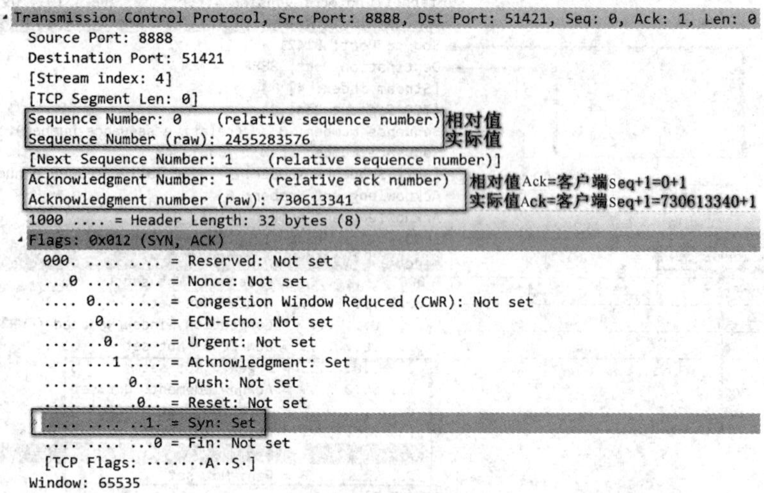

```
Transmission Control Protocol, Src Port: 8888, Dst Port: 51421, Seq: 0, Ack: 1, Len: 0
    Source Port: 8888
    Destination Port: 51421
    [Stream index: 4]
    [TCP Segment Len: 0]
    Sequence Number: 0    (relative sequence number)    相对值
    Sequence Number (raw): 2455283576                   实际值
    [Next Sequence Number: 1    (relative sequence number)]
    Acknowledgment Number: 1    (relative ack number)    相对值Ack=客户端Seq+1=0+1
    Acknowledgment number (raw): 730613341               实际值Ack=客户端Seq+1=730613340+1
    1000 .... = Header Length: 32 bytes (8)
  ▶ Flags: 0x012 (SYN, ACK)
    000. .... .... = Reserved: Not set
    ...0 .... .... = Nonce: Not set
    .... 0... .... = Congestion Window Reduced (CWR): Not set
    .... .0.. .... = ECN-Echo: Not set
    .... ..0. .... = Urgent: Not set
    .... ...1 .... = Acknowledgment: Set
    .... .... 0... = Push: Not set
    .... .... .0.. = Reset: Not set
    .... .... ..1. = Syn: Set
    .... .... ...0 = Fin: Not set
    [TCP Flags: ·······A··S·]
    Window: 65535
```

图 3-39　第二次握手数据包详细信息

服务器发回确认包，标志位为 SYN、ACK，并将确认序号 Ack 设置为客户端 SYN 加 1，即 0 + 1 = 1。

(3) 第三次握手数据包详细信息。

选择捕获的 TCP 数据包的第 3 条数据，查看第三次握手数据包详细信息，如图 3-40 所示。

```
◢ Transmission Control Protocol, Src Port: 51421, Dst Port: 8888, Seq: 1, Ack: 1, Len: 0
    Source Port: 51421
    Destination Port: 8888
    [Stream index: 4]
    [TCP Segment Len: 0]
    Sequence Number: 1      (relative sequence number)
    Sequence Number (raw): 730613341
    [Next Sequence Number: 1      (relative sequence number)]
    Acknowledgment Number: 1      (relative ack number)
    Acknowledgment number (raw): 2455283577       实际Ack=服务端Seq+1=2455283576+1
    0101 .... = Header Length: 20 bytes (5)
  ◢ Flags: 0x010 (ACK)
      000. .... .... = Reserved: Not set
      ...0 .... .... = Nonce: Not set
      .... 0... .... = Congestion Window Reduced (CWR): Not set
      .... .0.. .... = ECN-Echo: Not set
      .... ..0. .... = Urgent: Not set
      .... ...1 .... = Acknowledgment: Set
      .... .... 0... = Push: Not set
      .... .... .0.. = Reset: Not set
      .... .... ..0. = Syn: Not set
      .... .... ...0 = Fin: Not set
      [TCP Flags: ·······A····]
    Window: 16425
```

图 3-40　第三次握手数据包详细信息

客户端再次发送确认包，SYN 标志位为 0，ACK 标志位为 1，并且把服务器发来的 Seq 序列号加 1，放在确定字段 Ack 中发送给服务端。

步骤 5：在计算机 2 的"网络调试助手"工具软件单击"关闭"按钮，在 Wireshark 抓包软件中即可看到 TCP 四次挥手 TCP 协议的通信过程，如图 3-41 所示。

```
45  23:52:06…  192.168.1.104  192.168.1.101  TCP  8888 → 52970 [FIN, ACK] Seq=1 Ack=1 Win=131328 Len=0
46  23:52:06…  192.168.1.101  192.168.1.104  TCP  52970 → 8888 [ACK] Seq=1 Ack=2 Win=65700 Len=0
47  23:52:06…  192.168.1.101  192.168.1.104  TCP  52970 → 8888 [FIN, ACK] Seq=1 Ack=2 Win=65700 Len=0
48  23:52:06…  192.168.1.104  192.168.1.101  TCP  8888 → 52970 [ACK] Seq=2 Ack=2 Win=131328 Len=0
```

图 3-41　四次挥手 TCP 协议的通信过程

步骤 6：根据四次挥手 TCP 协议的通信过程分析各序列号和标志位的变化。

任务五　交换机 Telnet 远程登录配置

任务目的

(1) 熟悉软件 Cisco Packet Tracer 的基本界面和使用。
(2) 了解交换机的作用和工作原理。
(3) 掌握交换机的基本配置方法。

任务内容

(1) 建立网络拓扑结构，配置设备的网络信息。
(2) 配置交换机 Telnet 远程登录功能。

任务 原理 ▶-----●●●

1. 交换机

(1) 配置交换机的管理 IP 地址(计算机的 IP 地址与交换机管理 IP 地址在同一个网段)。

(2) 在 2 层交换机中，管理 IP 地址仅用于远程登录管理交换机，对于交换机的运行不是必需，但是若没有配置管理 IP 地址，则交换机只能采用控制端口 console 进行本地配置和管理。

(3) 默认情况下，交换机的所有端口均属于 vlan1，vlan1 是交换机自动创建和管理的。每个 VLAN 只有一个活动的管理地址，因此对 2 层交换机设置管理地址之前，首先应选择 vlan1 接口，然后再利用 IP address 配置命令设置管理 IP 地址。

2. 常用配置命令

(1) 特权执行模式常用配置命令如表 3-3 所示。

表 3-3　特权执行模式常用配置命令

命　令	作　用
copy running-config	用于将活动配置复制到 NVRAM 中
copy startup-config	用于将 NVRAM 中配置的配置复制到内存中
erase startup-configuration	用于删除 NVRAM 信息
traceroute IP 地址	用于追踪通向该地址的每一跳路由
show interfaces	用于显示设备上所有接口的统计信息
show ip interface brief	用于验证设备接口状态
show clock	用于显示路由器中设置的时间
show version	用于显示当前加载的 IOS 版本以及硬件和设备信息
show arp	用于显示设备的 ARP 表
show startup-config	用于显示保存在 NVRAM 中的配置
show running-config	用于显示当前的运行配置文件的内容
show ip interfaces	用于显示路由器上的所有接口 IP 统计信息
configure terminal	用于进入终端配置模式

(2) 终端配置模式常用配置命令如表 3-4 所示。

表 3-4　终端配置模式常用配置命令

命　令	作　用
hostname hostname	用于为设备分配主机名
enable password password	用于设置未加密的使能命令
enable secret password	用于设置强加密的使能命令
service password-encryption	用于加密显示除使能加密口令外的所有口令
line console 0	用于进入控制台线路配置模式
line vty 0 4	用于进入虚拟终端(Telnet)线路配置模式
interfaces interface_name	用于进入接口配置模式

(3) 接口配置模式常用配置命令如表 3-5 所示。

表 3-5 接口配置模式常用配置命令

命 令	作 用
ip address ip_address netmask	用于设置接口 IP 地址和子网掩码
description description	用于设置接口描述
clock rate value	用于设置 DCE 设备的时钟频率
no shutdown	用于打开接口
shutdown	用于管理性关闭接口

任务描述

第一次在设备机房对交换机进行初次配置后，若希望以后在办公室或出差时也可以对设备进行远程管理，则还需要在交换机上做一些配置。所需设备及参数如表 3-6 所示。

表 3-6 远程管理交换机所需设备及参数

设 备	端 口	IP 地址	子网掩码	网 关
交换机 Switch0(2960)	f0/1 f0/2	192.168.1.1	—	—
PC0	Fa0	192.168.1.2	255.255.255.0	192.168.1.1
PC1	Fa0	192.168.1.3	255.255.255.0	192.168.1.1

任务步骤

交换机的 Telnet 远程登录配置有 6 个步骤。

步骤 1：打开 Cisco Packet Tracer 软件，按照实验所需设备新建网络拓扑图，如图 3-42 所示。

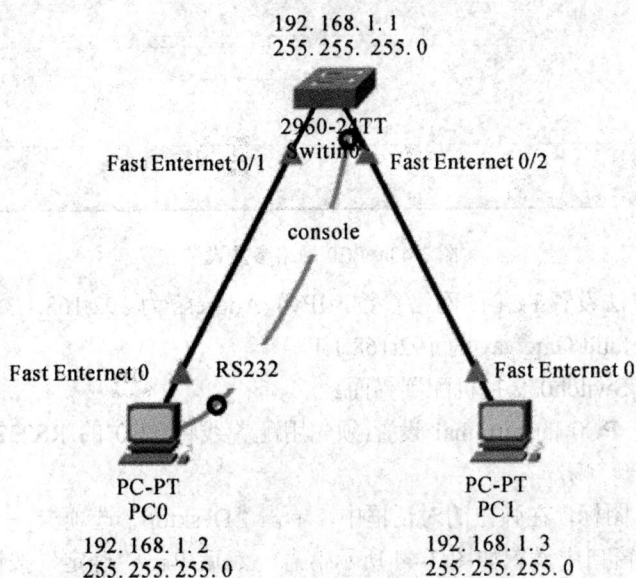

图 3-42 网络拓扑图

步骤 2：根据要求设置 PC0 和 PC1 的 IP 地址、子网掩码和网关。单击 PC0 图标，在弹出的对话框中单击"Desktop"选项卡→"IP Configuration"选项，在弹出对话框中分别设置网络参数(如图 3-43 所示)：IPv4 Address 为 192.168.1.2；Subnet Mask 为 255.255.255.0；Default Gateway 为 192.168.1.1。

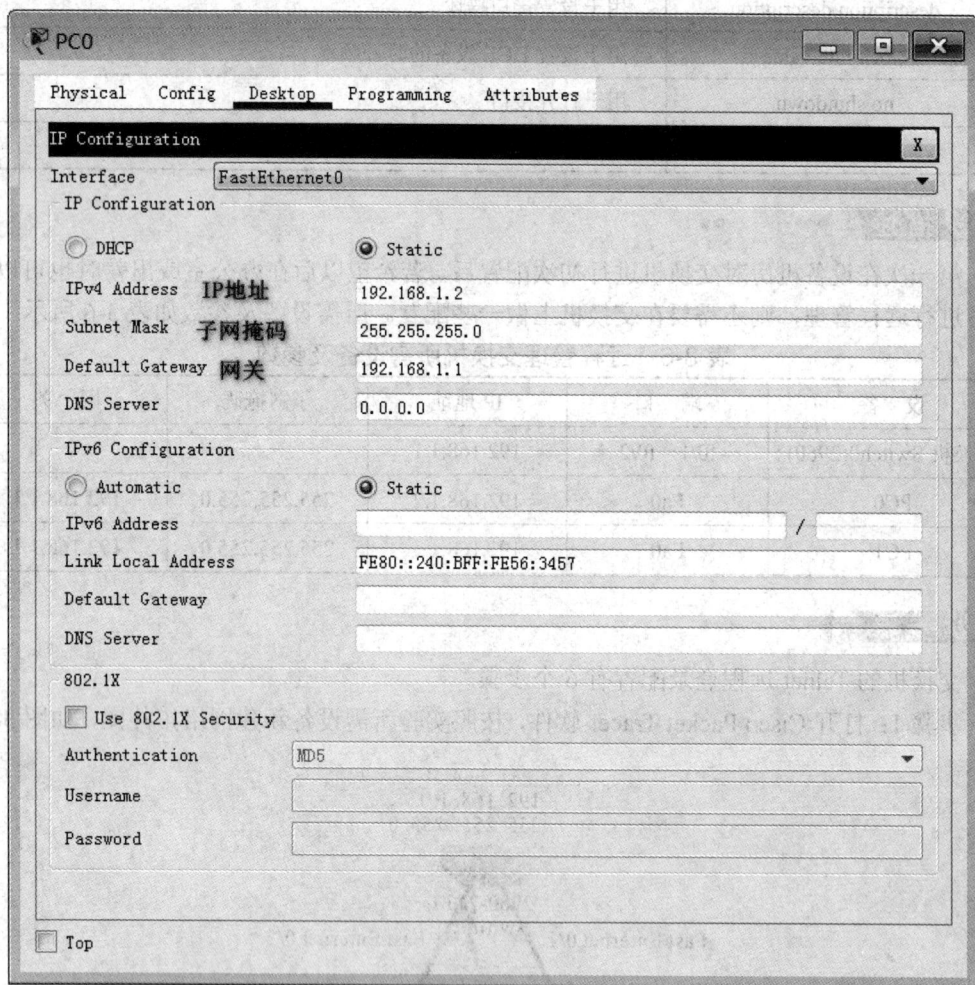

图 3-43　PC0 网络参数设置

使用同样的方法设置 PC1 的网络参数：IPv4 Address 为 192.168.1.3；Subnet Mask 为 255.255.255.0；Default Gateway 为 192.168.1.1。

步骤 3：打开 Switch0 交换机配置界面。

方法一：通过 PC0 的 terminal 设置(须先用配置线将 PC0 的 RS232 接口与交换机的 console 接口相连)。

(1) 单击 PC0 图标，在弹出的对话框中，单击"Desktop"选项卡→"Terminal"选项。

(2) 在弹出的窗口中设置如图 3-44 所示信息，然后单击"确定"按钮打开终端页面，此时就可以在 PC 上配置交换机。

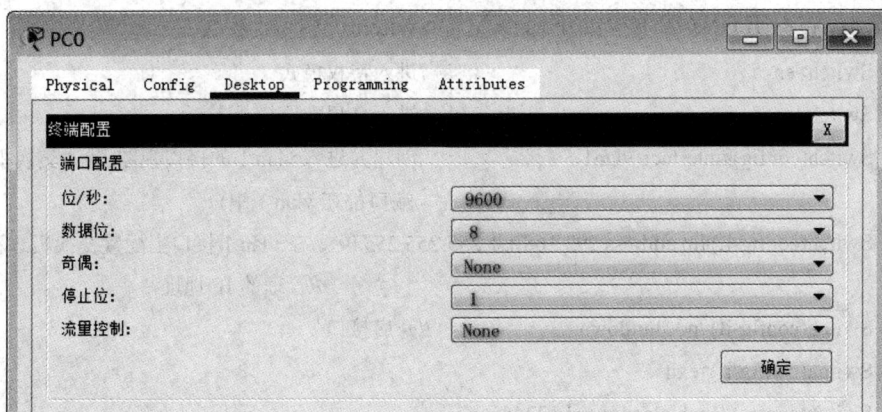

图 3-44　终端配置参数

　　方法二：因为本书所讲配置交换机是在模拟器上配置交换机，所以可以直接在模拟器上单击交换机进行配置，但是现实中第一次配置交换机需要用 console 线配置(即第一种方法)。注：后续内容均按照此方法配置。

　　单击 Switch0 交换机图标，切换至"CLI"选项卡，如图 3-45 所示，然后按回车键，即可进行配置。

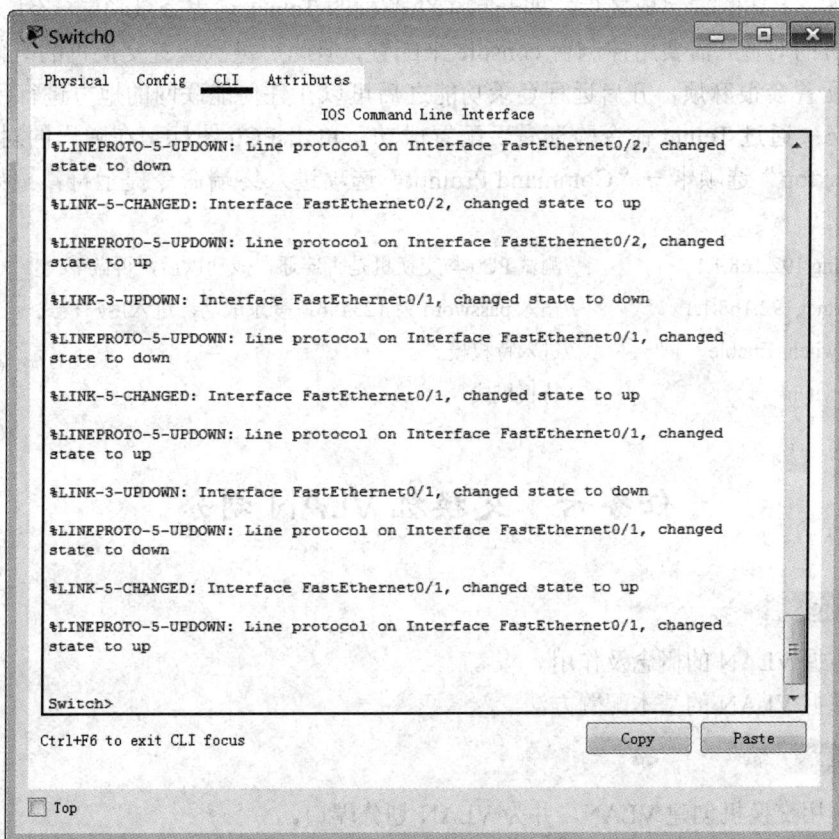

图 3-45　交换机"CLI"选项卡

步骤 4：在打开的终端中按如下命令配置 Switch0 交换机参数。

```
Switch>en                                    //进入特权模式
Switch#conf   t                              //进入全局配置模式
Switch(config)#interface vlan1               //创建并进入 vlan 1 的接口视图(默认交换机的所有
                                               端口都在 vlan 1 中)
Switch(config-if)#ip address 192.168.1.1 255.255.255.0   //在 vlan 1 接口上配置交换机远程
                                                           //管理的 IP 地址
Switch(config-if)#no shutdown                //开启接口
Switch(config-if)#exit
Switch(config)#enable password 123456
Switch(config)#line vty 0 4                  //进入远程登录用户管理视图，0～4 个用户
Switch(config-line)#login                    //打开登录认证功能
Switch(config-line)#password 123456          //配置远程登录的密码为 123456
Switch(config-line)#privilege level 1        //配置远程登录用户的权限为最低权限为 1(最高权限为 3)
Switch(config-line)#end
Switch#show run                              //显示当前交换机配置情况
```

步骤 5：上述配置完成之后，即开启了交换机的 Telnet 远程登录功能。(注：第一次配置交换机的时候，需要用控制台 console 来配置，但此后每次配置交换机的时候如果都要去机房配置会很麻烦，开启远程登录功能之后可以在任何能联网的地方进行配置。)

步骤 6：通过 Telnet 命令验证是否配置成功。单击 PC0 图标，在弹出的对话框中，单击"Desktop"选项卡→"Command Prompt"选项进入终端命令提示符，按如下命令测试。

```
ping 192.168.1.1        //测试 PC0 与交换机是否连通，成功以后，再做下一步
telnet 192.168.1.1      //输入 password 为 123456；登录成功，进入用户模式
Switch>Enable           //进入特权模式
Switch#                 //特权模式
```

任务六　交换机 VLAN 划分

任务 目的　▶------●●●

(1) 掌握 VLAN 的概念及作用。

(2) 掌握 VLAN 的基本配置方法。

任务 内容　▶------●●●

(1) 利用交换机创建 VLAN，并为 VLAN 划分端口。

(2) 配置 VLAN，并测试其连通情况。

任务 原理 ▶ ----●●●

1. VLAN 的概念

(1) VLAN 是指在一个物理网段内进行逻辑的划分，将一个物理网段划分成若干个虚拟局域网，VLAN 划分是不受物理位置的限制，可以进行灵活的划分。相同 VLAN 内的主机可以相互直接通信，不同 VLAN 间的主机之间互相访问必须经路由设备进行转发，广播数据包只可以在本 VLAN 内进行广播，不能传输到其他 VLAN 中。

(2) Port VLAN 是实现 VLAN 的方式之一，它利用交换机的端口进行 VALN 的划分，一个端口只能属于一个 VLAN。以太网端口有 access、hybrid 和 trunk 三种链路类型。

access 类型的端口只能属于 1 个 VLAN，一般用于连接用户计算机。

trunk 类型的端口可以允许多个 VLAN 通过，可以接收和发送多个 VLAN 的报文，一般用于交换机之间连接。

hybrid 类型的端口可以允许多个 VLAN 通过，可以接收和发送多个 VLAN 的报文，可以用于交换机之间连接，也可以用于连接用户的计算机。

hybrid 端口和 trunk 端口在接收数据时，处理方法是一样的，唯一不同之处在于 hybrid 端口可以允许多个 VLAN 的报文发送时不打标签，而 trunk 端口只允许缺省 VLAN 的报文发送时不打标签。

2. VLAN 的作用

VLAN 的作用如下：

(1) 端口的分隔。即使在同一个交换机上，处于不同 VLAN 的端口也不能通信。

(2) 网络的安全。将网络划分为多个 VLAN 可减少参与广播风暴的设备数量。不同 VLAN 不能直接通信，杜绝了广播信息的不安全性。

(3) 灵活的管理。更改用户所属的网络不必换端口和连线，只需更改配置即可。

任务 描述 ▶ ----●●●

公司内财务部、销售部的四台 PC 通过 2 台交换机实现通信，要求本部门之间的 PC 可以互通，但为了数据安全，销售部和财务部需要进行互相隔离，现要在交换机上做适当配置来实现这一目标。在同一个局域网中，要实现 PC0、PC2 为同一个分组，PC1、PC3 属于同一个分组，将 4 个 PC 进行 VLAN 分组划分，实现两个分组之间的相互隔离。所需设备及参数如表 3-7 所示。

表 3-7　本任务所需设备及参数

设　　备	端　　口		IP 地址	子网掩码	网　关
交换机 Switch0(2960)	f0/1	f0/2	—	—	—
交换机 Switch1(2960)	f0/1	f0/2	—	—	—
PC0	Fa0		192.168.1.2	255.255.255.0	192.168.1.254
PC1	Fa0		192.168.1.3	255.255.255.0	192.168.1.254
PC2	Fa0		192.168.1.4	255.255.255.0	192.168.10.254
PC3	Fa0		192.168.1.5	255.255.255.0	192.168.10.254

任务 步骤 ▶▶ ------●●●

步骤 1：打开 Cisco Packet Tracer 软件，按照实验所需设备新建网拓扑图，如图 3-46 所示。

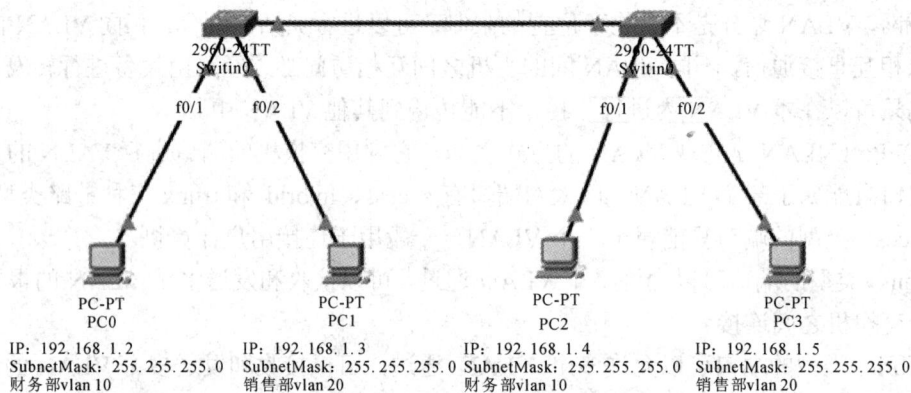

图 3-46 本任务网络拓扑图

步骤 2：根据要求设置 PC0、PC1、PC2、PC3 的 IP 地址和子网掩码。首先单击 PC0 图标，然后在弹出的对话框中单击"Desktop"选项卡→"IP Configuration"选项，最后在弹出对话框中设置 IPv4 Address 为 192.168.1.2；Subnet Mask 为 255.255.255.0。用同样的方法配置 PC1、PC2 和 PC3 的 IP 地址和子网掩码。

步骤 3：测试对象之间的连通性并分析原因，填写表 3-8。

表 3-8 测试连通情况表

序　号	测试对象	测试命令	测试结果	原　因
1	PC0 与 PC1			
2	PC0 与 PC2			
3	PC1 与 PC2			
4	PC1 与 PC3			

首先单击某一 PC 图标，然后在弹出的对话框中单击"Desktop"选项卡→"Command Prompt"选项进入终端命令提示符，最后使用 ping 命令测试网络连通情况。

步骤 4：配置 Switch0 交换机。单击 Switch0 交换机图标，切换至"CLI"选项卡，然后按回车键，按照如下命令配置参数。

```
Switch>en
Switch#config t
Switch(config)#vlan 10                         //向交换机添加新的虚拟端口 vlan 10
Switch(config-vlan)#vlan 20                     //向交换机添加新的虚拟端口 vlan 20
Switch(config-vlan)#int f0/1                    //切换到 f0/1 端口
Switch(config-if)#switchport access vlan 10     //将该端口绑定到 vlan 10
Switch(config-if)#int f0/2                      //切换到 f0/2 端口
Switch(config-if)#switchport access vlan 20     //将该端口绑定到 vlan 20
```

Switch(config-if)#int f0/24　　　　　　　//切换到 f0/24(拓扑图中交换机与交换机连接端口)

Switch(config-if)#switchport mode trunk　　　//更改其连接模式为 trunk

步骤 5：配置 Switch1 交换机。单击 Switch1 交换机图标，切换至"CLI"选项卡，然后按回车键，按照如下命令配置参数。

Switch>en

Switch#config t

Switch(config)#vlan 10

Switch(config-vlan)#vlan 20

Switch(config-vlan)#int f0/1

Switch(config-if)#switchport access vlan 10

Switch(config-if)#int f0/2

Switch(config-if)#switchport access vlan 20

Switch(config-if)#int f0/24

Switch(config-if)#switchport mode trunk

步骤 6：测试对象之间的连通性并分析原因，填写表 3-9。

表 3-9　测试连通情况表二

序　号	测试对象	测试命令	测试结果	原　因
1	PC0 与 PC1			
2	PC0 与 PC2			
3	PC1 与 PC2			
4	PC1 与 PC3			

任务七　路由器配置

任务目的 ▶------•••

(1) 掌握路由器的概念、作用及工作原理。

(2) 掌握路由器的基本配置方法。

任务内容 ▶------•••

(1) 利用命令配置路由器所连接端口的 IP 地址和子网掩码。

(2) 利用路由器连接两个不同网络，并测试其连通情况。

任务原理 ▶------•••

1. 概念

路由器又称网关设备，用于连接多个逻辑上分开的网络。计算机之间的通信只能在具有相同网络地址的 IP 地址之间进行，如果想要与其他网段的计算机进行通信，则必须经过路由器转发。不同网络地址的 IP 地址是不能直接通信的，即便它们距离非常近，也不能进行通信。当数据从一个网络传输到另一个网络时，可通过路由器的路由功能来完成。因此，路由器具有判断网络地址和选择 IP 路径的功能，它能在多网络互联环境中建立灵活的连接，通过不同的数据分组以及介质访问方式对各个子网进行连接。路由器在操作中仅接收源站或者其他相关路由器传递的信息，是一种基于网络层的互联设备。

2. 工作原理

路由器上时刻维持着一张路由表，所有报文的发送和转发都需要通过查找路由表从相应端口发送。路由表可以是静态配置的，也可以是动态路由协议产生的。物理层从路由器的一个端口收到一个报文，送到数据链路层。数据链路层去掉链路层封装，根据报文的协议送到网络层。网络层首先看报文是否是送给本机的，若是，去掉网络层封装，送给上层；若不是，则根据报文的目的地址查找路由表，若找到路由，将报文送给相应端口的数据链路层封装后发送报文，若找不到路由则将报文丢弃。

3. 路由器接口 IP 协议配置原则

(1) 路由器的物理网络端口通常要有一个 IP 地址。

(2) 相邻路由器的相邻端口 IP 地址必须在同一 IP 网络上。

(3) 同一路由的不同端口的 IP 地址必须在不同 IP 网段上。

(4) 除了相邻路由器的相邻端口外，所有网络中路由器所连接的网段即所有路由器的任何两个非相邻端口都必须不在同一网段上。

任务描述

某企业的财务部和销售部分别处于不同的办公室，为了安全和便于管理对两个部门的计算机进行了不同网络的划分，即财务部和销售部分别处于不同的网络，无法正常通信。现由于业务的需求，为了实现两部门的计算机能够相互访问，获得相应的资源，两个部门的交换机通过一台路由器进行了连接。现需要在路由器上做适当配置来实现这一目标。所需设备及参数如表 3-10。

表 3-10　路由器配置所需设备及参数

设　备	端口	IP 地址	子网掩码	网　关
路由器 Router1(2811)	fa0/0	192.168.1.254	255.255.255.0	—
	fa0/1	192.168.10.254	255.255.255.0	—
交换机 Switch1(2960)	—			
交换机 Switch2(2960)	—			
PC1	fa0	192.168.1.1	255.255.255.0	192.168.1.254
PC2	fa0	192.168.1.2	255.255.255.0	192.168.1.254
PC3	fa0	192.168.10.1	255.255.255.0	192.168.10.254
PC4	fa0	192.168.10.2	255.255.255.0	192.168.10.254

任务步骤

步骤 1：打开 Cisco Packet Tracer 软件，按照实验所需设备新建网拓扑图，如图 3-47 所示。

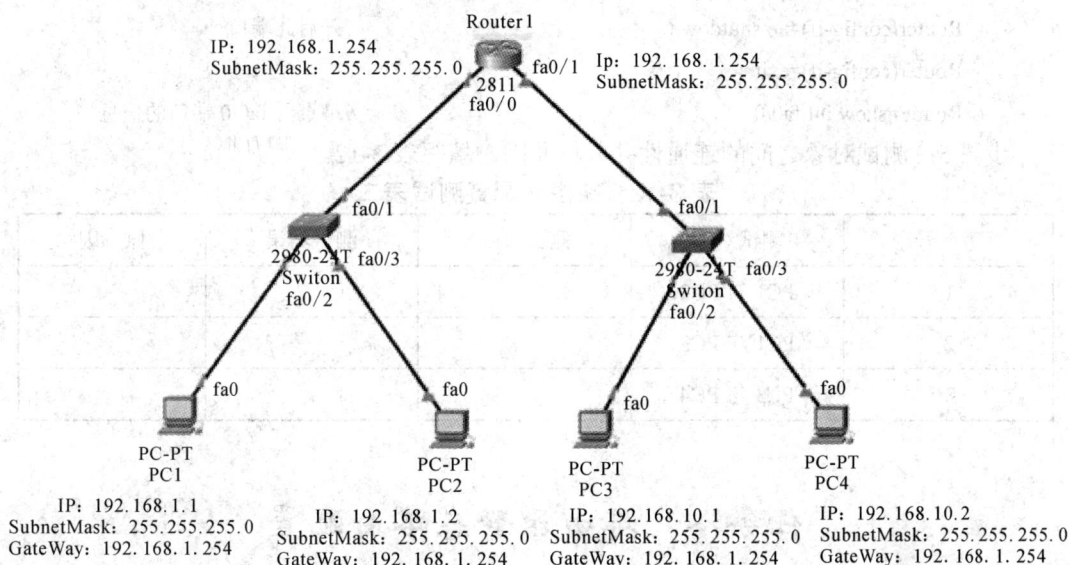

图 3-47 路由器配置网络拓扑图

步骤 2：根据要求设置 PC1、PC2、PC3、PC4 的 IP 地址、子网掩码、网关。单击 PC1 图标，在弹出的对话框中，单击"Desktop"选项卡→"IP Configuration"选项，在弹出对话框中设置 IPv4 Address 为 192.168.1.2；Subnet Mask 为 255.255.255.0；GateWay 为 192.168.1.254。用同样的方法配置 PC2、PC3 和 PC4 的 IP 地址、子网掩码、网关。

步骤 3：测试对象之间的连通性并分析原因，填写表 3-11。

表 3-11　路由器配置测试表一

序　号	测试对象	测试命令	测试结果	原　因
1	PC1 与 PC2			
2	PC1 与 PC3			
3	PC3 与 PC4			

首先单击某一 PC 图标，然后在弹出的对话框中单击"Desktop"选项卡→"Command Prompt"选项进入终端命令提示符，最后使用 ping 命令测试网络连通情况。

步骤 4：配置 Router1 路由器。单击 Router1 路由器图标，切换至"CLI"选项卡，然后按回车键。按照如下命令配置参数。

```
Router>en
Router#conf t
Router(config)#int fa0/0                                    //切换到 f0/0 端口
Router(config-if)#ip address 192.168.1.254    255.255.255.0    //配置 fa0/0 端口的 IP 和掩码
Router(config-if)#no shutdown                               //开启此端口
Router(config-if)#exit
Router(config)#int fa0/1                                    //切换到 f0/1 端口
Router(config-if)#ip address 192.168.10.254    255.255.255.0   //配置 fa0/1 端口的 IP 和掩码
```

Router(config-if)#no shutdown   //开启此端口

Router(config-if)#exit

Router#show int fa0/0   //可查看 fa0/0 端口的信息

步骤 5：测试对象之间的连通性并分析原因，填写表 3-12。

表 3-12　路由器配置测试表二

序　号	测试对象	测试命令	测试结果	原　因
1	PC1 与 PC2			
2	PC1 与 PC3			
3	PC3 与 PC4			

任务八　路由器静态路由配置

任务 目 的

(1) 掌握静态路由的配置方法。

(2) 掌握通过静态路由方式实现网络的互通。

(3) 熟悉广域网线缆的连接方式。

任务 内 容

(1) 根据任务描述设计网络拓扑结构。

(2) 配置路由器各端口 IP 地址和子网掩码。

(3) 利用路由器配置静态路由实现不同网络的连接。

任务 原 理

1. 路由器属于网络层设备，能够根据 IP 包头的信息选择一条最佳路径将数据包转发出去，实现不同网段的主机之间的互相访问。路由器是根据路由表进行选路和转发数据的，而路由表则是由一条条路由信息组成的。

2. 生成路由表主要有两种方法：手工配置和动态配置，即静态路由协议配置和动态路由协议配置。

3. 静态路由是指由网络管理员手工配置的路由信息。

4. 静态路由除了具有简单、高效、可靠的优点外，还具有网络安全保密性高的优点。

任务 描 述

学校有新、旧两个校区，每个校区是一个独立的局域网，为了使新、旧校区能够正常相互通信且能访问校园网资源，每个校区出口利用一台路由器进行连接，且新校区出口利用一台路由器与网络中心进行连接，要求做适当配置实现两个校区的正常相互访问且两个校区都能访问校园网。所需设备及参数如表 3-13。

表 3-13　静态路由配置所需设备及参数

设 备	端口	IP 地址	子网掩码	网关
路由器 Router1(2811)	fa0/0	192.168.1.254	255.255.255.0	—
	s0/2/0	192.168.10.254	255.255.255.0	—
路由器 Router2(2811)	fa0/0	192.168.100.254	255.255.255.0	—
	s0/2/0	192.168.10.250	255.255.255.0	—
	s0/2/1	202.193.1.254	255.255.255.0	—
路由器 Router3(2811)	fa0/0	202.193.10.254	255.255.255.0	—
	s0/2/0	202.193.1.250	255.255.255.0	—
交换机 Switch1(2960)		—	—	—
交换机 Switch2(2960)		—	—	—
PC1	fa0	192.168.1.1	255.255.255.0	192.168.1.254
PC2	fa0	192.168.100.1	255.255.255.0	192.168.100.254
Web Server	fa0	202.193.10.1	255.255.255.0	202.193.10.254

任务 步骤

步骤 1：打开 Cisco Packet Tracer 软件，按照实验所需设备新建网拓扑图，如图 3-48 所示。

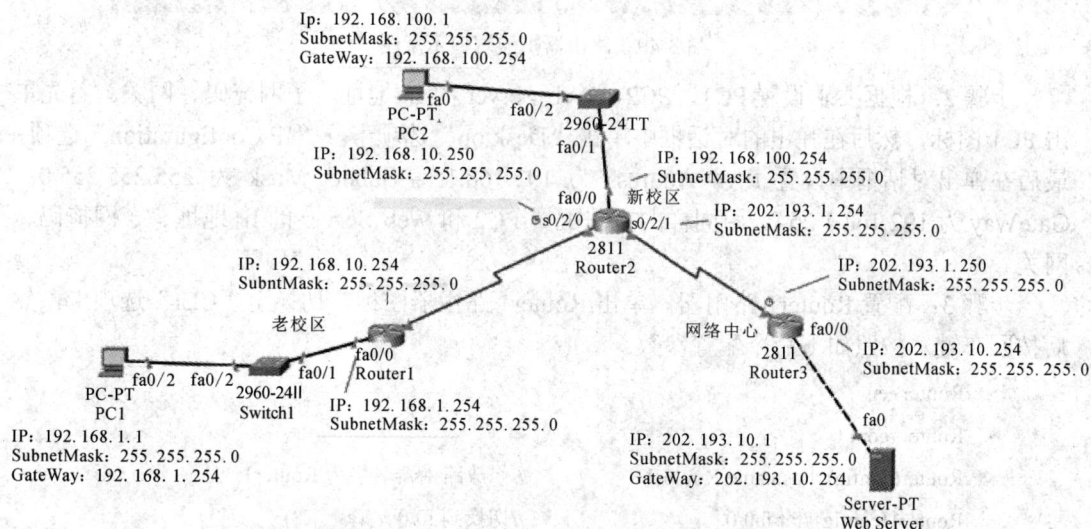

图 3-48　静态路由配置网络拓扑图

提示：路由器默认只有 FastEthernet0/0 和 FastEthernet0/1 两个端口，在本任务中不够用，因此需要添加扩展端口。添加扩展端口的方法为：单击 Router1，在弹出的窗口中选择"Physical"选项卡→关闭电源→"WIC-2T"→把右下角的图拖动至上方空白的插槽处→打开电源，如图 3-49 所示。

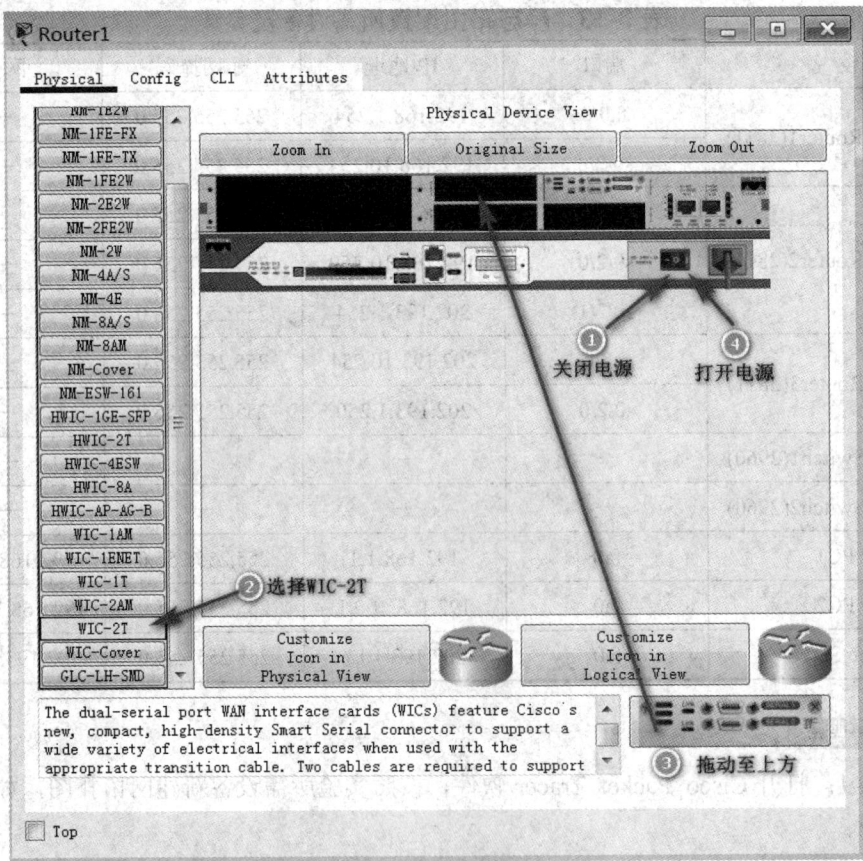

图 3-49　路由器扩展端口示意图

步骤 2：根据要求设置 PC1、PC2、Web Server 的 IP 地址、子网掩码、网关。首先单击 PC1 图标，然后在弹出的对话框中单击"Desktop"选项卡→"IP Configuration"选项，最后在弹出对话框中设置 IPv4 Address 为 192.168.1.1；Subnet Mask 为 255.255.255.0；GateWay 为 192.168.1.254。用同样的方法配置 PC2 和 Web Server 的 IP 地址、子网掩码、网关。

步骤 3：配置 Router1 路由器。单击 Router1 路由器图标，切换至"CLI"选项卡，然后按回车键。按照如下命令配置参数。

```
Router>en
Router#conf t
Router(config)#hostname Router1                    //修改路由器名字为 Router1
Router1(config)#int fa0/0                           //切换到 f0/0 端口
Router1(config-if)#ip address 192.168.1.254  255.255.255.0   //配置 f0/0 端口的 IP 和掩码
Router1(config-if)#no shutdown                      //开启此端口
Router1(config-if)#exit
Router1(config)# int s0/2/0                         //切换到 s0/2/0 端口
Router1(config-if)#ip address 192.168.10.254  255.255.255.0  //配置 s0/2/0 端口的 IP 和掩码
```

Router1(config-if)#no shutdown	//开启此端口
Router1(config-if)#exit	//退出端口配置模式
Router1(config)#exit	//退出全局配置模式
Router1# show ip interface brief	//查看路由器 Router1 各端口的 IP 信息

采用同样的方法，配置 Router2 和 Router3 各端口的 IP 和掩码。

步骤 4：测试对象之间的连通性并分析原因，填表 3-14。

表 3-14　静态路由配置测试表一

序　号	测试对象	测试命令	测试结果	原　因
1	PC1 与 PC2			
2	PC1 与 Web Server			

首先单击某一 PC 图标，然后在弹出的对话框中单击"Desktop"选项卡→"Command Prompt"选项进入终端命令提示符，最后使用 ping 命令测试网络连通情况。

步骤 5：配置路由器静态路由。单击 Router1 路由器图标，切换至"CLI"选项卡，然后按回车键。按照如下命令配置静态路由。

添加静态路由命令格式为：ip route 所要到达的目的网络　子网掩码　下一跳的 IP 地址。

(1) 添加 Router1 的静态路由。

Router1>en

Router1#conf t

Router1(config)#ip route 192.168.100.0 255.255.255.0 192.168.10.250 //添加路由信息

Router1(config)#ip route 202.193.1.0 255.255.255.0 192.168.10.250　//添加路由信息

Router1(config)#ip route 202.193.10.0 255.255.255.0 192.168.10.250　//添加路由信息

Router1(config) do write　　//保存

Router1(config)#exit

Router1#show ip route　　//查看路由表

路由表信息如图 3-50 所示。

```
Router1#show ip route
Codes: L - local, C - connected, S - static, R - RIP, M - mobile, B - BGP
       D - EIGRP, EX - EIGRP external, O - OSPF, IA - OSPF inter area
       N1 - OSPF NSSA external type 1, N2 - OSPF NSSA external type 2
       E1 - OSPF external type 1, E2 - OSPF external type 2, E - EGP
       i - IS-IS, L1 - IS-IS level-1, L2 - IS-IS level-2, ia - IS-IS inter
area
       * - candidate default, U - per-user static route, o - ODR
       P - periodic downloaded static route

Gateway of last resort is not set

     192.168.1.0/24 is variably subnetted, 2 subnets, 2 masks
C       192.168.1.0/24 is directly connected, FastEthernet0/0
L       192.168.1.254/32 is directly connected, FastEthernet0/0
     192.168.10.0/24 is variably subnetted, 2 subnets, 2 masks
C       192.168.10.0/24 is directly connected, Serial0/2/0
L       192.168.10.254/32 is directly connected, Serial0/2/0
S    192.168.100.0/24 [1/0] via 192.168.10.250
S    202.193.1.0/24 [1/0] via 192.168.10.250
S    202.193.10.0/24 [1/0] via 192.168.10.250
```

图 3-50　路由表信息

(2) 添加 Router2 的静态路由。

Router2>en

Router2#conf t

Router2(config)#ip route 192.168.1.0 255.255.255.0 192.168.10.254　　　　//添加路由信息

Router2(config)#ip route 202.193.10.0 255.255.255.0 202.193.1.250　　　　//添加路由信息

Router2(config) do write　　　　//保存

Router2(config)#exit

Router2#show ip route　　　　//查看路由表

(3) 添加 Router3 的静态路由。

Router3>en

Router3#conf t

Router3(config)#ip route 192.168.1.0 255.255.255.0 202.193.1.254　　　　//添加路由信息

Router3(config)#ip route 192.168.10.0 255.255.255.0 202.193.1.254　　　　//添加路由信息

Router3(config)#ip route 192.168.100.0 255.255.255.0 202.193.1.254　　　　//添加路由信息

Router3(config) do write　　　　//保存

Router3(config)#exit

Router3#show ip route　　　　//查看路由表

步骤 6：测试对象之间的连通性并分析原因。

(1) 使用 ping 命令测试网络是否连通，并填写表 3-15。

表 3-15　静态路由配置测试表二

序　号	测试对象	测试命令	测试结果	原　因
1	PC1 与 PC2			
2	PC1 与 Web Server			
3	PC2 与 Web Server			

(2) 使用 Web Browser 测试 PC1 与 Web Server、PC2 与 Web Server 连通情况。

首先单击某一 PC 图标，然后在弹出的对话框中单击"Desktop"选项卡→"Web Browser"选项，最后在地址中输入 Web Server 的 IP 地址，测试 PC 与 Web Server 的连通情况。

项目 4

实用工具软件实训

任务一　硬盘空间的动态调整

任务目的 ▶▷····•••

(1) 了解计算机硬盘的数据存储机制和分区原则。
(2) 了解硬盘分区原理和方法。
(3) 了解应用软件 DiskGenius 的主要功能和基本操作方法。
(4) 掌握用 DiskGenius 进行无损动态调整硬盘分区大小的方法和步骤。

任务内容 ▶▷····•••

(1) 了解应用软件 DiskGenius 的主要功能。
(2) 熟悉应用软件 DiskGenius 的操作界面。
(3) 在 DiskGenius 中查看硬盘各个分区的存储空间分配和使用情况。
(4) 用应用软件 DiskGenius 对硬盘分区大小进行无损动态调整。

任务描述 ▶▷····•••

　　公司张总的电脑用了有 3 年多，近来他发现电脑运行越来越慢，有的时候运行一些软件还会弹出对话框显示 "C:盘空间不足" 的提示，很是烦恼。后来经过咨询和自己查阅资料，才知道电脑 C 盘爆满的原因是由于刚开始安装电脑的时候，磁盘分区不合理，在分区时 C 盘分区过小，而且操作系统和大多数的应用软件都默认安装在 C 盘，操作系统和应用软件每天产生大量的系统垃圾文件及缓存文件，长时间不清理维护造成 C 盘空间不够用了。一查果然 C 盘只剩余了几十兆的空间，而其他分区(D 盘和 E 盘)还有比较多的剩余空间。但如果重新分区则原来保存在硬盘中的重要文件资料就会被清除掉，文件分散在多处备份起来也很麻烦，重新分区后又要重装系统和应用软件。你能帮张总重新调整硬盘各个分区的大小而又不需要重装系统吗？

任务步骤 ▶▷····•••

　　硬盘分区大小无损动态调整是一个非常重要，也是非常实用的一项磁盘分区管理功能。

无损动态调整硬盘分区大小的目的是在同一个磁盘中无需重新分区或格式化(原有数据会被清除),能够在不破坏原有数据的情况下,将一个分区的一部分空闲存储空间调整给另一个分区,使原来存储空间不足的分区扩大存储空间。使用应用软件 DiskGenius 就可以方便、快捷地完成硬件无损分区大小调整。

1. 了解 DiskGenius 的操作界面

如图 4-1 所示,DiskGenius 的操作界面由菜单栏、工具栏、分区空间示意图、磁盘及分区列表、分区参数/扇区编辑/文件列表区等部分构成。其中,除了菜单栏和工具栏外,其他部分是联动的,当在左侧的"磁盘及分区列表"中单击磁盘(或分区)名称时,右侧显示的是分区参数列表,而单击文件(或文件夹)名称时,右侧显示的则是文件列表。

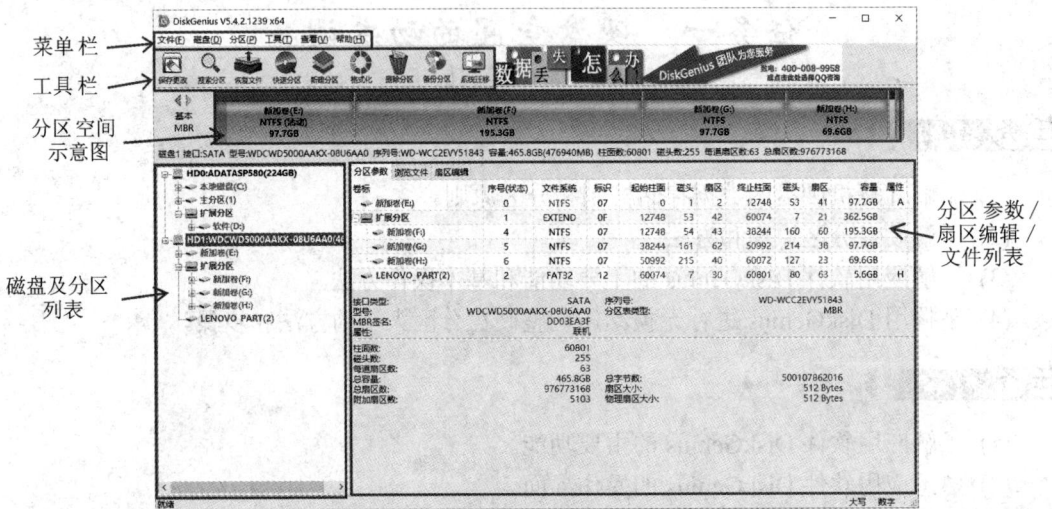

图 4-1　DiskGenius(V5.4)的操作界面

2. 查看硬盘各个分区的存储空间和使用情况

若包含有多个物理硬盘(甚至 U 盘),在如图 4-1 所示的 DiskGenius 的主界面中单击左侧的"磁盘及分区列表"中的磁盘名,在"分区空间示意图"中可以直观地看到当前磁盘包含的各个分区以及各个分区大小和空间使用的示意图,其中,每个分区的图块中用深色(实际为深蓝色)区域表示已用的空间,用浅色(实际为浅蓝色)表示空闲未用的空间。

单击"分区空间示意图"中各分区示意图块,其下方的"分区列表"和"分区参数"的显示内容也会相应地变化。

单击"磁盘及分区列表"中的分区名,可在其右侧的"分区参数"窗格中观察到各分区的空间存储情况。

在"磁盘及分区列表"中打开某个分区下的文件夹列表,单击其中的文件夹名称,则其右侧窗口显示该文件夹下包含的文件列表。如图 4-2 所示为文件列表及其右键快捷菜单。

在 DiskGenius 的操作界面中,不管是分区操作还是文件操作,均支持右键快捷菜单。即在操作对象上单击鼠标右键会弹出与之相应的快捷菜单可供操作。

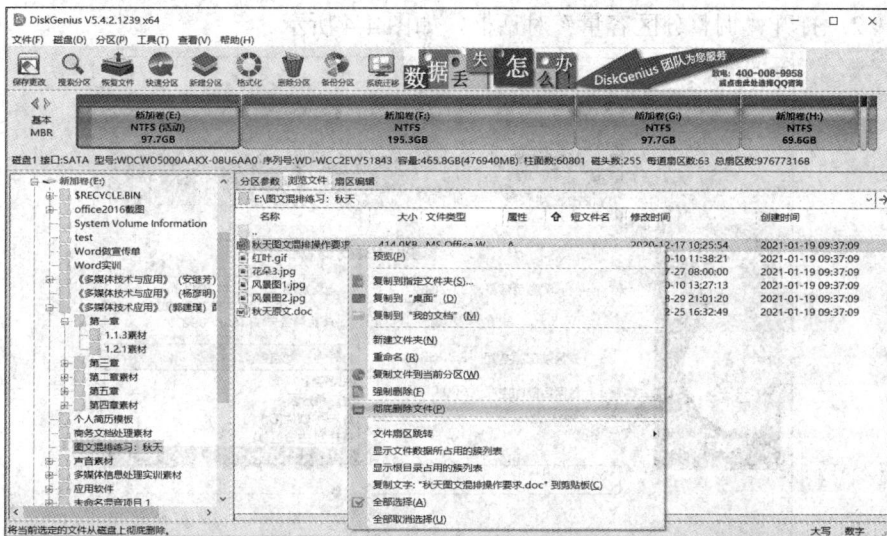

图 4-2　文件列表及其右键快捷菜单

3. 动态调整硬盘分区大小

一般情况下，调整硬盘分区的大小通常都涉及两个或两个以上的分区。比如：要想将某分区的大小扩大，通常还要同时将另一个硬盘分区的大小缩小；要想将某个硬盘分区的大小缩小，则通常还要同时将另一个分区的大小扩大。在使用 DiskGenius 进行硬盘分区调整时，应该首先选择一个剩余空间比较大的分区进行空间缩减，然后再将缩减后腾出的空间调整给需要扩大空间的分区。下面以将 E 盘分区空间缩减后调整给 C 盘分区进行扩容为例介绍硬盘分区调整的步骤和方法。

步骤 1：在 DiskGenius 主界面上选择一个空闲空间比较大、能腾出空间的分区(如 E 盘)，执行"分区"→"调整分区大小"命令(或者在分区名称上右击鼠标，从在弹出的快捷菜单中选择"调整分区大小"命令)，如图 4-3 所示。

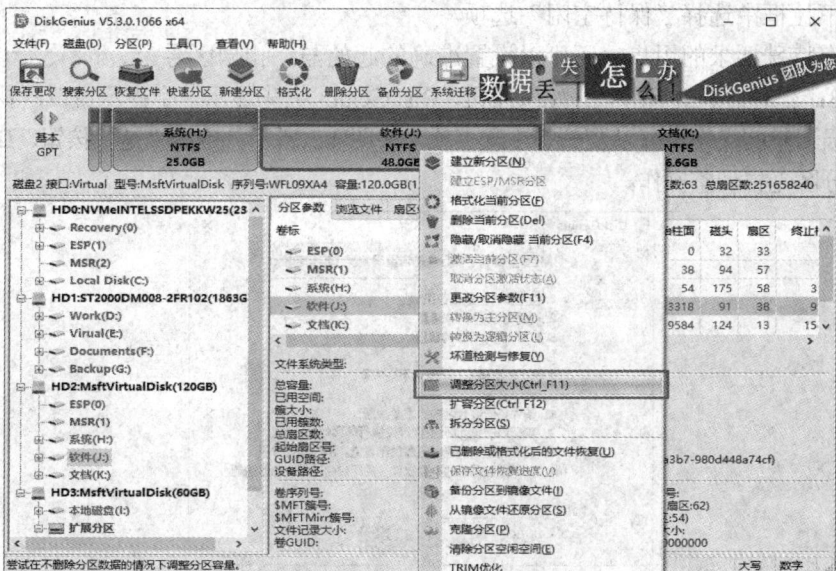

图 4-3　分区操作的快捷菜单

步骤 2：打开"调整分区容量"对话框，如图 4-4 所示。

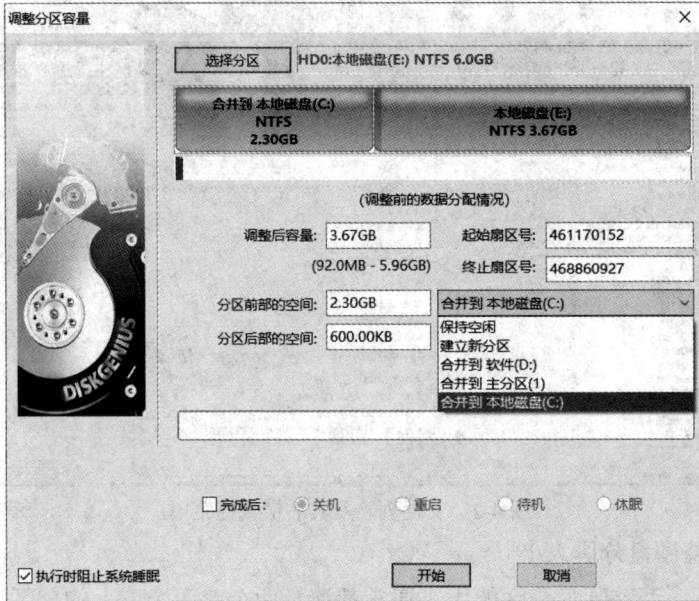

图 4-4　"调整分区容量"对话框

在对话框中设置"分区前部的空间"选项的大小，即设置能腾出的空闲空间的大小；并在其后的下拉选项中选择"合并到本地磁盘(C:)"选项，其余各选项的参数会自动调整。

需要说明的是：本例要将 E 盘分区一部分空间调整给 C 盘分区，而 C 盘分区位置在 E 盘分区前方，因此需腾出 E 盘前部的空间。若需要扩容的分区在缩减分区的后方，则需要腾出要缩减分区后部的空间，并要设置"分区后部的空间"选项的大小。

DiskGenius 支持鼠标操作，因此可以用鼠标改变分区大小。即在对话框上方的分区图示上拖拽分区前部(或后部)向右(或向左)移动来调整的分区大小，并在"分区前部的空间"选项后的下拉框中选择"保持空闲"选项。

对于有特殊要求的用户，还可以设置准确的起始与终止扇区号。

步骤 3：在对话框中单击"开始"按钮，DiskGenius 会先显示一个提示窗口，显示本次硬盘分区无损调整的操作步骤以及一些注意事项，如图 4-5 所示。单击"是"按钮，DiskGenius 开始进行分区无损调整操作。

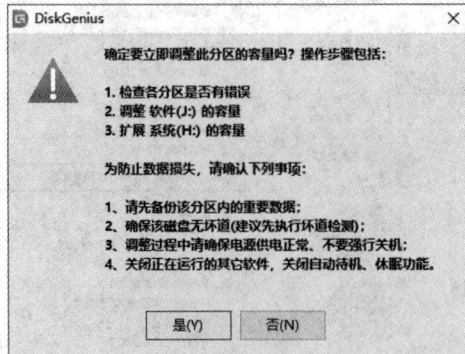

图 4-5　DiskGenius 的操作提示

　　步骤 4：分区无损调整操作如涉及系统分区(通常是 C 盘)时，DiskGenius 会自动重启电脑进入 WinPE，并自动运行 DiskGenius WinPE 版来完成分区无损调整工作。分区上的数据比较多时，分区无损调整过程的用时可能会稍长一些。分区调整结束后，又会自动重新启动电脑，返回到 Windows 系统。

　　分区调整过程中会详细显示当前操作的信息，如图 4-6 所示。

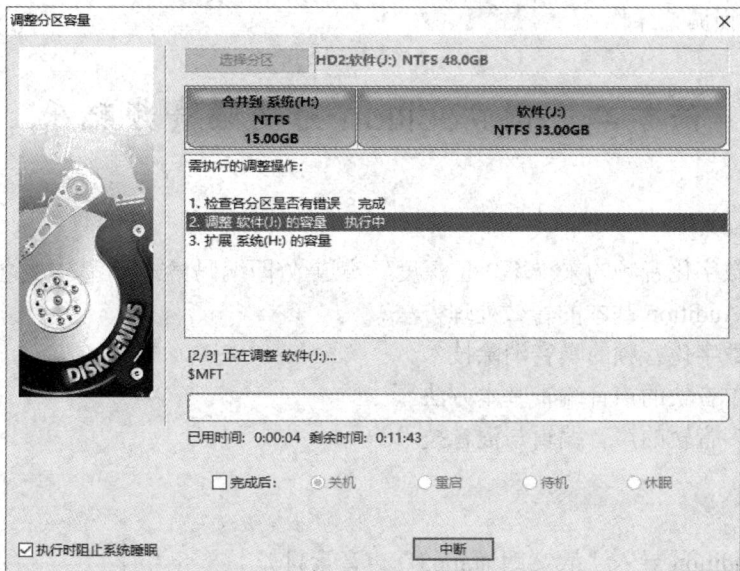

图 4-6　分区调整过程显示信息

　　步骤 5：调整分区结束后，单击"完成"按钮，关闭"调整分区容量"对话框，如图 4-7 所示。

图 4-7　分区调整结束

通过上述操作后就可以无损地将 E 盘的空闲空间调整出给 C 盘分区，则 C 盘的空间就变大了。

使用 DiskGenius 进行硬盘分区无损调整时需要注意：当硬盘或分区存在某种错误时，比如磁盘坏道或其他潜在的逻辑错误，或者由于系统异常、突然断电等原因导致调整过程中断时，会造成分区大小调整失败，导致正在调整的分区所有文件全部丢失。因此，分区无损调整是一项有风险的操作。所以，当分区内有重要的文件时，最好要先做好备份工作，再进行分区无损调整操作。

任务二　用 Audition 为朗诵音频配乐

任务目的

(1) 理解数字化音频的采样率、位深度、声道数(即编码格式)等基本概念。
(2) 掌握 Audition 基本的音效处理方法。
(3) 掌握数字化音频的噪音消除技术。
(4) 掌握单音轨的声音编辑基本方法。
(5) 掌握多音轨的声音编辑与混音技术。

任务内容

(1) 用 Audition 导入"散文朗诵.mp3"声音素材。
(2) 增大音频音量，使音频中的朗读声清晰、突出。
(3) 对音频进行降噪处理，即去除音频中"嗡嗡"的电流声。
(4) 对处理后的音频进行局部修整并删除音频中的杂音，使得整个音频听起来更加协调、纯净。
(5) 给音频添加背景音乐和适当减小背景音乐声音的大小，使二者相匹配。
(6) 将修改后的"散文朗诵.mp3"仍保存成 mp3 格式。

任务步骤

1. 测试音频设备

在进行音频处理之前要测试音频设备工作是否正常。

步骤 1：在 Windows 10 操作系统下，单击"控制面板"中的"声音"选项，打开如图 4-8 所示的"声音"对话框。在此对话框中可以查看和测试声音与音频设备。

步骤 2：打开音频设备的相应设置窗口，调整输入和输出设备属性，使声音的输入及输出设备能够满足音频实验的要求。

2. 在 Audition 中打开音频素材文件，并在单轨模式下进行声音编辑

步骤 1：在单音轨模式下加载音频素材。

启动 Audition CC 2020 后，在"媒体浏览器"面板中选择音频素材文件"散文朗诵.mp3"，用鼠标将其拖到右侧的"编辑器"面板中，如图 4-9 所示。Audition 默认使用单轨模式进行编辑。

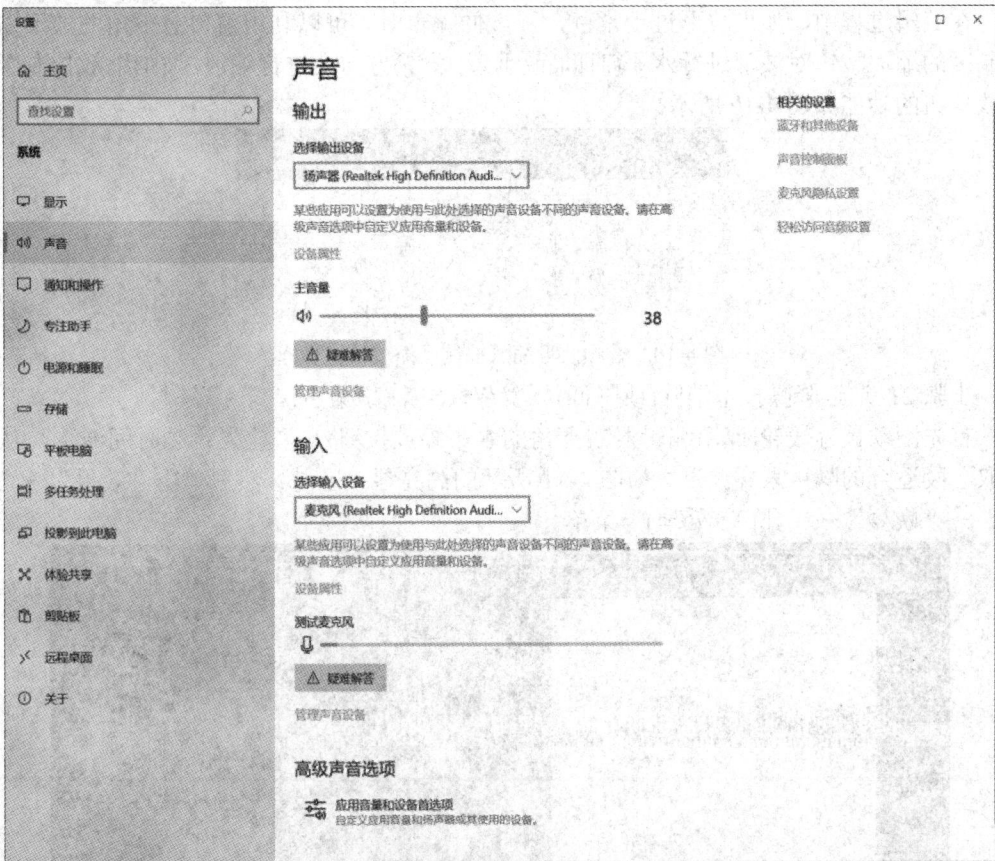

图 4-8　Windows 10 的"声音"设置对话框

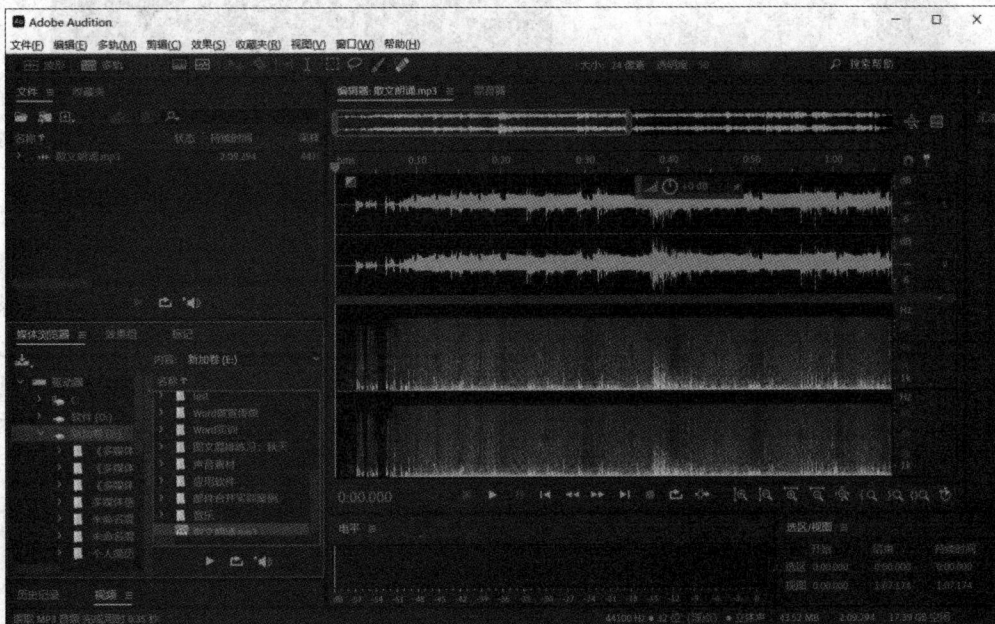

图 4-9　Audition 单轨模式

在编辑过程中，如果波形过于紧密，不方便编辑时，可以利用窗口右下角的波形缩放控制区的缩放按钮对波形进行水平(时间)或垂直(振幅)方向上进行缩放。波形缩放控制区各缩放按钮的功能如图 4-10 所示。

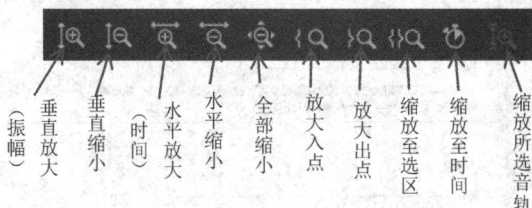

（振幅）垂直放大｜垂直缩小｜（时间）水平放大｜水平缩小｜全部缩小｜放大入点｜放大出点｜缩放至选区｜缩放至时间｜缩放所选音轨

图 4-10　音频波形缩放控制区缩放按钮功能

步骤 2：通过降噪技术消除(或降低)环境杂音(电流嗡嗡声)。

首先滚动鼠标滚轮(或用编辑器右下角的水平缩放按钮)水平放大音频时间波形，从中选取一段适合的噪声采样波形，如图 4-11 所示的高亮显示区域；然后单击"效果"→"降噪"→"恢复"→"降噪(处理)"菜单。

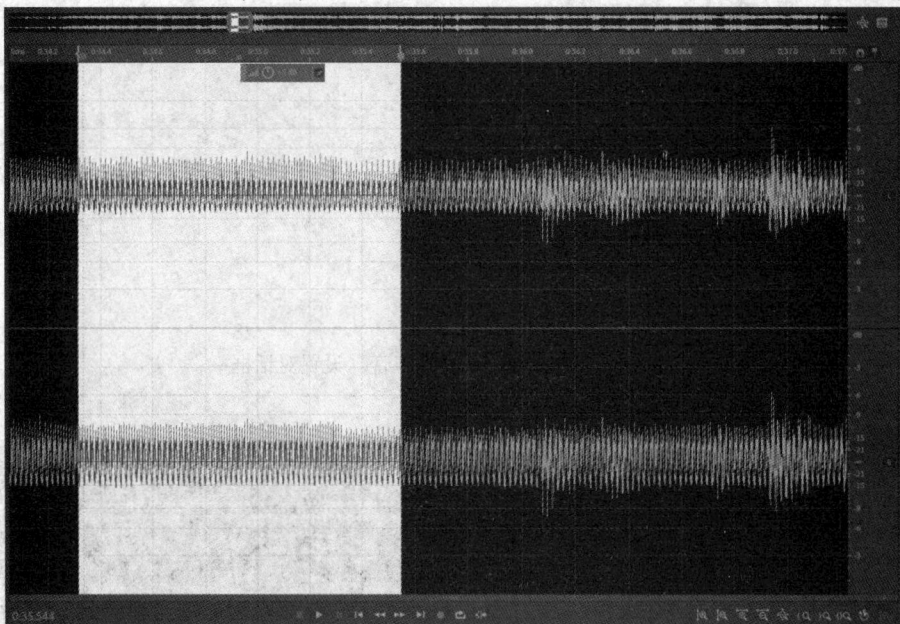

图 4-11　选取噪声样本

在弹出的"效果—降噪"对话框(如图 4-12 所示)中先单击"捕捉噪声样本"按钮将当前音频选区作为噪声样本，再单击对话框中的"选择完整文件"按钮，将降噪处理的范围扩大到整个音频文件。Audition 的效果器默认按降噪的一些基本参数来进行常规降噪。单击左下角"预览播放/停止"按钮试听效果，如果不满意，可自行修改降噪比例及幅度等参数，反复试听和修改参数，直到获得较好的降噪效果。单击对话框中的"应用"按钮关闭对话框，Audition 将在整个声音波形中消除具有样本同样特征的噪声，达到降噪的目的。

若对一次降噪处理的效果不满意，还可以反复多次进行上述的步骤进行降噪处理。当然，进行多次降噪处理后对原声是有一定损害的。

如图 4-13 所示为降噪处理后的波形，对比图 4-12 中的波形，可以明显看出降噪前和降噪后的波形差别。

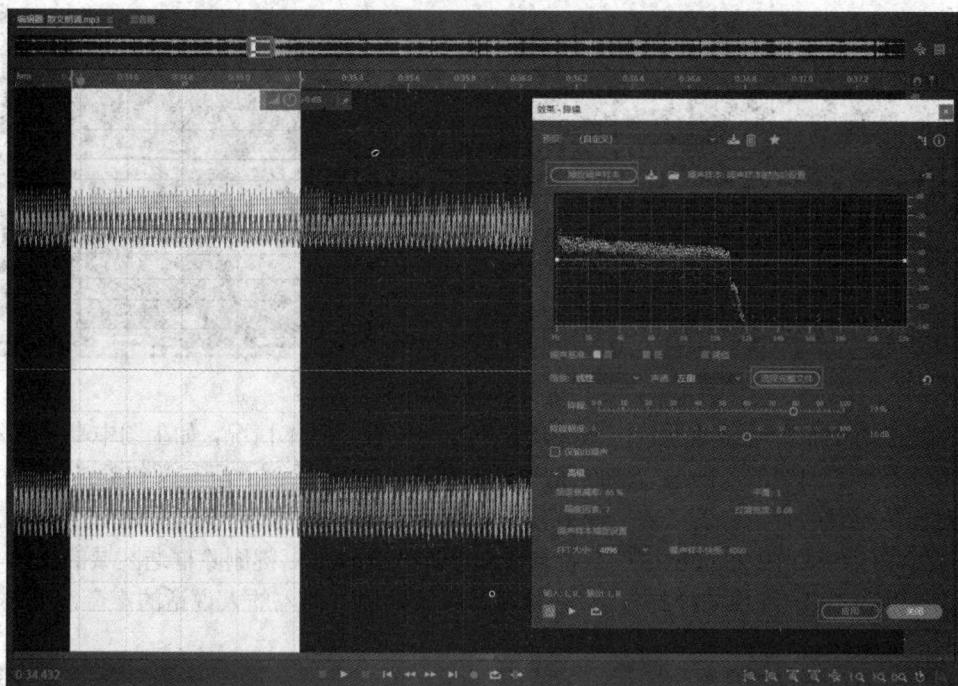

图 4-12　"效果—降噪"对话框

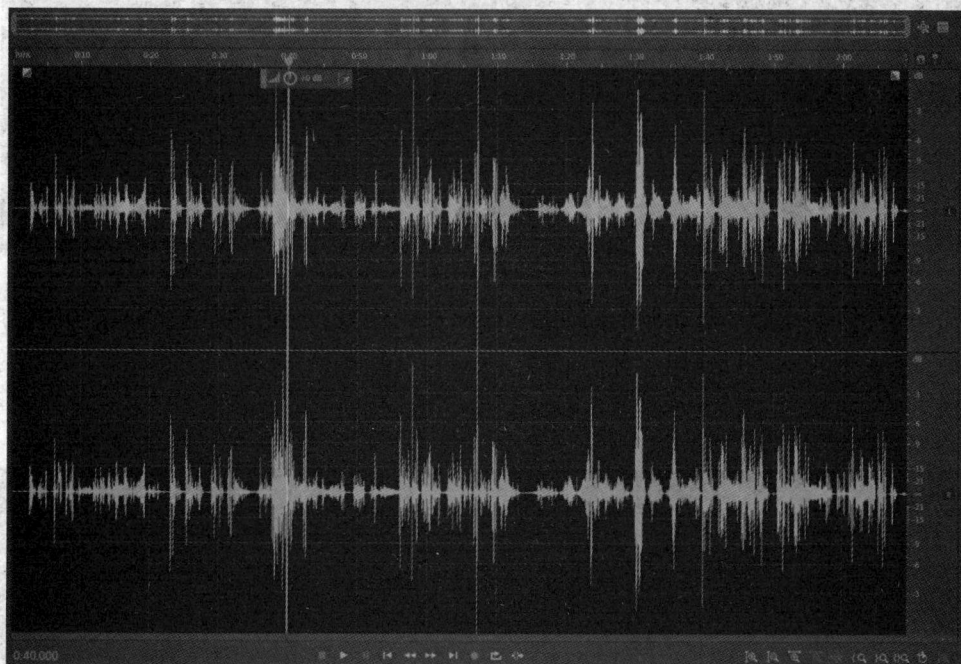

图 4-13　降噪后的波形

步骤 3：通过频谱视图辨别和消除杂音。

单击"编辑器"面板下方的"播放"按钮，找到混杂有打雷声和人的说话声位置暂停播放。若波形图下方未显示频谱图，单击工具栏上的"显示频谱"按钮 使波形图下方显示频谱图，如图 4-14 所示。

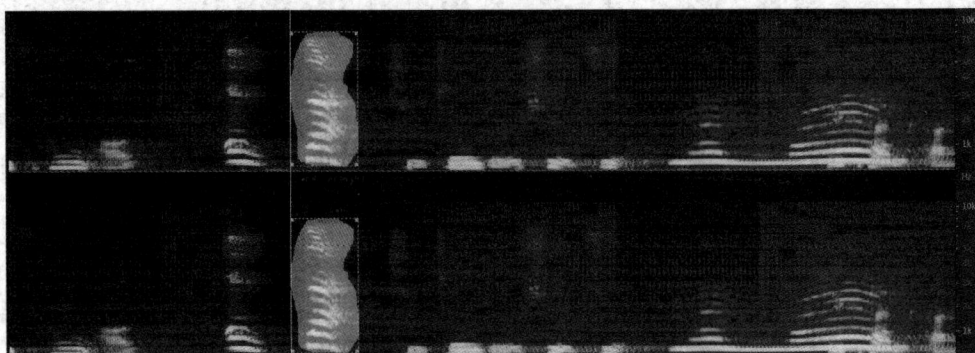

图 4-14　声波频谱图

在频谱图中非常明显地显示出一些杂音所在的位置及基本情况，如上图中高亮显示的频谱部分就是音频中混入的杂音(如儿童说话的声音)，能够看到一段异常的频带信息。

对一些短时的杂音，若杂音处正好没有正常的朗诵声(即停顿)，则可使用工具栏上的"框选工具"在频谱中框选出这些杂音频谱部分，再按 Delete 键删除框选区域的频谱，即可消除掉混入的杂音。用同样的方法，消除在音频其他地方混入的人说话的声音，如图 4-15 所示的高亮区域。

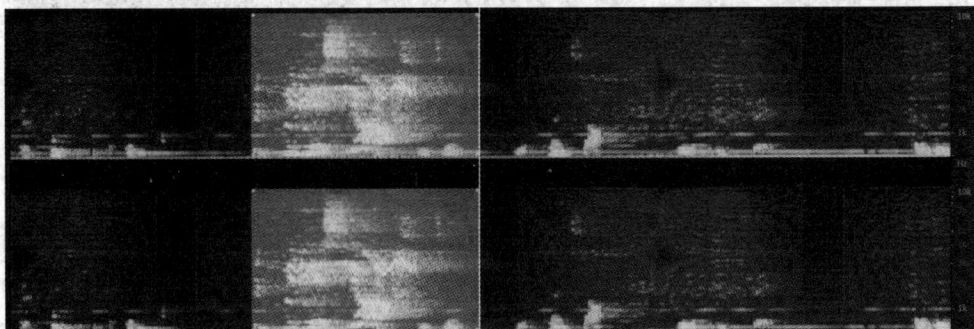

图 4-15　在频谱图中框选删除杂音

若杂音处正好又包含有正常的朗诵声，用框选删除的方法可能会连同正常的朗诵声也会被删除，这种情况可以使用工具栏上的"污点修复画笔"，通过按快捷键"["或"]"改变笔触到适合的大小，再涂抹频谱上的杂音处，使之与周围的正常频谱一致，从而去除杂音并使声音自然过渡，如图 4-16 所示。

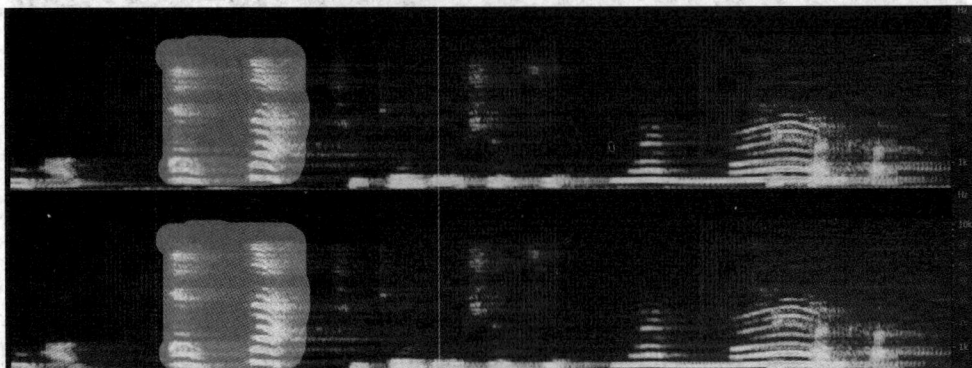

图 4-16　用"污点修复画笔"删除杂音

步骤 4：增加音量。

通过多种方法降噪和去除杂音后，形成了较纯净的散文朗诵音频，但也会造成原声音的部分损失，甚至使原声音的音量变小，为此需要通过增加音量来使声音更加清晰。

执行"效果"→"振幅与压限"→"增幅"命令，弹出如图 4-17 所示的"效果—增幅"对话框。调整左右增益的参数，并单击对话框左下角的"预览播放/停止"按钮试听，不断调整直到合适的音量后单击"应用"按钮，关闭对话框，Audition 将自动对整个声波的振幅(音量)进行调整。

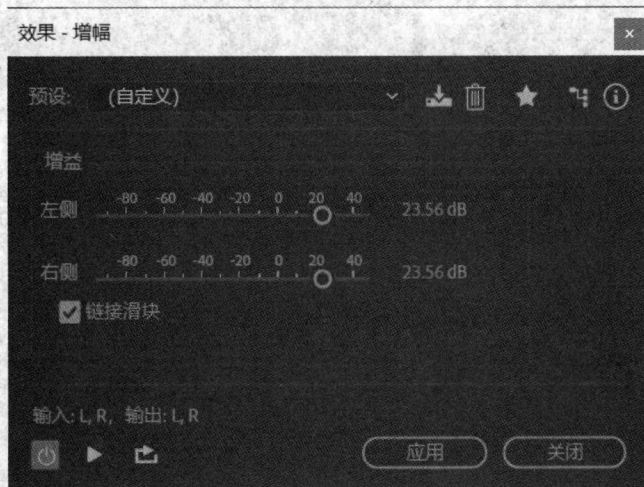

图 4-17　"效果—增幅"对话框

3. 在多轨模式下给"散文朗诵.mp3"加上背景音乐

想要给"散文朗诵.mp3"加上背景音乐，需要将已经处理好的散文朗诵声音文件与背景音乐进行混音合成。此时，需要开启一个"多轨会话"工程来完成相应的工作。

步骤 1：首先执行"文件"→"新建"→"多轨会话"命令(或单击工具栏上的"多轨"按钮 多轨)，打开如图 4-18 所示的"新建多轨会话"对话框，对会话名称、文件存放位置、采样率等参数进行设置，然后单击"确定"按钮即可关闭对话框并打开"多轨编辑器"界面。

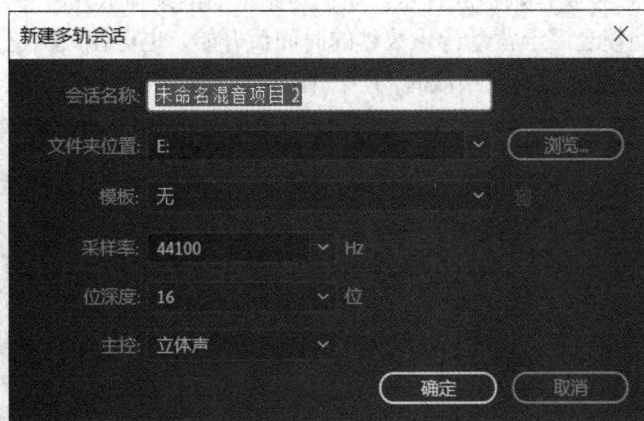

图 4-18　"新建多轨会话"对话框

步骤 2：这时编辑器变成了包含多个轨道的编辑器。其中"轨道 1"中已经自动放置了上述编辑好的"散文朗诵.mp3"音频的波形。在"媒体浏览器"中找到背景音乐的音频文件，用鼠标将其拖到编辑器"轨道 2"中放置，并使背景音乐的波形左侧与"散文朗诵.mp3"的波形左侧对齐。如图 4-19 所示。

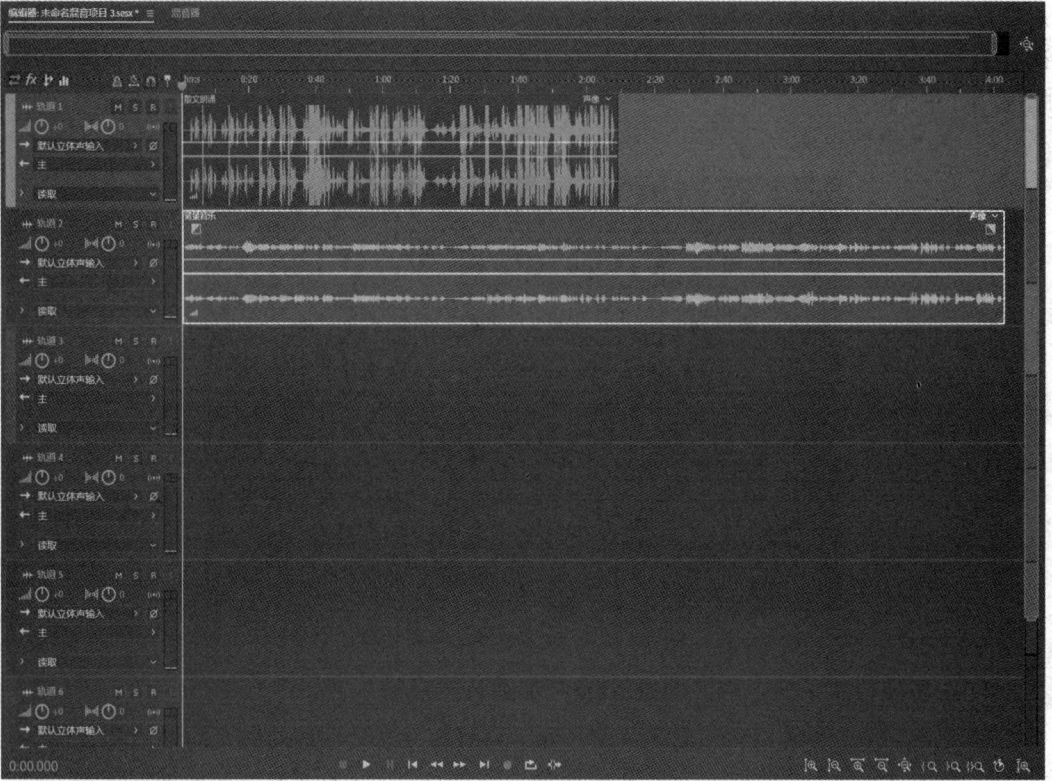

图 4-19　多轨编辑器

步骤 3：裁剪背景音乐使之与"散文朗诵.mp3"的波形对齐。将鼠标光标移到"轨道 2"的右侧，当光标变成 形状时，用鼠标拖动其右侧的边缘线，直至与"散文朗诵.mp3"的波形右侧位置平齐。

若要在朗诵前数秒就开始播放音乐，朗诵声结束后继续播放几秒音乐，可以将"轨道 1"的波形向右拖动使之迟于背景音乐数秒的时间后开始，也可使"轨道 2"中背景音乐的迟于"轨道 1"中的朗诵波形一小段时间，如图 4-20 所示。

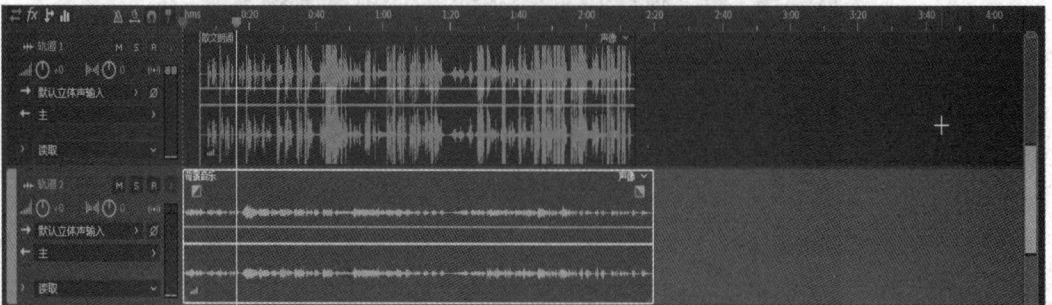

图 4-20　在"轨道 2"中插入背景音乐

步骤 4：单击编辑器下方的"播放"按钮试听效果，如果背景音乐声音过大，遮盖了朗诵声，可以右击"轨道 2"的波形，并从基本设置中适当调整"剪辑增益"的分贝修改音量大小，适当降低"轨道 2"的音量来突出"轨道 1"的朗诵声。

步骤 5：设置背景音乐的淡入淡出效果。淡入效果是指音频选区的起始音量很小甚至无声，在一段时间范围内音量由小缓缓变大的效果。淡出效果是指音频选区的音量在一段时间范围内由正常音量逐渐降低，直至最终音量很小甚至无声的效果。设置音频音量淡入淡出效果可让音频音量整体显得不那么突兀，听起来平稳圆滑、自然舒适。

单击"轨道 2"的波形，在波形图的开始位置可以看到小正方形的"淡入设置"按钮 ◤，在结束位置可以看到小正方形的"淡出设置"按钮 ◣，分别右击这两个按钮，可以对背景音乐的起始和结束进行线性或余弦方式的淡入及淡出设置，将"淡入设置"按钮向右拖动，将"淡出设置"按钮向左拖动，在背景音乐的波形两侧就可看到黄色的包络线，如图 4-21 所示。

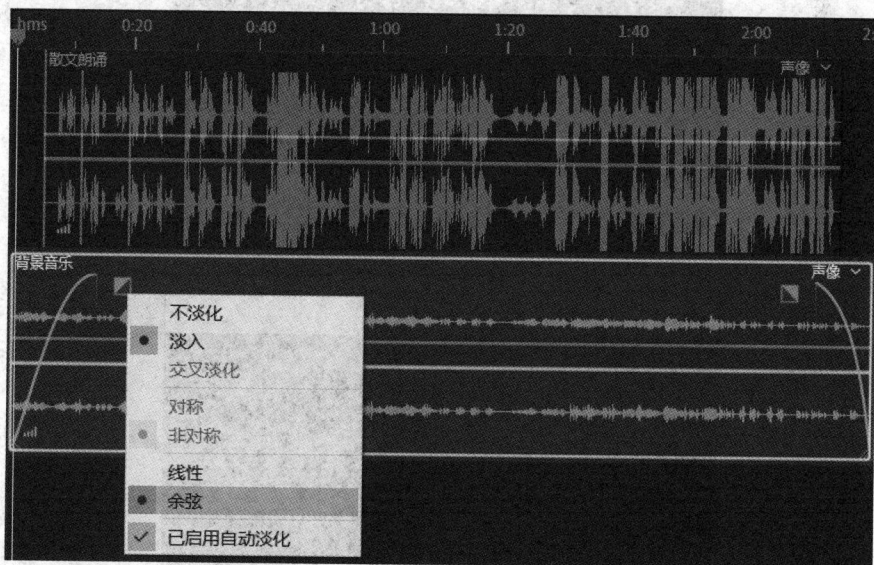

图 4-21   设置背景音乐的淡入和淡出效果

步骤 6：声音合成。需要将两条轨道混音合成在一起才能形成配乐散文朗诵的音频文件。执行"多轨"→"将会话混音为新文件"→"整个会话"命令，可将"轨道 1"和"轨道 2"中的波形合成为一个声音文件。

4. 增加混响效果

执行"效果"→"混响"→"室内混响"命令，打开如图 4-22 所示的"效果—室内混响"对话框，调整其中的参数并反复试听，满意后单击"应用"按钮关闭对话框，将设置的效果应用于整个音频，使整个音频获得声音处于房间内的混响效果。

5. 导出编辑好的音频

执行"文件"→"保存"命令，打开如图 4-23 所示的"另存为"对话框，设置好文件名及其存放的位置，格式选为"MP3 音频(*.mp3)"格式，采样频率默认为 44 100 Hz，将处理好的音频保存为 mp3 格式的音频文件。

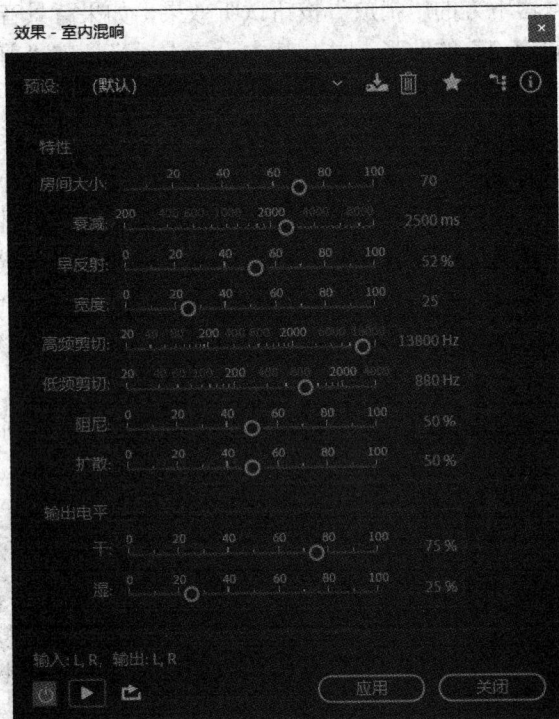

图 4-22 "效果—室内混响"对话框

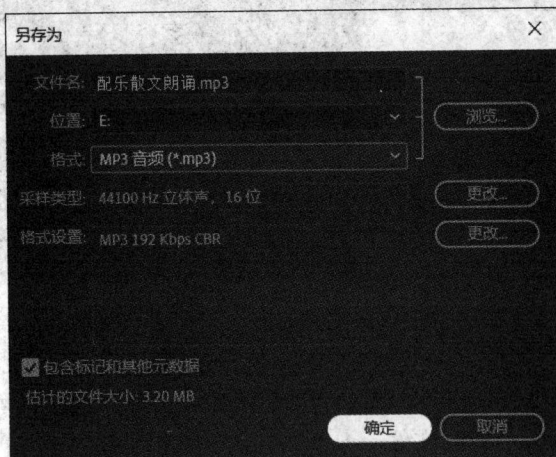

图 4-23 "另存为"对话框

任务三 用 Visio 绘制程序流程图

任务 目的

(1) 了解图形与图像的区别。

(2) 熟悉 Visio 软件的功能和主要操作方法。

(3) 掌握在 Visio 中绘制计算机程序流程图的操作方法。

![任务内容]

(1) 熟悉 Visio 的功能和主要操作界面。

(2) 用 Visio 绘制计算机程序流程图。

![任务描述]

　　张三同学正在学习计算机程序设计，程序设计要求先要绘制程序流程图以表达程序设计的思路，老师要求使用电脑绘制如图 4-24 所示的计算机控制程序流程图。你能帮他在 Visio 中绘制这个控制程序的流程图吗？

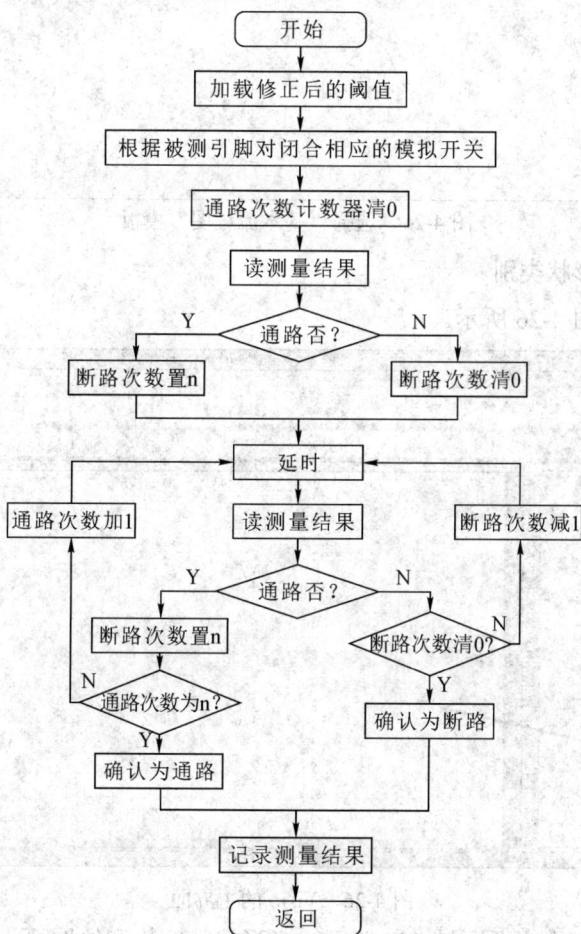

图 4-24　程序流程图

![任务步骤]

1. 新建空白文档

　　启动 Visio 2016 软件，首先单击"文件"→"新建"命令，然后在右侧的页面中单击"模板类别"中的"流程图"选项；再在接着出现的页面中选择"基本流程图"模板，如图 4-25 所示，最后单击"创建"按钮，进入主界面创建一个空白文档。

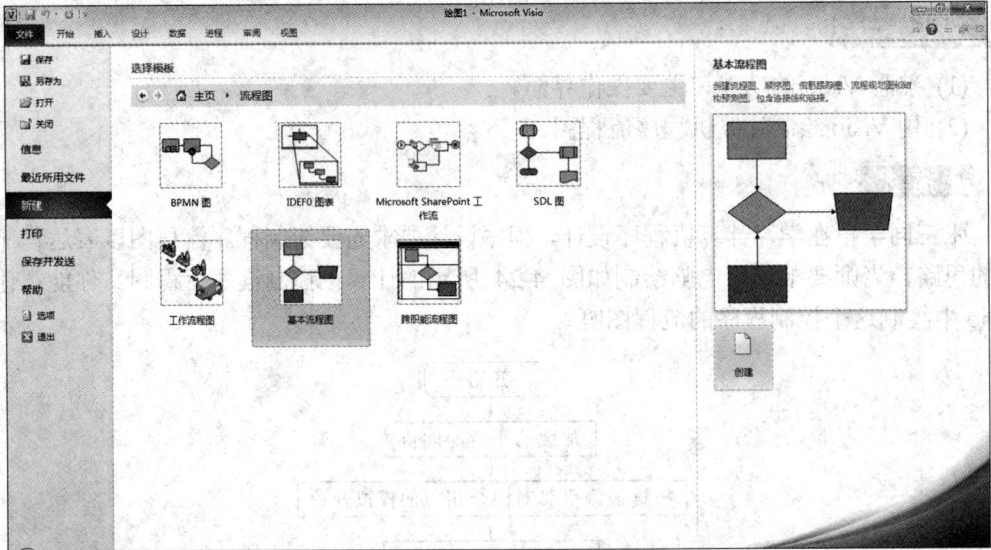

图 4-25　选择"基本流程图"模板

2. 选择绘图的形状类别

Visio 主界面如图 4-26 所示。

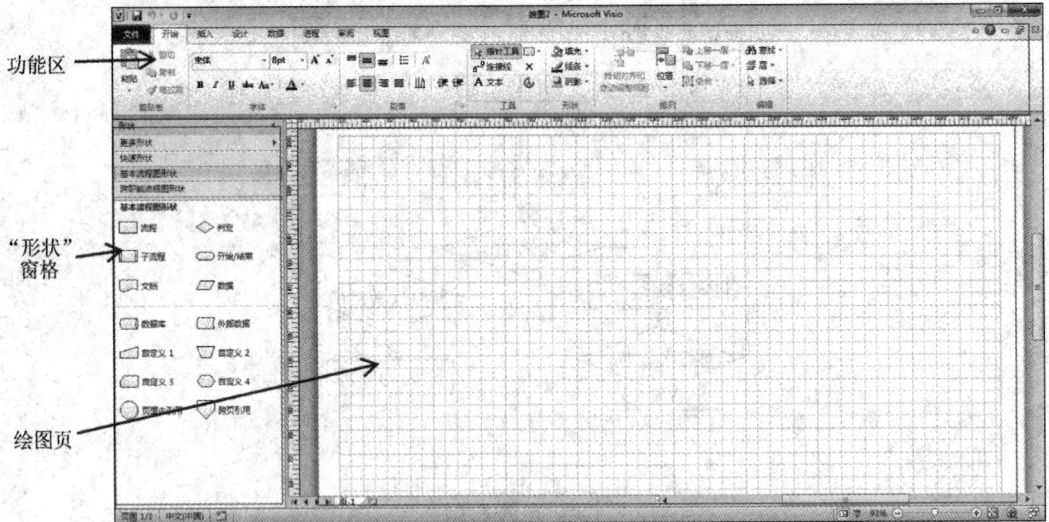

图 4-26　Visio 的主界面

Visio 主界面有三个主要区域：功能区、"形状"窗格和绘图页。功能区包含 Visio 中的所有选项卡，用于选择更改文本大小、切换及其他绘图工具等；"形状"窗口包含模具和形状；绘图页是用于放置和连接形状的页面。

Visio 软件会根据上一步选择的模板，自动在左侧的"形状"窗格中打开"基本流程图"类别的各种形状。

3. 拖动形状并连接在一起

在绘图页上创建流程图，就是不断地从"形状"窗格中放拖放选择各种形状到绘图页适当的位置，从而形成一个流程图。

步骤 1：将"开始/结束"形状拖至绘图页上，然后松开鼠标按钮，如图 4-27 所示。

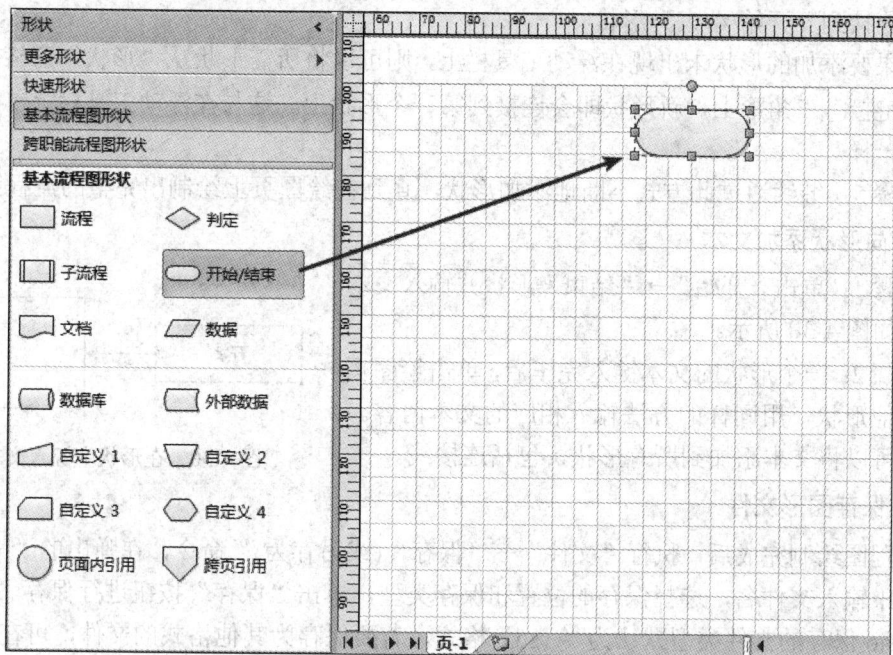

图 4-27　将形状拖到绘图页上

步骤 2：将指针放在形状上，以便显示"自动连接"三角形(在电脑屏幕上实际为浅蓝色)，如图 4-28 所示。

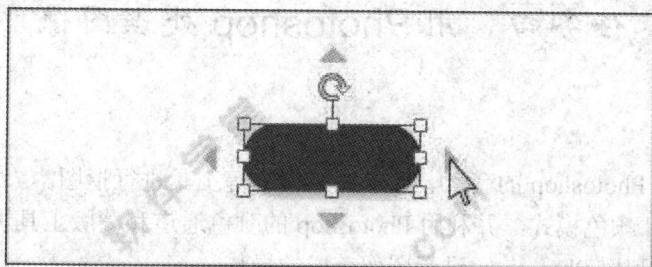

图 4-28　形状四周显示的"自动连接"三角形

步骤 3：将鼠标光标移到某一个三角形上，三角形则指向下一个形状的放置位置，并显示出一个浮动工具栏，如 4-29 所示。

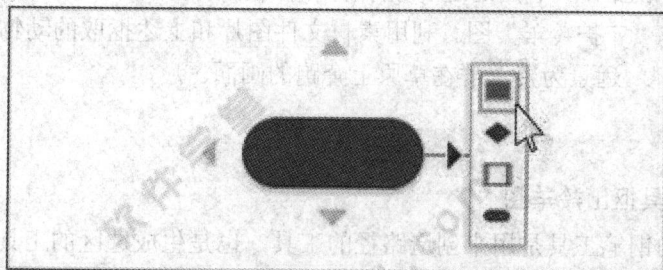

图 4-29　下一形状的浮动工具栏

步骤 4：在浮动工具栏上单击正方形"流程"形状，"流程"形状即会添加到图中，并自动连接到"开始/结束"形状。

如果要添加的形状未出现在浮动工具栏上，则可以将所需形状从"形状"窗格拖放到"自动链接"三角形上，新形状即会连接到第一个形状上。这与在浮动工具栏上单击形状的效果一样。

步骤 5：继续通过此方式不断地添加形状，直到在绘图页上绘制出完整的流程图。

4. 向形状添加文本

步骤 1：单击"开始"→"结束"形状并输入文本内容，如图 4-30 所示。

步骤 2：一个形状的文本键入完毕后，单击绘图页中的其他形状，用同样的方法输入相应的文本内容。这样就可以将文本添加到所有形状，包括连接线。

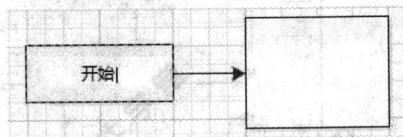

图 4-30　在形状中键入文本

5. 保存图形文件

流程图绘制完成后，执行"文件"→"保存"(或另存为)"命令，在弹出的"另存为"对话框中输入文件名，选择保存的位置和保存类型，单击"保存"按钮进行保存。

Visio 保存的文件类型默认为".vsd"格式，若要保存为其他格式的文件，可在"另存为"对话框中的"保存类型"选项中选择"JPEG 文件交换格式(*.jpg)""可移植网络图形(*.png)"等其他格式。

任务四　　用 Photoshop 处理图像

任务 目的 ▶▶------●●●

(1) 能够利用 Photoshop 的套索、魔术棒、钢笔等工具进行抠图。

(2) 了解 RBG 颜色模式，并利用 Photoshop 的颜色通道和蒙版工具进行抠图。

(3) 熟练掌握利用 Photoshop 进行图像合成的操作。

任务 内容 ▶▶------●●●

(1) 选区操作。用钢笔或套索等工具较精细地从素材图片中抠取羚羊肖像图。

(2) 通道和蒙版操作。利用通道和蒙版较精细地从素材图片中抠取狗的肖像图。

(3) 图像合成"守护羚羊"图。利用素材文件图片和上述抠取的动物肖像图合成一幅近景为狗狗在张望，远景为羚羊群在草原上奔跑的画面。

任务 步骤 ▶▶------●●●

1. 用钢笔工具抠出羚羊图

Photoshop 的钢笔工具是用来创造路径的工具，也是生成选区的工具。其生成的曲线是贝塞尔曲线，绘制曲线的控制点如图 4-31 所示。绘制路径过程中，可通过按"Ctrl"键和鼠标左键来改变曲线的弯曲度。

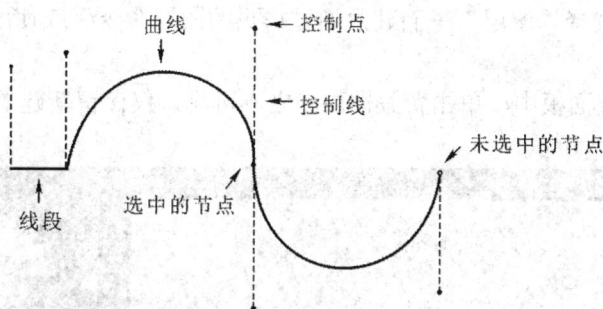

图 4-31　钢笔工具绘制的曲线及控制点

用钢笔锚点创建路径时，需要先在曲线(图像边缘)改变方向的位置点一下鼠标左键以添加一个锚点，然后继续添加下一个锚点，直到选完整个图像的轮廓，形成一个闭合的曲线(起点和终点接近，出现小圆圈)，最后按键盘上的"Ctrl + Enter"键将描出的曲线路径生成选区，选区的边缘就会变成虚线状。

若绘制的过程中欲撤销已绘制的路径，可在路径上右击鼠标，从弹出的快捷菜单中选择"删除路径"命令即可。

步骤 1：首先在 Photoshop 中打开素材文件"羚羊原图.jpg"，执行"视图"→"放大"命令或用"Alt"键 + 鼠标滚轮的方式调节图像到合适大小，然后在工具面板中选用钢笔工具，并在工具栏上单击"路径"按钮，再沿着其中一只羚羊的外形不断地单击鼠标左键，一点一点放置锚点，描出一条路径直至该路径闭合，抠选出羚羊的形体轮廓，如图 4-32 所示。

图 4-32　用钢笔工具抠选羚羊图

步骤 2：路径锚点放置完成后，可通过按住"Ctrl"键，再用钢笔工具拖动某些锚点调整其位置，使得锚点更加贴合羚羊的形体轮廓和抠出的图形更加精细。

步骤 3：选完整个羚羊形体轮廓，即锚点形成闭合的区域后，按键盘上的"Ctrl+Enter"

键生成选区，然后选择"图层"→新建"通过拷贝的图层命令"或使用"Ctrl+J"键新建图层。

步骤 4：在图层面板中，单击背景图层使之不可见，仅保留新建的图层可见，则抠选出的羚羊图如图 4-33 所示。

图 4-33　抠选出的羚羊图

步骤 5：执行"文件"→"存储为…"命令，在弹出如图 4-34 所示的保存图像对话框中将文件命名为"羚羊图.png"，并根据需要设置"保存类型"选项为"PNG(*.PNG；*PNG)"，单击"确定"按钮进行保存。

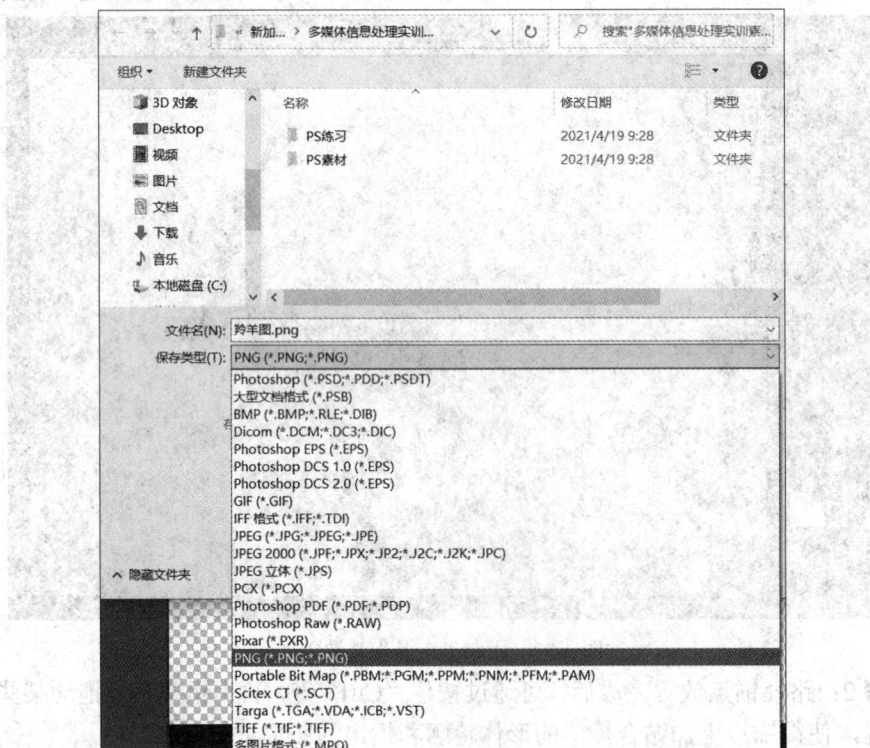

图 4-34　保存图像对话框

2. 利用通道和蒙版抠出狗狗图

步骤 1：打开素材文件"狗狗原图.jpg"，在图层面板中单击图层锁 🔒 进行解锁，使图层处于可编辑的状态。

步骤 2：在"通道"面板中分别单击红、绿、蓝各通道，选择黑白对比度最大通道(如蓝色通道)；右击鼠标在弹出的快捷菜单选择"复制通道"命令(或将该通道用鼠标拖到"创建新通道"按钮 🔲 上)，如图 4-35 所示；选择复制的通道(如"蓝拷贝")使其可见，并使其他通道不可见。

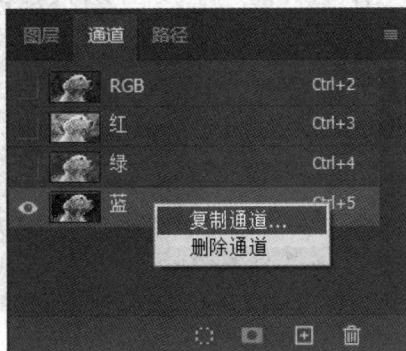

图 4-35　复制通道

步骤 3：执行"图像"→调整→"色阶"命令或使用"Ctrl + L"键打开如图 4-36 所示的"色阶"对话框，在对话框中通过拖动黑场指针和白场指针调整图像的对比度，通过黑场/白场吸管调整其色阶，使得大多数背景杂色消失和狗狗的轮廓更加突出。但也不能调整过度，需保留一些狗狗毛发。调整好后单击"确定"按钮关闭对话框。

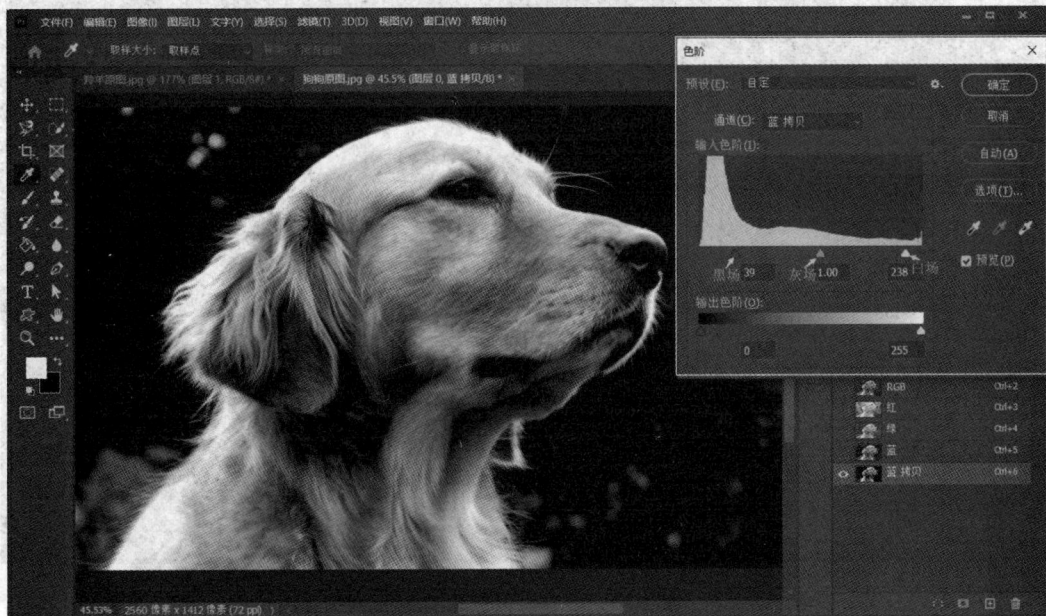

图 4-36　"色阶"对话框

步骤 4：在通道面板中，按"Ctrl"键的同时用鼠标单击所选通道(如"蓝")中的狗狗微缩图，这时通过通道筛选的狗狗轮廓上显示跳动的蚂蚁线，显示选区，如图 4-37 所示。

图 4-37　生成选区

接着用其他选择工具(如框选工具、快速选择工具等)不断地在狗狗轮廓内添加选区,使狗狗轮廓内部的蚂蚁线消失,保留轮廓外部的蚂蚁线,形成狗狗外轮廓的选区,如图 4-38 所示。

图 4-38　形成狗狗外轮廓选区

步骤 5:执行"选择"→"存储选区"命令打开如图 4-39 所示的"存储选区"对话框;在对话框中输入新建选区的名称(如"狗狗轮廓"),然后单击"确定"按钮存储选区,此时在"通道"面板中已经将狗狗轮廓的选区存储为一个新的通道。

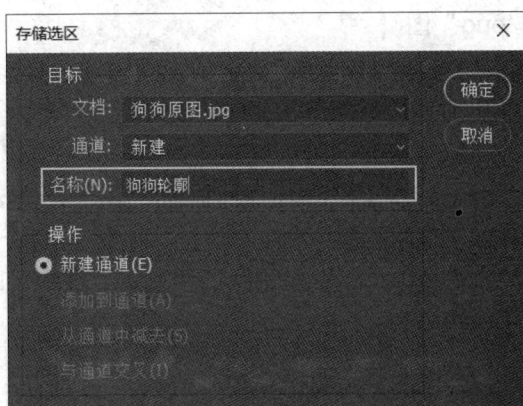

图 4-39 "存储选区"对话框

步骤 6：在"通道"面板中单击"RGB"通道的可见性按钮以显示彩色原图，并切换到"图层"面板。

步骤 7：先在"图层"面板中单击"添加图层蒙版"按钮 ，原图层栏变为"图层&蒙版"的图标；然后单击其中的蒙版微缩图标。

步骤 8：执行"选择"→"载入选区"命令(或按"Ctrl"键并用鼠标单击该通道)，打开如图 4-40 所示的"载入选区"对话框，选择"源"选项栏中的"通道(c):"为"狗狗轮廓"，单击"确定"按钮建立新的选区。

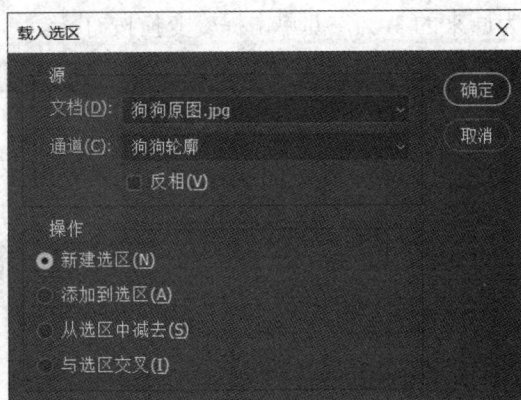

图 4-40 "载入选区"对话框

步骤 9：先在图像中选择"画笔"工具，选用背景色(白)涂抹狗狗选区，使狗狗图案清晰显示；然后用前景色(黑)涂抹选区外部分，擦除杂色。

另外，也可执行"选择"→"选择并遮住"命令，并在窗口中用调整边缘画笔工具更加准确、细致地抠取边缘毛发。

步骤 10：狗狗轮廓抠选出后，执行"文件"→"存储为…"命令将图片保存，命名为"狗狗图.png"。

注：若目标图("草原.jpg")也已打开，可在图层面板的图层图标外右击鼠标，在弹出快捷菜单中选择"复制图层"命令，打开"复制图层"对话框，在对话框中选择目标图("草原.jpg")，即可将复制的图层复制到目标图中，再通过"编辑"→"自由变换"命令或"Ctrl+T"键改变图形大小，然后移动到适当的位置，即抠选的图层就合成到目标图中。

3. 合成"守护羚羊.png"图

步骤 1：在 Photoshop 中依次打开"草原.jpg""羚羊图.png""狗狗图.png"文件。(若上述操作步骤中抠选羚羊和狗狗的原图尚未关闭，也可不用打开这些文件，可直接从相应的图层中复制。)

步骤 2：首先在"狗狗图.png"的"图层"面板的"图层 1"名称上单击鼠标右键，然后从弹出的快捷菜单中选择"复制图层"命令，在打开如图 4-41 所示的"复制图层"对话框中选择复制的目标文档为"草原.jpg"，最后单击"确定"按钮，即可将狗狗图的图层复制到草原图像上，并自动创建名为"图层 1"的图层。

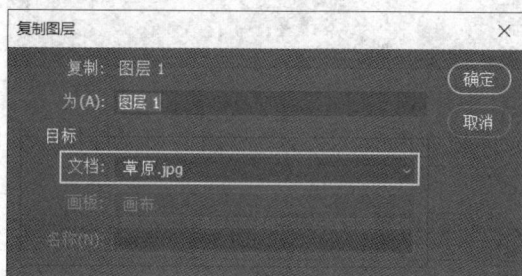

图 4-41　"复制图层"对话框

步骤 3：首先在草原图像的"图层"面板中单击"图层 1"的微缩图，然后执行"编辑"→"自由变换"命令(或按"Ctrl+T"快捷键)，在如图 4-42 所示的工具选项栏上设置其宽度(W)和高度(H)均为原来的 30%，并单击提交变换按钮☑。

图 4-42　图形变换的工具选项栏

步骤 4：用工具箱中的移动工具将狗狗的图像拖动到草原图像的左下角合适位置放置，如图 4-43 所示。

图 4-43　将狗狗拖放到草原图中

步骤 5：用同样的方法，将羚羊图复制到草原图中，形成"图层 2"图层。

步骤 6：首先在草原图的"图层"面板中单击"图层 2"，然后执行"编辑"菜单中的相关命令，将羚羊图复制多份，并变换制作出大小不同、形态各异的 3～5 只羚羊放置在草原图像合适的位置上。

步骤 7：调整各图层的位置和大小，合成一幅近景为狗狗在张望守护，远景为羚羊群在草原上奔跑的画面，如图 4-44 所示。

图 4-44　最终的合成图

步骤 8：完成后将合成的图片保存为"守护羚羊.png"。

任务五　用 Animate 创作动画

任务目的

(1) 了解动画制作的关键概念及动画应用的领域。

(2) 理解图层复用、补间动画及动画元件的理念。

(3) 了解 Adobe Animate 2020 的功能，并掌握使用其创作动画的方法。

任务内容

(1) 熟悉 Adobe Animate 2020 的工作界面及各种工具的使用方法。

(2) 在 Animate 中绘制场地、道路及进行交通控制等。

(3) 导入外部影片，剪辑并制成动画元件。

(4) 编辑时间轴，创作行驶的小汽车的动画。

任务步骤

1. 新建动画

步骤 1：启动 Adobe Animate 2020，执行"文件"→"新建"命令，打开如图 4-45 所示的"新建文档"对话框。

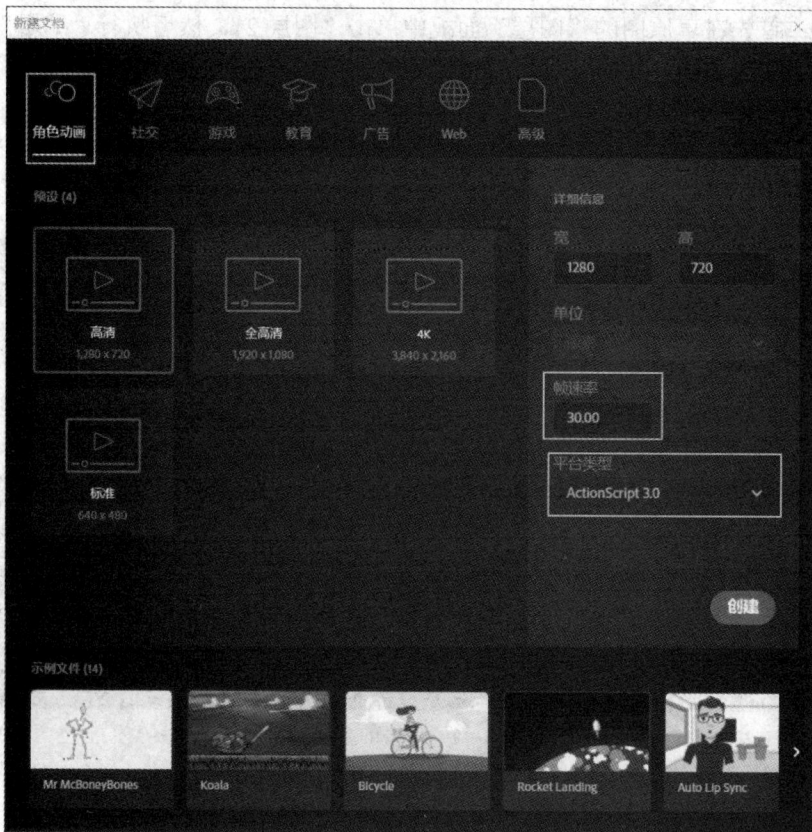

图 4-45　"新建文档"对话框

步骤 2：首先在对话框中选择"角色动画"类型，然后在"预设"项下选择适合的分辨率(如"高清")，并在窗口右侧修改动画的宽度和高度、帧速率，平台类型选为"ActionScript 3.0"，最后单击"创建"按钮，进入 Animate 的主界面开始动画的创作，如图 4-46 所示。

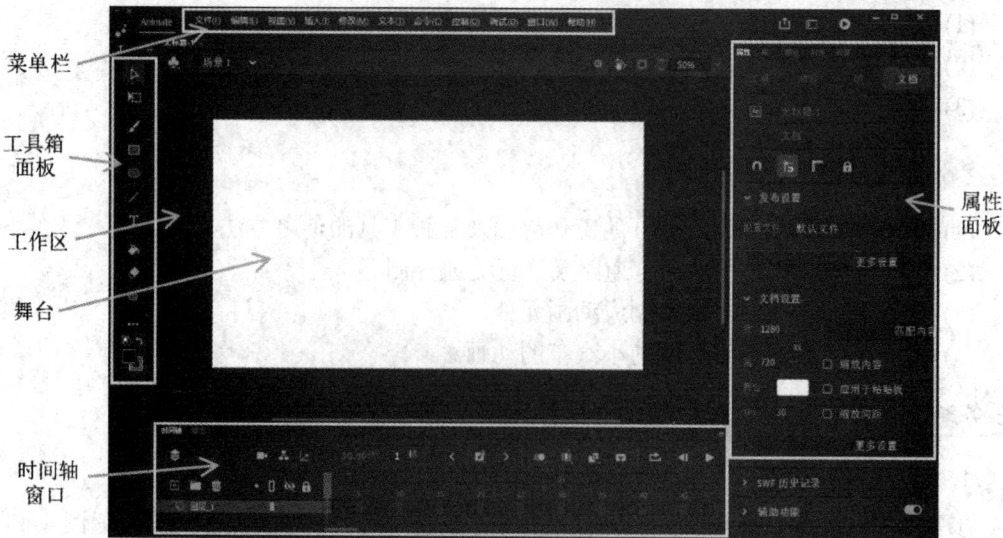

图 4-46　Animate 的主界面

2. 绘制背景

(1) 绘制行车道路。

步骤 1：在时间轴窗口上用鼠标双击图层的名称，将系统默认创建的"图层_1"重命名为"道路"。

步骤 2：在时间轴的 150 帧的位置执行"插入"→"时间轴"→"帧"命令(或按"F5"快捷键)插入帧。

步骤 3：光标移回到时间轴开头第一帧的位置，用工具箱中的矩形框(填充色均为灰色，无笔触颜色)和直线(笔触样式用虚线样式，颜色为白色)工具在"场景 1"编辑窗口的舞台下方绘制一条灰色的赛道，如图 4-47 所示。

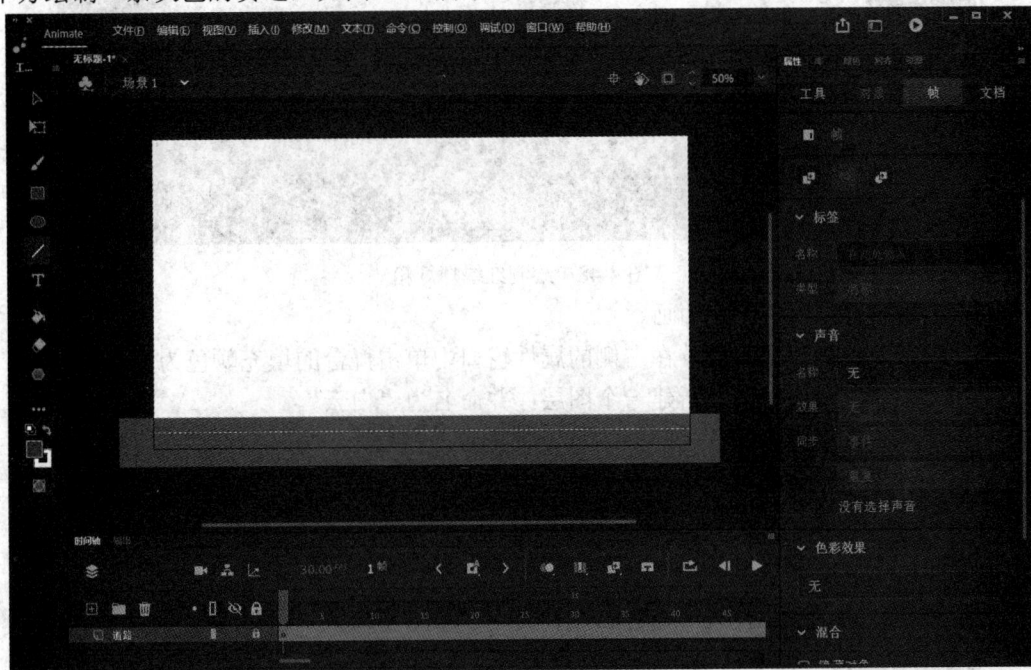

图 4-47　绘制灰色赛道

赛道绘制完成后在时间轴窗口中单击"锁定"按钮，锁定本图层，避免此后的误操作。

(2) 绘制红绿灯灯箱，并设置时间轴使红绿灯能变化显示。

步骤 1：在时间轴窗口上，单击新建图层按钮 新建一个图层，并命名为"红绿灯"。

步骤 2：选择"红绿灯"图层为当前图层，将光标移回到时间轴开头第一帧的位置，用工具箱中的矩形框和椭圆工具，在舞台中的道路中间位置绘制一红绿灯灯箱，红灯颜色为红色，黄灯为暗黄色，绿灯为暗绿色，如图 4-48 所示。

步骤 3：在时间轴的第 75 帧位置执行"插入"→"时间轴"→"关键帧"命令插入关键帧，并将灯箱中的红灯颜色更改为暗红色，黄灯颜色更改为亮黄色，制作由红灯变到黄灯的效果。

步骤 4：在时间轴的第 100 帧位置插入关键帧，将灯箱中的黄灯颜色更改为暗黄色，绿灯颜色更改为亮绿色，制作由黄灯变到绿灯的效果。

步骤 5：完成红绿灯的编辑并试播正确后在时间轴窗口中锁定本图层。

图 4-48 绘制红绿灯灯箱

(3) 绘制蓝天白云并设置动画。

步骤 1：单击舞台空白处，在右侧的属性窗口中单击舞台的填充颜色为天蓝色。

步骤 2：在时间轴窗口上新建一个图层，并命名为"白云"。

步骤 3：首先将光标停在时间轴的第 1 帧位置，在舞台上方偏右侧的位置绘制两朵白云；然后在时间轴的末尾插入一个关键帧，并将两朵白云向左移动一小段距离到舞台偏左侧的位置上；最后在头尾两帧之间插入传统补间动画，如图 4-49 所示。

步骤 4：试播正确后在时间轴窗口中锁定本图层。

图 4-49 绘制蓝天白云

3. 导入汽车图像并设置其动画

步骤 1：在时间轴窗口上，新建一个图层，并命名为"小汽车"。

步骤 2：选择"小汽车"图层为当前图层，将光标移回到时间轴开头第一帧的位置。

步骤 3：首先执行"文件"→"导入"→"导入到舞台"命令，导入素材文件"小汽车.png"；然后利用任意变形工具调整汽车到合适的大小；再执行"修改"→"变形"→"水平翻转"命令，使小汽车图像进行水平翻转；最后将小汽车图像拖到舞台左侧的道路上，如图 4-50 所示。

图 4-50　导入小汽车图像

步骤 4：选中小汽车图像，执行"修改"→"转换为元件"命令，将导入的小汽车图像转换为元件，如图 4-51 所示。

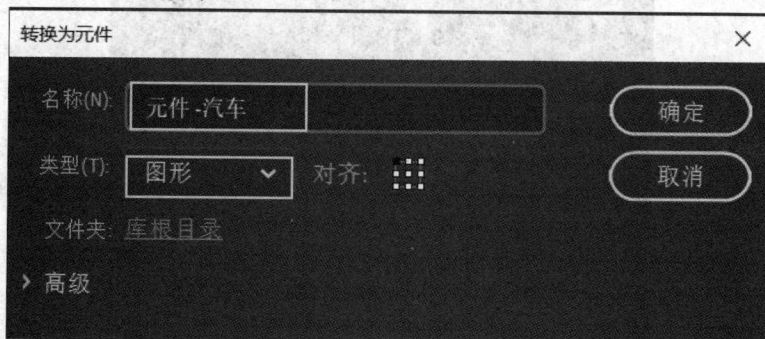

图 4-51　将小汽车图像转换为元件

步骤 5：首先在"小汽车"图层的时间轴上将第 50 帧设为关键帧，并将小汽车拖到红绿灯灯箱附近放置；然后单击第 1 帧到第 50 帧之间的任意位置，执行"插入"→"传统补间动画"命令创建补间动画，使小汽车从舞台外开到红绿灯灯箱处。

步骤 6：在第 100 帧处插入关键帧，并删除第 50 帧到第 100 帧之间的补间动画，使小汽车处于等待绿灯的状态。

步骤 7：首先在第 150 帧处插入关键帧，并将小汽车拖到舞台外侧放置，然后单击第 100 帧到第 150 帧之间的任意位置，执行"插入"→"传统补间动画"菜单项创建补间动画，使小汽车在绿灯后行进到舞台之外。

注：因为这里采用的小汽车图像为位图图像，若要设置车轮滚动，需将图片转为矢量图，才能进一步设置车轮滚动的动画，限于篇幅，此处略过。

5. 加入背景音乐

步骤 1：执行"文件"→"导入"→"导入到库"命令，将素材文件"汽车声音-行进.mp3""汽车声音-等待.mp3"和"汽车声音-加速前进.mp3"导入到库中。

步骤 2：在时间轴面板中，单击"小汽车"图层时间轴的第 1 帧到第 50 帧之间的任意位置，在补间属性面板的"声音"栏目下选择"汽车声音-行进.mp3"选项，如图 4-52 所示。

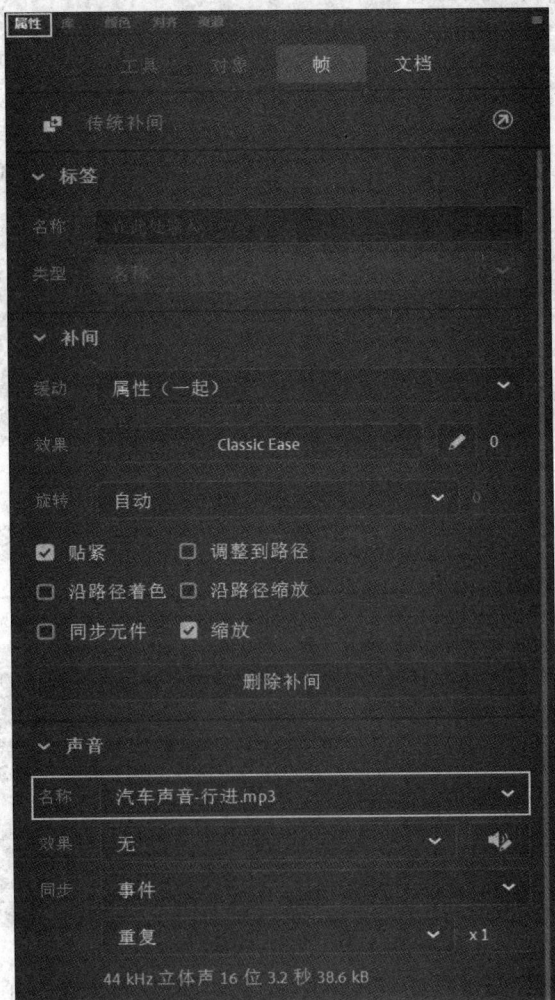

图 4-52　设置背景声音

步骤 3：用同样的方法，在第 50 帧到第 100 帧之间选择声音为"汽车声音-等待.mp3"；在第 100 帧到第 150 帧之间选择声音为"汽车声音-加速前进.mp3"。

经过以上步骤操作就可以在小汽车向前行进和等待的动画上融入汽车声音的信息了。

6. 合成输出

执行"文件"→"导出"→"导出影片"命令，在弹出如图 4-53 所示的"导出影片"对话框中输入导出的文件名，并选择保存的类型为"SWF 影片(*.swf)"，即将动画导出为 SWF 格式。

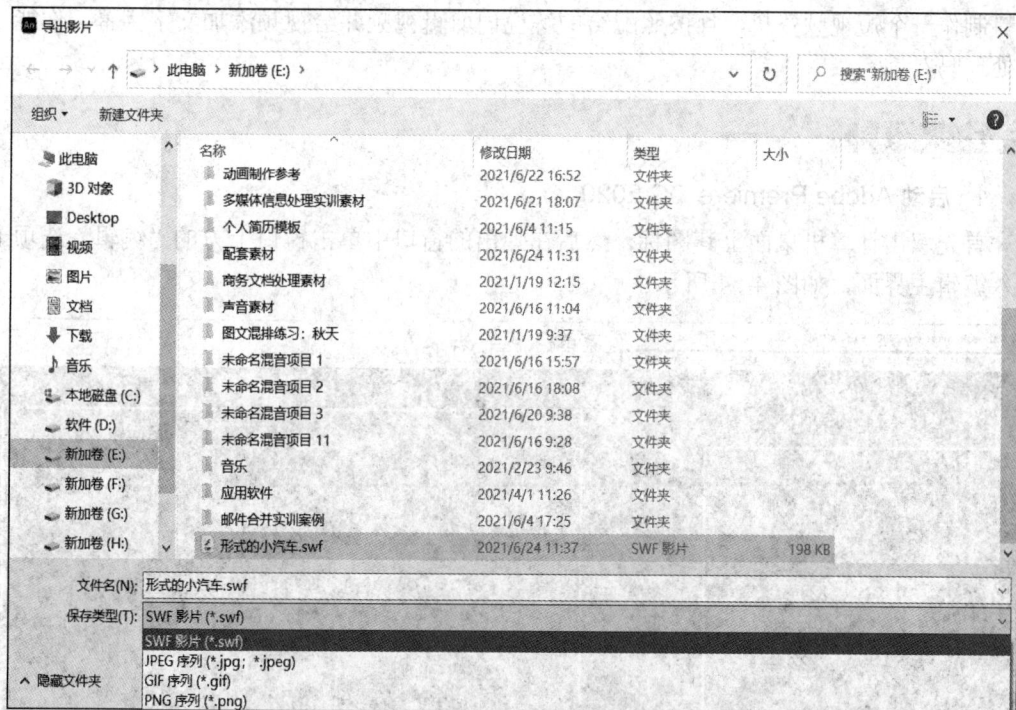

图 4-53　"导出影片"对话框

任务六　用 Adobe Premiere 编辑一个视频

任务 目的

(1) 了解 Adobe Premiere 的基本工作环境。
(2) 熟悉在 Adobe Premiere 中编辑视频的工作流程。
(3) 掌握非线性视频编辑工具的使用方法。
(4) 掌握视频编辑与合成的基本方法。
(5) 了解视频过渡效果的基本概念以及掌握添加过渡效果和视频特效的基本方法。

任务 内容

(1) 导入多段视频素材，并进行编辑，合成为一个视频短片。

(2) 为视频添加与解说音频相对应的文字字幕。

(3) 为视频添加适当的背景音乐。

(4) 为视频制作片头和片尾。

(5) 将制作的视频导出为 mp4 影片格式。

任务描述 ▶------●●●

　　小王接到网友请求并收到给他的素材视频、配音、字幕文本等资料，要求他利用这些资料制作一个短视频资料，且按照配给的解说词剪辑视频并给视频添加文字字幕，你能帮他处理吗？

任务步骤 ▶------●●●

1. 启动 Adobe Premiere CC 2020

　　首先双击计算机桌面上其图标，然后在弹出的窗口中单击窗口上方的"编辑"选项卡进入编辑主界面，如图 4-54 所示。

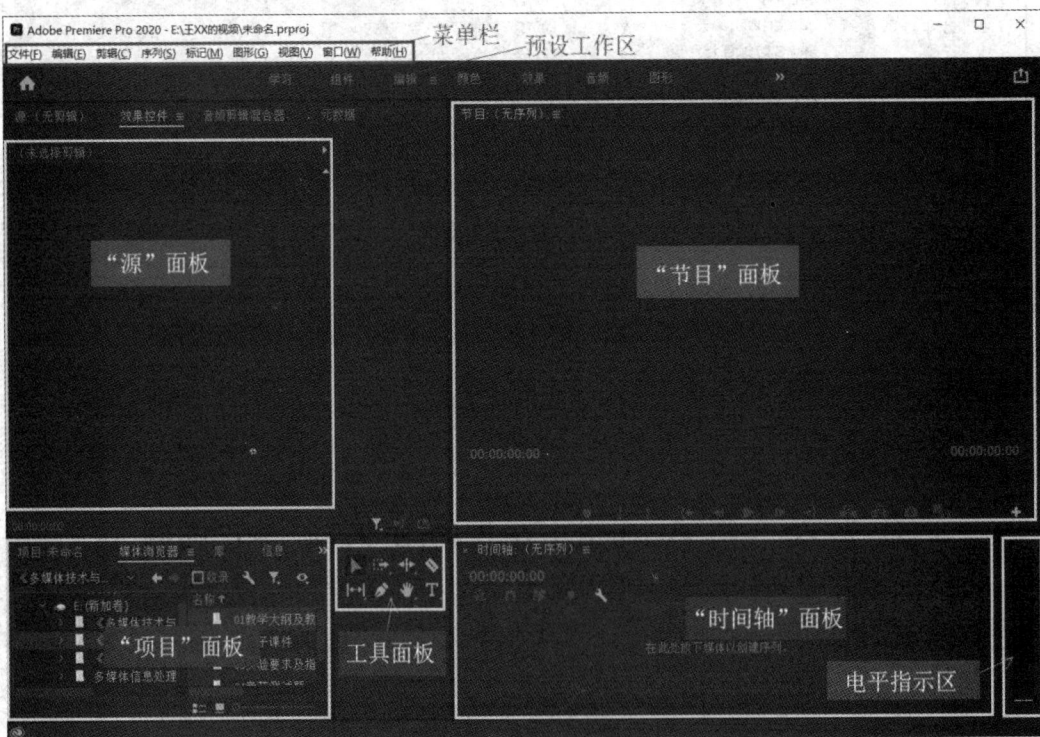

图 4-54　Adobe Premiere CC 2020 的编辑主界面

2. 新建项目

　　首先执行"文件"→"新建"→"项目"菜单命令，打开如图 4-55 所示的"新建项目"对话框；然后设置其中的项目名称及其存放位置，其他参数按默认设置即可；最后单击"确定"按钮创建一个新的项目。

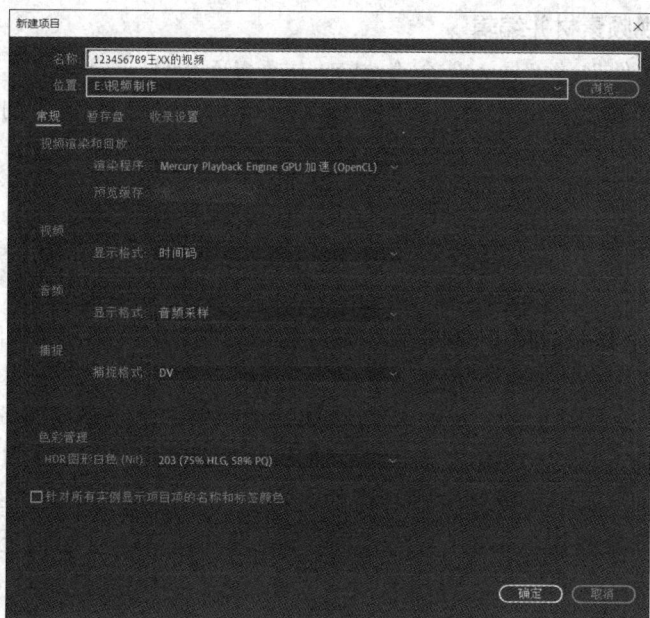

图 4-55　"新建项目"对话框

3. 新建序列

首先执行"文件"→"新建"→"序列"命令，打开"新建序列"对话框，如图 4-56 所示，然后按默认设置其中的参数，最后单击"确定"按钮新建一个序列。

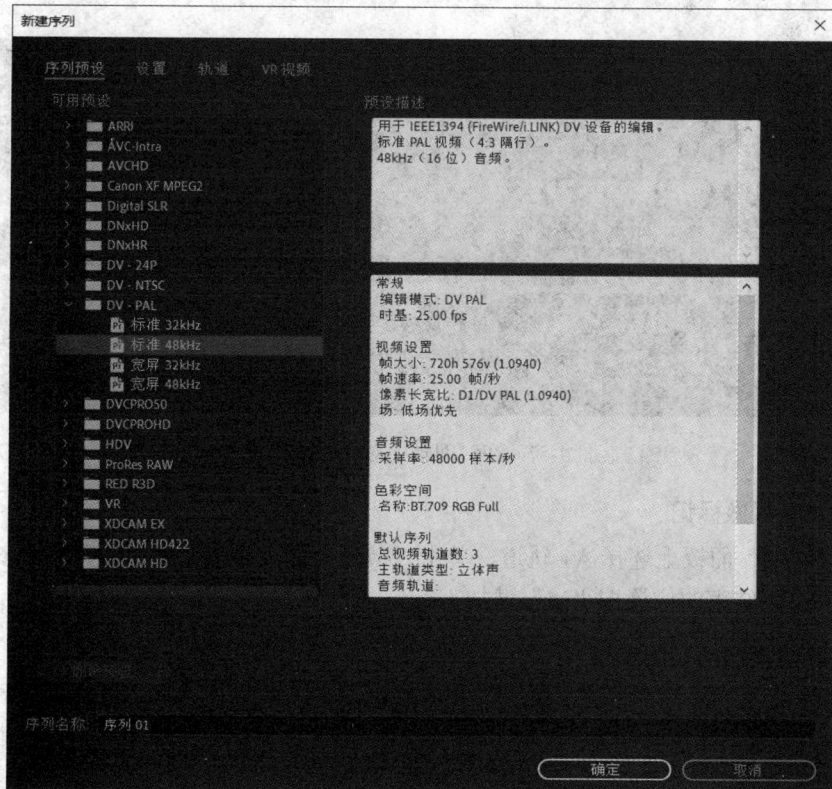

图 4-56　"新建序列"对话框

4. 导入多段视频素材并编辑

首先执行"文件"→"导入"命令(或双击项目面板)打开"导入"对话框，在对话框中选择要导入的视频素材和音频素材，然后单击"打开"按钮，即将素材导入到项目面板中。

5. 编辑序列

(1) 编辑视频片段。

步骤1：在时间轴上放置视频剪辑。从"项目"面板中分别将"片头.mp4""视频素材1-京东物流.mp4""视频素材2-中欧物流.mp4"依次拖到"时间轴"面板的V1轨道上，按顺序排列，此时"节目"面板则显示这些素材。

步骤2：清除原视频中的声音。单击时间轴上的"片头.mp4"剪辑，执行"剪辑"→"取消链接"命令(或从右键快捷菜单中选择"取消链接"命令)将剪辑中的视频和音频链接取消；再选择此视频剪辑下对应的音频剪辑，执行"编辑"→"清除"命令(或按"Delete"键)清除源视频中的配音。用同样的方法，清除时间轴上所有源视频中的原配音。

步骤3：裁剪素材视频上的台标。

(2) 编辑音频。

从"项目"面板中将"解说音频.mp3"拖到"时间轴"面板的A1轨道上，并使其开始位置与V1轨道中的"视频素材1.mp3"剪辑的开始位置对齐。编辑后的时间轴如图4-57所示。

图4-57　在时间轴上对齐开始位置

6. 为解说词做标记

在"时间轴"面板上选择A1轨道，单击"节目"面板下方的"播放"按钮试播视频，在每一句解说词结束的位置按"M"键加入标记，直到整个解说词播放结束。

7. 为视频添加相应的字幕

(1) 新建字幕文件。

执行"文件"→"新建字幕"命令，打开如图4-58所示的"新建字幕"对话框，在"项目"面板中就新建了一个"开放式字幕"文件。

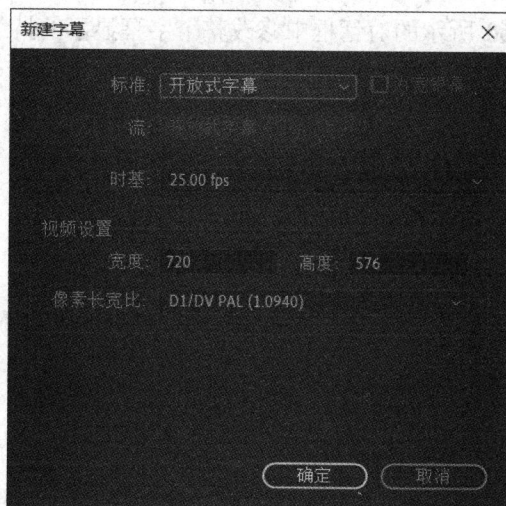

图 4-58　新建开放式字幕

(2) 编辑字幕文件。

步骤 1：双击"项目"面板中的字幕文件，打开"字幕"面板，如图 4-59 所示。

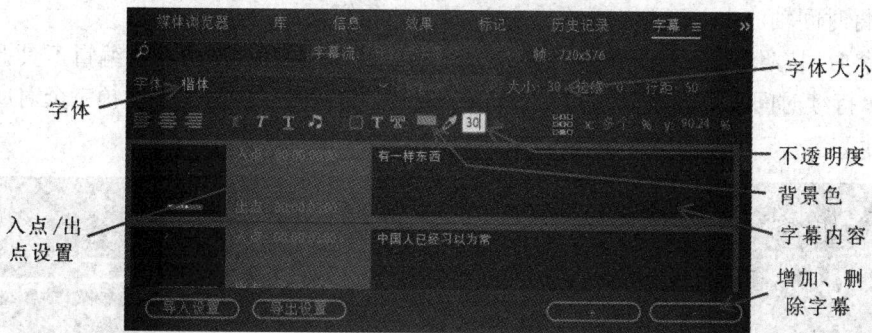

图 4-59　"字幕"面板

步骤 2：在 Word 中打开"解说词.docx"文档。

步骤 3：将解说词的一行文本内容从 Word 文档复制到"字幕内容"框中，并选择合适的字体样式，在"入点/出点设置"中设置字幕显示开始和结束时间。

步骤 4：单击"字幕"面板下方的增加字幕按钮"+"，输入下一行解说词，如此逐行录入解说词制作成一个字幕文件。

字幕录入过程中，可以通过"字幕内容"框右侧的垂直滚动条前后滚动浏览已经输入的字幕内容进行核对和修改。

(3) 设置字幕样式。

首先右击字幕列表，从弹出的快捷菜单中选择"全选"命令，然后单击对话框中的"字体""字体大小""背景色""不透明度"等按钮设置其相应的值。

(4) 将字幕添加到视频。

步骤 1：单击"项目"面板的"项目"选项卡，将"字幕"文件拖到"序列 01"窗口的 V2 时间轴轨道上，并使其开始位置与 V1 轨道中的第二段视频的开始位置对齐。

步骤 2：在时间轴上的 V2 轨道上选择字幕片段，执行"剪辑"→"速度/持续时间"

命令，在弹出的如图 4-60 所示的对话框中修改整个字幕显示的持续时间(或在字幕剪辑的末尾当光标变成 ▶ 形状时，按住鼠标拖动改变持续时间)。

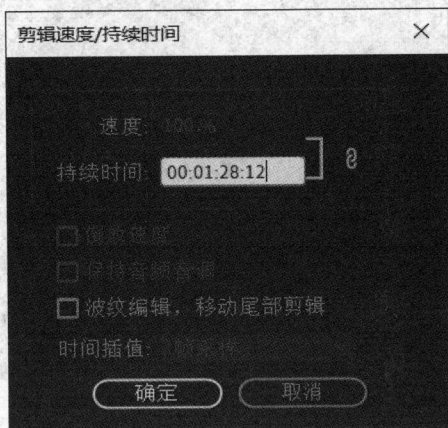

图 4-60 设置剪辑的持续时间

步骤 3：通过多次执行"序列"→"放大"命令(或按"="键或拖动窗口下方滚动条的两端)将时间轴放大，直到看清各句解说词的分隔位置。

步骤 4：按照步骤 2 所做的标记把字幕拖动到对应位置，并用波纹编辑工具调整各字幕的显示持续时间，反复不断地进行试播和调整，使字幕与解说词的音频完全对应，如图 4-61 所示。

图 4-61 调整各字幕的位置和持续时间

8. 裁剪视频素材

步骤 1：选中 V1 轨道，通过多次执行"序列"→"放大"菜单项(或按"="键或拖动窗口下方滚动条的两端)将时间轴放大，便于编辑。

步骤 2：按照步骤 2 所做的标记选用波纹编辑工具对插入的视频片段进行剪辑。可利用提供的多段视频素材混合剪辑，反复不断地进行试播和调整，裁剪出与配音语境相符的视频片段。

步骤 3：鼠标移到 V1 视频轨道的末尾，裁剪掉多余的视频片段，使整个视频的播放长度与解说词音频的结束位置对齐。

步骤 4：完成字幕设置后清除时间轴上所有键入的标记。

9. 为视频添加过渡效果和视频特效

步骤 1：打开"效果控件"面板，在"序列 01"的时间轴面板中单击最后一段素材，则在"效果控件"面板中显示该段视频的效果设置项目。

步骤 2：在"效果控件"面板的"不透明度"选项中淡出的开始时间点上和不透明度效果上都打入一个关键帧。

步骤 3：拖动标尺指示器到视频末尾的位置上，然后在不透明度中设置数值为 0 并生成关键帧。

步骤 4：在效果控件中选中所有不透明度的关键帧，右击鼠标，在弹出的快捷菜单中执行"贝塞尔曲线"命令，如图 4-62 所示，让视频淡出的效果更加柔和。

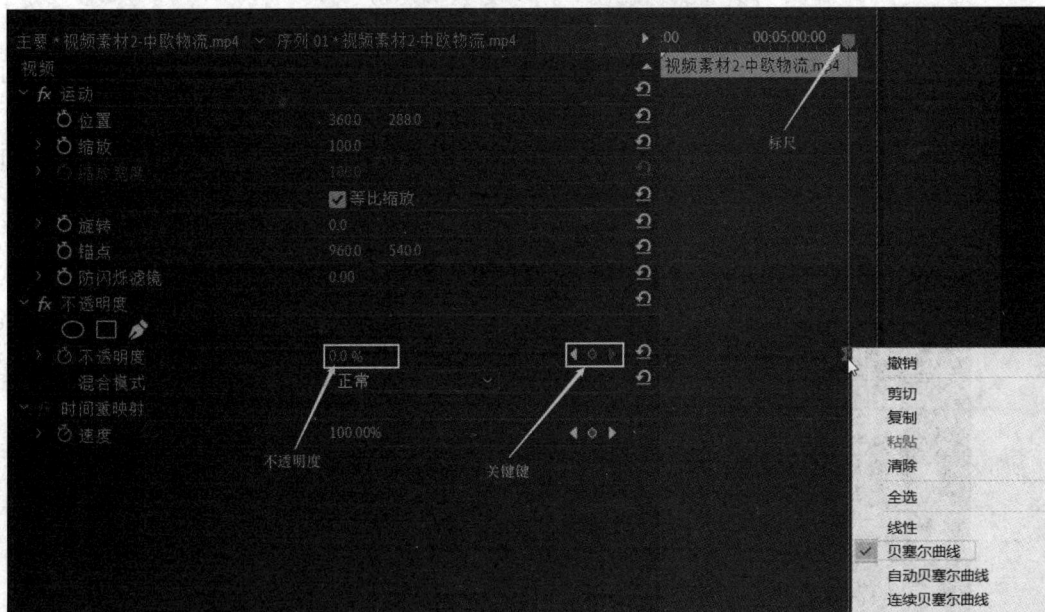

图 4-62 在"效果控件"面板中设置淡出效果

10. 为视频添加背景音乐

步骤 1：从"项目"面板中将"背景音乐.mp3"拖到"时间轴"面板的 A2 轨道上。

步骤 2：选中此音频片段，按住"Alt"键同时用鼠标拖动选中的音频到此轨道后面的空白区域，并使之贴紧第一段音频，完成一段音频的复制。

步骤 3：鼠标移到复制的音频片段的开始处，当光标变成┫时，按住鼠标拖动以改变素材片段的入点位置，使音频从第 3 s 起开始播放，并拖动音频片段使之与前一段音频的末尾贴紧。

步骤 4：将裁剪后的音频再复制一份到本轨道后面的空白处，并贴紧前一段音频。

步骤 5：鼠标移到复制的音频片段的末尾处，当光标变成┣时，按住鼠标拖动以改变素材片段的出点位置，使整个背景音乐的音频播放结束时间与 A1 轨道的解说词同时结束。

步骤 6：试播，若背景音乐音量过高，执行"剪辑"→"音频选项"→"音频增益"命令(或右击执行快捷菜单中的命令)，打开如图 4-63 所示的对话框，调整背景音乐的音量。

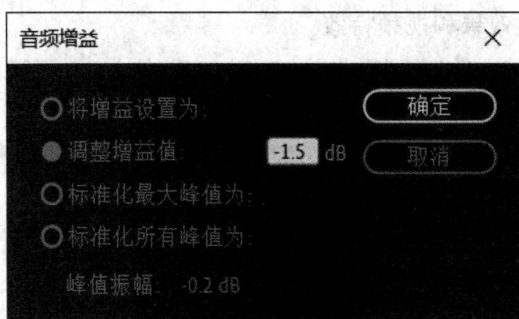

图 4-63　在"音频增益"对话框中调节音量

11. 为片头视频添加静态字幕

步骤 1：在"序列 01"的时间轴中双击 V1 轨道上的"片头"剪辑，则在"节目"面板中显示片头视频。

步骤 2：单击工具栏的"T"形图标，选择文字工具，如下图所示，然后在"节目"面板上单击输入文字，这时，时间轴上会自动生成一个字幕片段，同时文字内容会显示在字幕片段中，如图 4-64 所示。

图 4-64　在片头中添加静态字幕

步骤 3：在"基本图形"面板中，调整字号、字体、颜色、描边等样式。

步骤 4：在时间轴上把鼠标放在字幕素材末尾拉长或者拉短，使之结束时间与片头的结束时间平齐，此时则可以看到字幕的持续时间发生了改变。

12. 为片尾添加滚动字幕

步骤 1：执行"文件"→"新建"→"旧版标题"命令，使用旧版标题建一个新的字幕文件，使用系统默认设置，名称为"字幕 01"，打开的"旧版标题"字幕编辑器如图 4-65 所示。

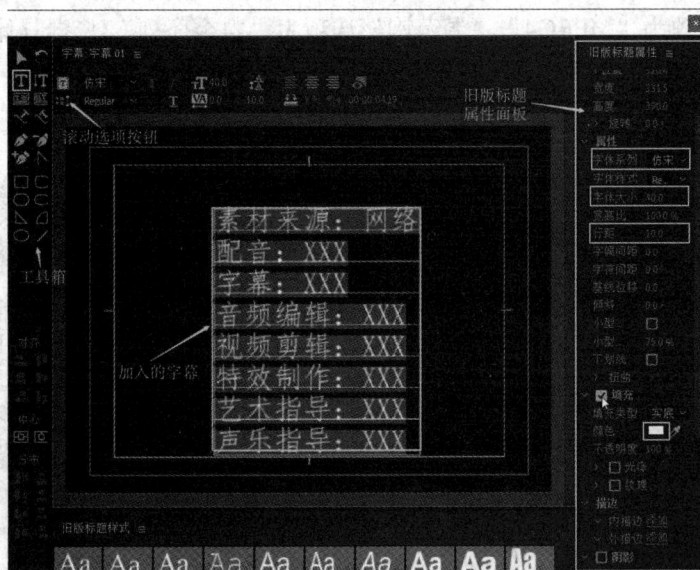

图 4-65 在"旧版标题"字幕编辑器中编辑滚动字幕

步骤 2：在"旧版标题"字幕编辑器的工具箱中选择文字工具"T"，在预览区输入文本内容。

步骤 3：选定所有输入的文本内容，在"旧版标题属性"面板中设置"字体系列""字体大小""行距""填充颜色""背景颜色"等属性。

步骤 4：制作滚动动画。首先单击滚动选项按钮，打开如图 4-66 所示的对话框，然后在对话框中将"字幕类型"更选为"滚动"模式，在"定时(帧)"栏目下勾选"开始于屏幕外"和"结束于屏幕外"两项，最后单击"确定"按钮关闭对话框。

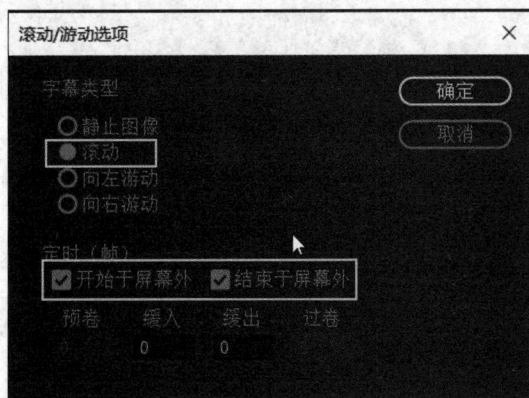

图 4-66 "滚动/游动选项"对话框

步骤 5：关闭"旧版标题"字幕编辑器窗口，返回到 Premiere 主界面中，可以看到，在"项目"面板中增加了一个名为"字幕 01"的素材。

步骤 6：将"字幕 01"的素材从"项目"面板拖到"序列 01"时间轴 V2 轨道(即放置开放式字幕的轨道)的末尾放置，预览加入的滚动字幕。

13. 将制作的视频导出为 mp4 影片格式

执行"文件"→"导出"→"媒体"命令，打开如图 4-67 所示的"导出设置"对话框，设置"格式"选项为"MPEG4"，"源范围"选项为"整个序列"(依据具体情况，还可以设置"基本视频设置"栏下的宽度和高度等参数)，然后单击"导出"按钮，将制作的整个视频导出为 mp4 影片格式。

图 4-67　媒体"导出设置"对话框

任务七　自己创作一段视频

任务 目的

(1) 进一步熟悉在 Adobe Premiere 中编辑视频的工作流程。

(2) 熟练掌握在 Adobe Premiere 中进行视频编辑与合成的基本方法。

(3) 能灵活应用各种特效渲染视频。

(4) 了解通过视频叙事或抒发心情的方式。

任务 内容

(1) 规划一个主题健康的影片结构，并编写相关脚本。

(2) 按照规划自己用手机或摄像机拍摄几段相关的视频。

(3) 录制相应的解说词音频，并用 Adobe Audition 处理好音频素材。

(4) 从网络或其他途径收集背景音乐、片头视频剪辑等创作素材。

(5) 用 Adobe Premiere 编辑和输出视频。

任务 描述 ▶------●●●

每一天，我们都会接触很多人，身边也会发生很多事。关于自己，抑或关于别人的故事。我们的校园、我们的学习生活，我们曾经的艰辛、曾经获得的荣耀……甚至于某日夕阳西下的一片云彩，总有一些值得回忆的故事要讲述，见过一些美丽的场景要珍藏，曾经有过的一段难忘心情要抒发。请你创作一个视频，记录美好的瞬间，叙述你的故事，抒发你的心情，与大家分享。

任务 步骤 ▶------●●●

1. 明确问题

(1) 你创作的影片要讲述什么样的故事？反映的主题是什么？

(2) 规划你的影片应该包含哪几部分？前后顺序如何安排？

(3) 影片中需要哪些素材？这些素材如何获取？如何处理？

(4) 如何用 Adobe Premiere 整合素材、编辑和合成视频？

(5) 如何加入视频转场过渡效果和视频特效，使得视频更有吸引力？

2. 收集素材

(1) 视频、解说词等需要自己用手机或摄像机找到合适的场景进行录制。

(2) 背景音乐、片头视频剪辑等素材可以从网络上收集。

(3) 收集来的视频和音频原始素材都需要进行处理。音频素材可以用 Adobe Audition 处理，包括裁剪、降噪、去除杂音、调整音量等，以获得纯净的音频片段。视频素材可以用 Adobe Premiere 单独进行剪辑、裁剪画面，清除原始素材标记等处理。

3. 编辑视频

(1) 运用收集和处理过的素材在 Adobe Premiere 中进行多段视频、音频、字幕等元素的编辑合成。

(2) 合理安排视频剪辑的播出顺序，反映故事主题。

(3) 为视频配置对应的字幕，并细致调整字幕的摆放位置和持续显示时间，避免字幕与声音错位。

(4) 在合适的位置渲染视频特效，突出视频播放效果。

(5) 添加适合的背景音乐，增加视频叙事的感染力。

(6) 添加片头、片尾、视频标记等，完善视频作品。

4. 导出视频

创作好的视频一般需要导出成通用格式视频文件(如 mp4、mov 等)存储和发布。

项目 5

商务文档实训

任务一　制作求职简历

任务目的 ▶▶------•••

(1) 了解商务文档的基本概念和特点。

(2) 了解 Word 2016 的窗口组成和各选项卡的功能。

(3) 掌握商务文档的排版方法和技巧。

(4) 掌握页面设置、分栏设置。

(5) 掌握图片、文本框的格式设置及图文混排的方法。

任务内容 ▶▶------•••

(1) 在 Word 中新建文档，输入文档内容，并进行相关的文本格式设置和分栏设置。

(2) 用文本框和自定义图形制作特色的文档小标题。

(3) 在文档中插入图片，设置图片格式，并进行图文混排。

(4) 设置文档编辑限制，保护文档内容。

(5) 保存及设置文档。

任务描述 ▶▶------•••

小张的师姐要去应聘工作，给他发了一份个人资料，并委托他按照如图 5-1 所示的样式编排好文档的版面，并要求做到版面简洁，主要内容突出。

任务步骤 ▶▶------•••

1. 新建空白文档并设置页面

(1) 新建空白文档。

步骤 1：双击桌面上的 Word 2016 快捷方式图标(或者单击"开始"按钮，在弹出的程序列表中找到并单击"Word 2016"命令)，Word 启动后弹出新建文档对话框，如图 5-2 所示。

林丽　LINLI

- 年　龄：24
- 邮　箱：xxxx@xxx.com
- 电　话：135xxxx9999
- 籍　贯：湖南省邵阳市
- 现住址：桂林市七星区

自我评价

本人性格随和稳健，爱好广泛，喜欢看书，听音乐，打篮球、乒乓球、爬山等，善于沟通和聆听，有较强的组织、活动策划和公关能力，在大学期间曾多次组织体育赛事和文艺演出，并取得良好效果。适应力强，XX 年课余时间分别担任过学校百货商场销售员及货物管理员和校内电信卡推销员；XX 年 9 月向新生推销各种工具书，利用国庆长假担任市场调查员；XX 年暑假在家私商城里担任管理员，在此期间老板授权管理产品质量和销售。

教育背景

学校名称：北京 XXX 大学
就读时间：2017.09—2020.07
所学专业：硕士
主修课：商务谈判、组织行为学调查、统计学、大学英语、现代商业经济学、经济文写作、商务公关、经济学

证　书

《英语六级》《会计四证》《CISO 企业内审员证》《全国计算机等级考试合格证（二级 C 语言）》《机动车驾驶证》，国际贸易风险员

实践经验

1. 05-06 年担任班长，多次组织班上的同学参加学校的文艺活动，并获奖；
2. XX 年-XX 年担任班级宣传委员，团支部书记，学生会外联部干事，曾多次成功为学校拉来活动赞助商；
3. XX 年 9 月向新生推销各种工具书，利用国庆长假担任市场调查员；
4. XX 年暑假在家私商城里担任管理员，在此期间老板授权管理产品质量和销售；
5. XX 年课余时间担任学校百货商场销售员及货物管理员和校内电信卡推销员；
6. XX 年 7 月至 XX 年 8 月在中国石化 XX 石油化工有限公司芳烃厂进行暑假实习；
7. XX 年 7 月在长沙市 XX 公司实习 30 天（获实习证明）；
8. XX 年 4 月策划并参与经贸学院第一届农村义务支教活动（获支教证明）。

图 5-1　求职简历样张

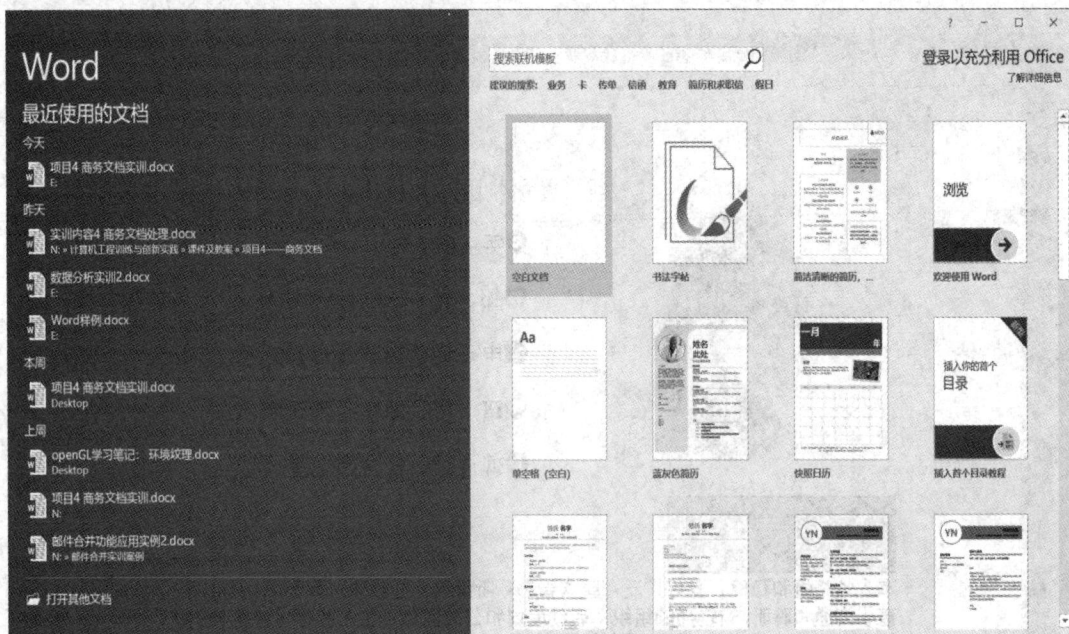

图 5-2　新建文档对话框

步骤 2：在对话框中选择合适的模板(通常选择"空白文档"模板)，Word 将自动创建默认名字为"文档 1"的文档。

(2) 设置页面边框。

步骤 1：首先单击"开始"选项卡"段落"组中的"边框"按钮，在弹出的列表中选择"边框和底纹"选项；然后在"边框和底纹"对话框中切换到"页面边框"选项卡，在其中选择一种适合的"艺术型"边框，"宽度"设置为"31 磅"，颜色为"白色，背景 1，深度 15%"，如图 5-3 所示。

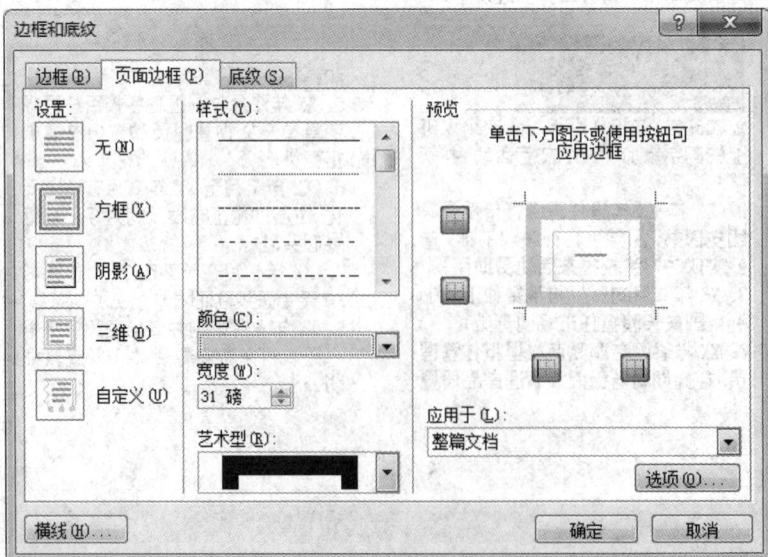

图 5-3　"边框和底纹"对话框

步骤 2：单击"选项"按钮，将上、下、左、右边距均设为 0 磅，如图 5-4 所示。

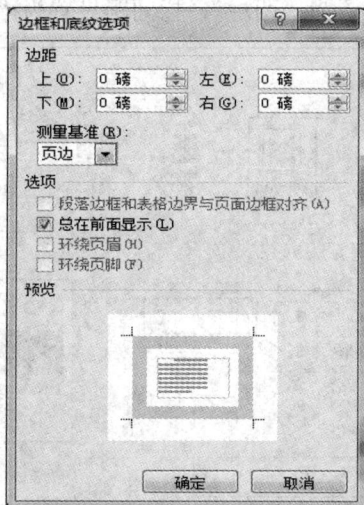

图 5-4　设置页边距

2. 编写正文内容

步骤 1：编写(或导入)求职简历的正文内容。

步骤 2：设置正文字体。第一行(即姓名)内容字体设置为"仿宋体，二号"；"年龄"到"现住址"几行文字字体设置为"宋体，四号"；其余正文内容字体设置为"宋体，小四号"。

3. 插入个人照片及标题小图标

步骤 1：选中姓名到"现住址"几行文字，打开"段落"对话框，设置这些行的左侧缩进为"20 字符"。

步骤 2：在"年龄"到"现住址"几行文字的前面分别嵌入相应的图标；依次单击嵌入的图标，在"图片工具"→"格式"的"大小"组中将每个图标的高度和宽度均设置为"0.45厘米"。

步骤 3：首先在文档左上角空白处插入个人照片，并在"图片工具"→"格式"的"图片样式"组中应用"柔化边缘椭圆"样式；然后单击"排列"组中的"环绕文字"按钮，在弹出的列表中选择"四周型"选项，如图 5-5 所示；最后改变图像到适当大小并将其拖到文档左上角合适的位置。

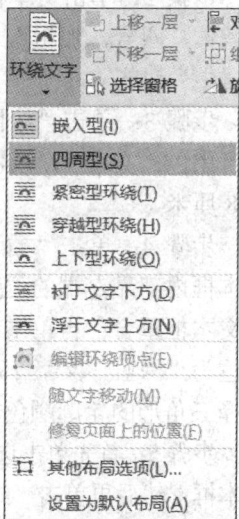

图 5-5　"环绕文字"列表

4. 文档排版与修饰

(1) 设置分栏布局。

步骤 1：首先选中正文中"教育背景"和"证书"部分的内容，再单击"布局"→"分栏"按钮，在弹出的列表中首先选择"更多分栏..."选项；然后在弹出的"分栏"对话框中将"预设"设置为"两栏"，栏间距设置为"4 字符"，在"应用于"列表中选择"所选文字"选项，如图 5-6 所示。

步骤 2：选中正文中"实践经验"一行之后的所有正文内容(不含"实践经验"一行)，用上述同样的方法将其内容设置为"两栏"，栏间距设置为"4 字符"。

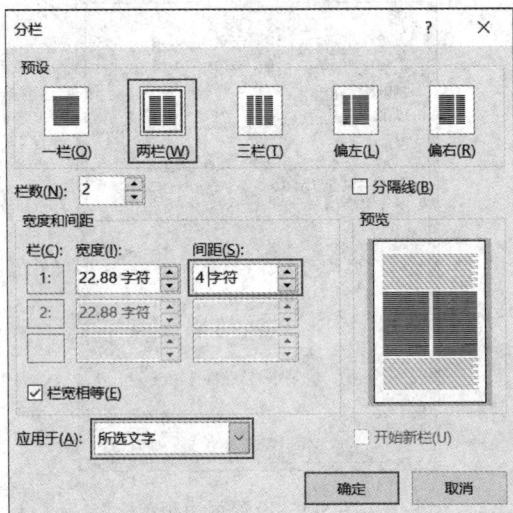

图 5-6　"分栏"对话框

(2) 制作各部分小标题。

步骤 1：选定第 1 个标题"自我评价"的内容，再单击"插入"→"文本框"按钮，在弹出的列表中选择"绘制文本框"选项。

步骤 2：单击文本框的边框线使文本框处于选中状态，再设置文本框中的文本字体为"黑体，四号，加粗"，字体颜色为"蓝色，强调文字颜色 1，淡色 80%"，文本框内文字"居中"对齐。

步骤 3：单击"绘图工具"→"格式"→"形状填充"按钮，选择文本框的填充颜色为"黑色，文字 1，淡色 50%"；在"大小"组中设置文本框的宽度为 4.55 厘米，高度为 1.48 厘米。

步骤 4：单击"插入"→"形状"按钮，从弹出的列表中选择直角三角形图案，并在文本框内部靠左端的位置绘制等腰直角三角形，改变三角形的大小和位置使其左侧和底边与文本框重合；再单击"绘图工具"→"格式"→"形状填充"按钮，选择三角形的填充颜色为"深蓝，文字 2，淡色 40%"；单击"绘图工具"→"格式"→"形状轮廓"按钮，选择三角形的轮廓颜色为"无轮廓"。

步骤 5：首先单击选中三角形，再按"Shift"键并用鼠标单击文本框，同时选中三角形和文本框；然后再单击"绘图工具"→"格式"→"组合"按钮，从弹出的列表中选择"组合"选项，将三角形和文本框组合成一个对象；最后单击"绘图工具"→"格式"→"自动换行"按钮，从弹出的列表中选择"上下型环绕"设置此对象。做好的小标题如图 5-7 所示。

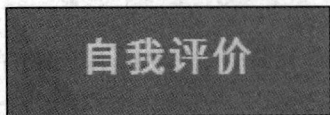

图 5-7　做好的小标题

步骤 6：采用上述方法分别设置"教育背景""证书"和"实践经验"几个小标题，并适当调整各小标题的位置，使版面的布局更加美观。

(3) 为重要段落内容增加底纹。

步骤 1：首先单击"插入"→"形状"按钮，从弹出的列表中选择矩形图案，在正文"实践经验"部分的文本中绘制一个矩形；再单击"绘图工具"→"格式"→"形状填充"按钮，选择矩形的填充颜色为"蓝色，强调文字颜色 1，淡色 80%"；单击"绘图工具"→"格式"→"形状轮廓"按钮，选择矩形的轮廓颜色为"无轮廓"。

步骤 2：用鼠标单击矩形的边框线，拖动矩形并改变矩形的大小，使矩形完全覆盖"实践经验"部分的全部内容。

步骤 3：单击"绘图工具"→"格式"→"自动换行"按钮，从弹出的列表中选择"衬于文字下方"选项。

5. 为文档设置只读保护

步骤 1：单击"文件"→"信息"→"保护文档"命令，从弹出的快捷菜单中选择"限制编辑"命令，在文档右侧弹出如图 5-8 所示的"限制编辑"窗格。

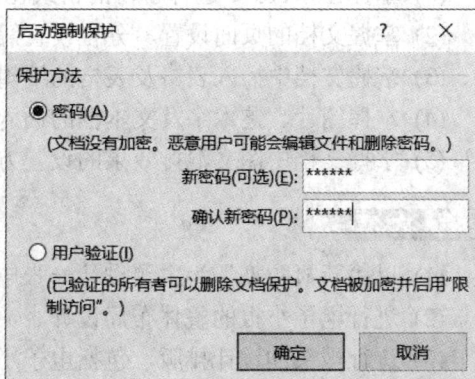

步骤 2：在"限制编辑"窗格中勾选"仅允许在文档中进行此类型的编辑"选项，并在其下方的列表中选择"不允许任何更改(只读)"选项。

步骤 3：首先单击"是，启动强制保护"按钮，弹出如图 5-9 所示的"启动强制保护"对话框，然后在此对话框中设置文档的保护密码，最后单击"确定"按钮关闭对话框。

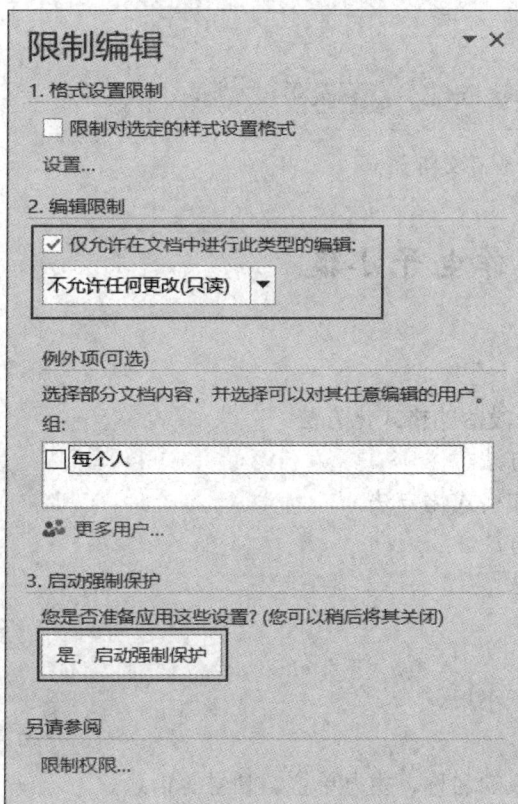

图 5-8 "限制编辑"窗格图   图 5-9 "启动强制保护"对话框

6. 保存文档

单击"文件"→"保存(或另存为)"菜单项，在弹出的"另存为"对话框中选择存放的位置和保存的文档类型，并输入新的文件名，然后单击"保存"按钮，如图 5-10 所示。

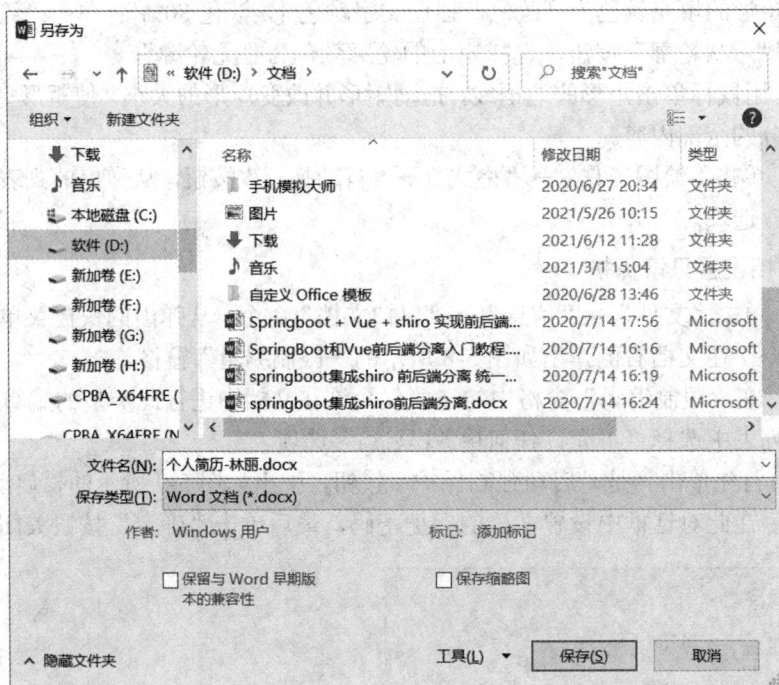

图 5-10　保存文档

任务二　制作电子小报

任务目的 ▶▶▶---●●●

(1) 掌握在 Word 中进行字符的格式化、段落的格式化方法。
(2) 掌握文档的页面设置、分栏设置等方法。
(3) 掌握文档中插入表格及表格的编辑和格式化方法。
(4) 掌握图片、艺术字及文本框的插入方法。
(5) 掌握文档中图文混排效果的设置方法。

任务内容 ▶▶▶---●●●

(1) 以"新冠防疫"为主题设计一张电子小报。
(2) 进行电子小报的整体布局设计。
(3) 进行报头的设计排版，包括电子小报的名称、主办单位、刊号等信息。
(4) 进行整张版面的设计排版，包括设置字体格式、段落格式，添加边框和底纹。
(5) 在版面合适位置插入图片、艺术字等，并进行图文混合排版。

任务描述

医院张医生为了做好卫生健康宣传，需要做一份如图 5-11 所示的“新冠防疫”的电子小报。现在他手上已经有了电子小报的文本素材，也搜集了几张图片素材。你能利用这些素材帮张医生制作这份电子小报吗？

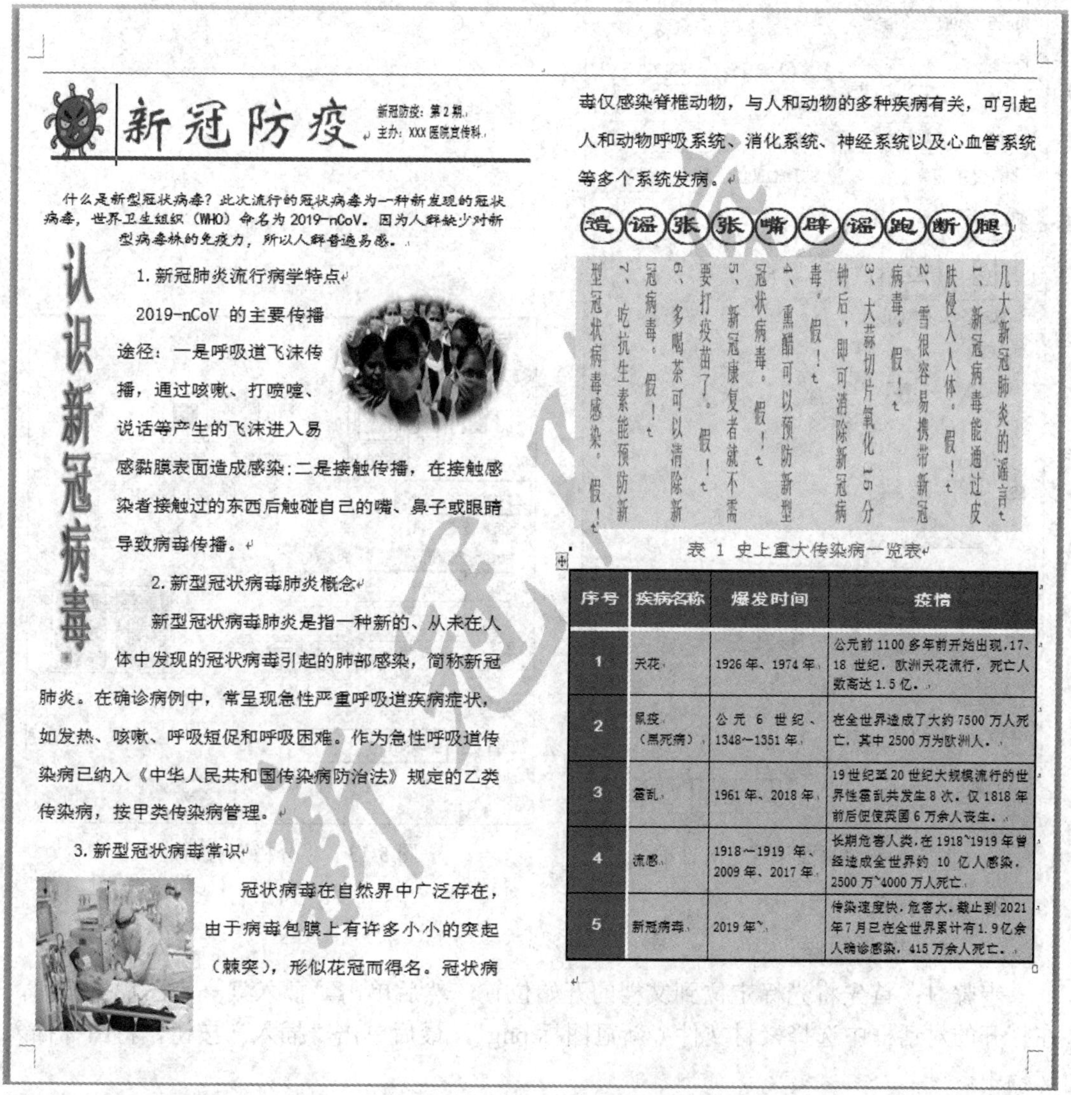

新冠防疫

新冠防疫：第 2 期

主办：XXX 医院宣传科

什么是新型冠状病毒？此次流行的冠状病毒为一种新发现的冠状病毒，世界卫生组织（WHO）命名为 2019-nCoV。因为人群缺少对新型病毒株的免疫力，所以人群普遍易感。

认识新冠病毒

1. 新冠肺炎流行病学特点

2019-nCoV 的主要传播途径：一是呼吸道飞沫传播，通过咳嗽、打喷嚏、说话等产生的飞沫进入易感黏膜表面造成感染；二是接触传播，在接触感染者接触过的东西后触碰自己的嘴、鼻子或眼睛导致病毒传播。

2. 新型冠状病毒肺炎概念

新型冠状病毒肺炎是指一种新的、从未在人体中发现的冠状病毒引起的肺部感染，简称新冠肺炎。在确诊病例中，常呈现急性严重呼吸道疾病症状，如发热、咳嗽、呼吸短促和呼吸困难。作为急性呼吸道传染病已纳入《中华人民共和国传染病防治法》规定的乙类传染病，按甲类传染病管理。

3. 新型冠状病毒常识

冠状病毒在自然界中广泛存在，由于病毒包膜上有许多小小的突起（棘突），形似花冠而得名。冠状病毒仅感染脊椎动物，与人和动物的多种疾病有关，可引起人和动物呼吸系统、消化系统、神经系统以及心血管系统等多个系统发病。

造谣张张嘴 辟谣跑断腿

几大新冠肺炎的谣言

1、新冠病毒能通过皮肤侵入人体。假！

2、雪很容易携带新冠病毒。假！

3、大蒜切片氧化 15 分钟后，即可消除新冠病毒。假！

4、熏醋可以预防新型冠状病毒。假！

5、新冠康复者就不需要打疫苗了。假！

6、多喝茶可以清除新冠病毒。假！

7、吃抗生素能预防新型冠状病毒感染。假！

表 1 史上重大传染病一览表

序号	疾病名称	爆发时间	疫情
1	天花	1926 年、1974 年	公元前 1100 多年前开始出现，17、18 世纪，欧洲天花流行，死亡人数高达 1.5 亿。
2	鼠疫（黑死病）	公元 6 世纪、1348—1351 年	在全世界造成了大约 7500 万人死亡，其中 2500 万为欧洲人。
3	霍乱	1961 年、2018 年	19 世纪至 20 世纪大规模流行的世界性霍乱共发生 8 次，仅 1818 年前后便使英国 6 万余人丧生。
4	流感	1918～1919 年、2009 年、2017 年	长期危害人类，在 1918~1919 年曾经造成全世界约 10 亿人感染，2500 万~4000 万人死亡
5	新冠病毒	2019 年~	传染速度快，危害大，截止到 2021 年 7 月已在全世界累计有 1.9 亿余人确诊感染，415 万余人死亡。

图 5-11　电子小报样张

任务步骤

1. 设计整体布局

步骤 1：启动 Word 2016。单击“布局”选项卡“页面设置”组右下角的“其他”按钮，打开如图 5-12 所示的对话框，在对话框中设置纸张大小为 A3(42 cm × 29.7 cm)，纸张方向为"横向",上边距为"1.5 厘米",下边距为"1 厘米",左、右边距均为"1厘米"。

步骤 2:单击"布局"→"分栏"→"更多分栏"按钮,在弹出如 5-13 所示的"分栏"对话框中选择"两栏",勾选"栏宽相等"选项,并设置栏宽为"50 字符"。

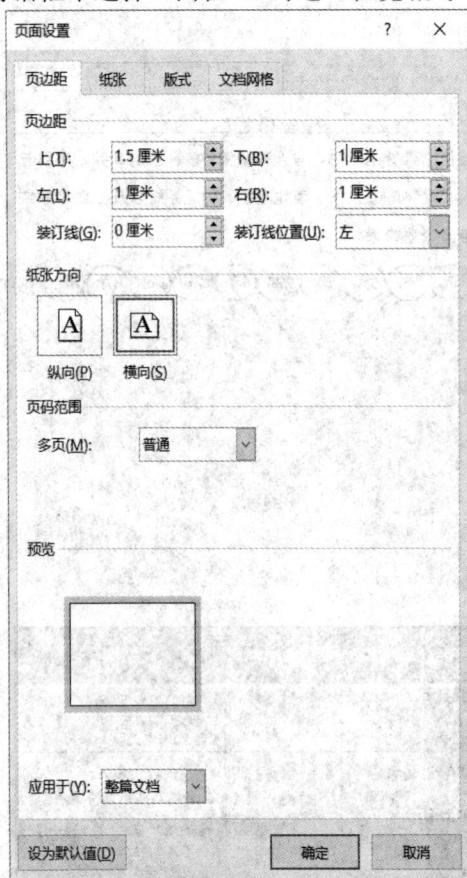

图 5-12   "页面设置"对话框   图 5-13   "分栏"对话框

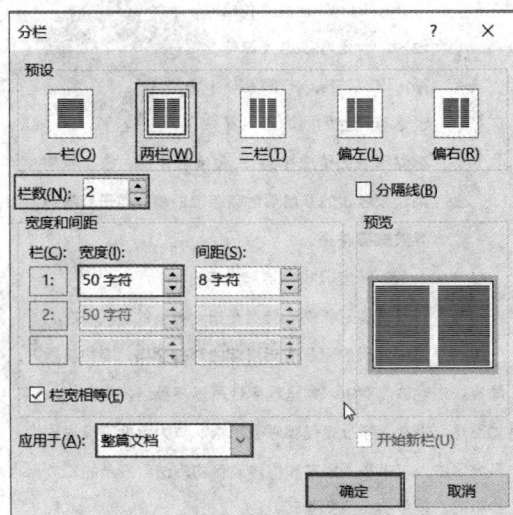

2. 设计报头

(1) 插入报头图标。

步骤 1:首先将光标定位到文档的开始位置,然后单击"插入"→"图片"按钮,在打开的对话框中选择素材文件"新冠图标.png",最后单击"插入"按钮,将图标插入文档中。

步骤 2:鼠标选定文档中的该图片,打开"图片工具"→"格式"选项卡,单击"排列"组中的"环绕文字"按钮,在打开的列表中单击"四周型"选项,依据样图将图片拖动到文档适当位置。

(2) 设计电子小报名称。

在报头图标旁边输入电子小报名称"新冠防疫",并将其字体格式设置为"华文新魏,48 磅",颜色为"紫色",单击"开始"选项卡中"字体"组右下角的其他按钮,在"字体"对话框的"高级"选项卡中设置字符缩放值为"150%",如图 5-14 所示。

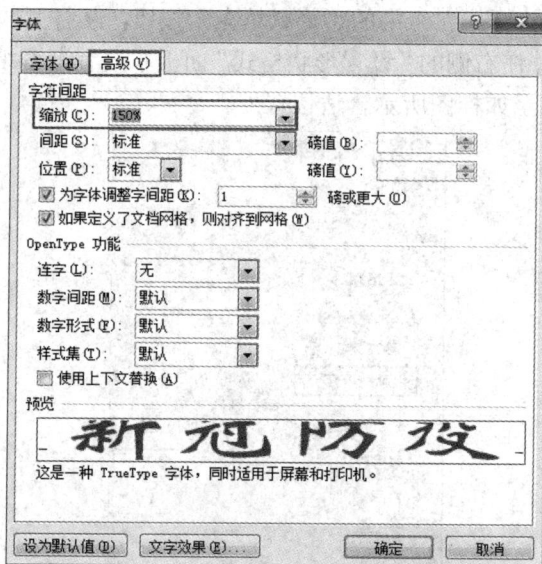

图 5-14　"字体"对话框的"高级"选项卡

（3）用文本框显示主办单位、日期等内容。

步骤 1：单击"插入"选项卡"文本"组中的"文本框"按钮，在弹出的列表中选择"绘制文本框"选项，参照样图在文档合适位置拖放出一个大小适中的文本框，并在文本框内依次输入刊号、主办单位等内容，字体设置为"宋体，小四号"。

步骤 2：选择文本框，单击"绘图工具"→"格式"选项卡，单击"形状样式"组中的"形状轮廓"按钮，并从打开的下拉列表中选择"无轮廓"选项，去掉文本框的边框线。

步骤 3：单击"插入"选项卡"插图"组中的"形状"按钮，在打开的列表中选择"直线"形状，参照样图在适当位置拖放出一条直线；选定线条，单击出现的"绘图工具"→"格式"选项卡，单击"形状样式"组中的"文本轮廓"按钮，从打开的列表中分别选择颜色和"粗细"选项，将线条颜色设置为蓝色，线条粗细值设置为"3 磅"。

3. 设计左侧版面

（1）加入版面文本。

步骤 1：打开电子小报素材文件"小报文本素材.txt"，将文件中所有的正文复制到电子小报中。

步骤 2：选中刚才复制过来的第一段正文内容，设置其字体格式为"楷体，小四号，黑色，段前 12 磅"；其余段落的正文字体格式设置为"宋体，四号，黑色"，段落格式设置为"首行缩进两个字符，行距：固定值 30 磅"。

（2）设计主题艺术字。

步骤 1：选中正文中的"认识新冠病毒"6 个字，单击"插入"选项卡"文本"组中的"艺术字"按钮，在艺术字库中选择"渐变填充，金色，着色 4，轮廓-着色 4"样式。

步骤 2：选中艺术字，单击出现的"绘图工具"→"格式"选项卡，单击"文本"→"文字方向"按钮，从打开的列表中选择"垂直"选项；单击"排列"→"环绕文字"按钮，从打开的列表中选择"紧密型环绕"选项。

步骤 3：单击"形状样式"组中的"形状填充"按钮，从打开的列表中选择"渐变"→"其他渐变"选项，并在右侧的"设置形状格式"面板中设置渐变填充的颜色，如图 5-15 所示，然后将艺术字拖至如样图所示合适位置处。

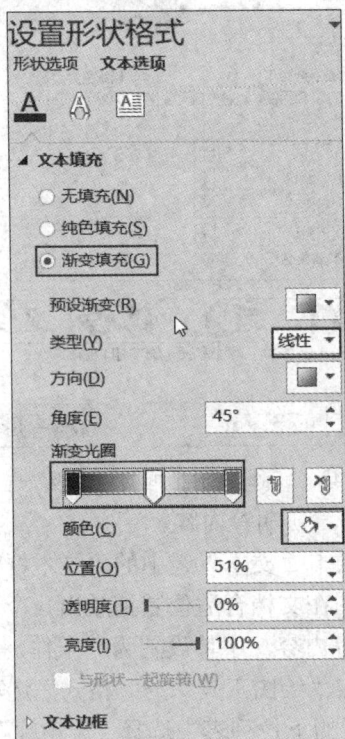

图 5-15　"设置形状格式"面板

(3) 设计插图。

步骤 1：单击"插入"选项卡"插图"组中的"图片"按钮，将素材文件"新冠抗疫.jpg"和"新冠救治.jpg"插入文档中。

步骤 2：选中插入的图片，单击"图片工具"→"格式"选项卡，单击"排列"组中的"文字环绕"按钮，选择图片的环绕方式为"四周型环绕"。

步骤 3：鼠标选中图片四周的控制点，当指针变成左右或上下方向的箭头时拖动，以调整图片大小，并套用适当的图片样式；然后将图片分别拖至如样图所示合适位置处。

4. 设计右侧版面

(1) 设计醒目小标题。

步骤 1：参考样图，选定"造谣张张嘴辟谣跑断腿"一行文字，字体设置为"隶书二号、红色、加粗"，段落设置为"居中，特殊格式：(无)"。

步骤 2：选中文字"造"，选择"开始"选项卡的"字体"组，单击"带圈字符"按钮，弹出"带圈字符"对话框，如图 5-16 所示，将样式设置为"增大圈号"，圈号选择圈形○。

步骤 3：重复此操作，将"造谣张张嘴辟谣跑断腿"一行剩余的文字设置成同样的加圈效果。

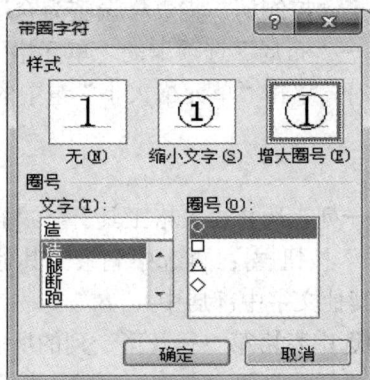

图 5-16　"带圈字符"对话框

(2) 插入竖排文本。

步骤 1：选中"几大新冠肺炎的谣言"及其后 8 行的内容，再单击"插入"选项卡"文本"组中的"文本框"按钮，在弹出的列表中选择"绘制竖排文本框"选项，按照样图在文档适当位置拖放竖排文本框，并设置其字体为"宋体，四号"。

步骤 2：选定文本框内文字，单击"开始"选项卡"段落"组中的其他按钮，在打开的"段落"对话框中设置段落格式为"特殊格式：(无)，单倍行距"。

步骤 3：首先选定文本框，当鼠标指针变成指向四个方向的箭头时，单击"绘图工具"→"格式"按钮；再单击"形状样式"组中的"形状轮廓"按钮，并从打开的列表中选择"无轮廓"选项，将其边框设置为无色；最后单击"形状填充"按钮，选择"绿色，个性色 6，淡色 80%"作为背景填充。

(3) 插入表格。

步骤 1：首先选中"史上重大传染病一览表"后面的数行文字内容，然后单击"插入"→"表格"→"文本转换成表格"命令，打开如图 5-17 所示的"将文字转换成表格"对话框，在对话框中设置"列数"为"3"，"文字分隔位置"为"段落标记"，最后单击"确定"按钮关闭对话框，并将所选文字转换成为表格。

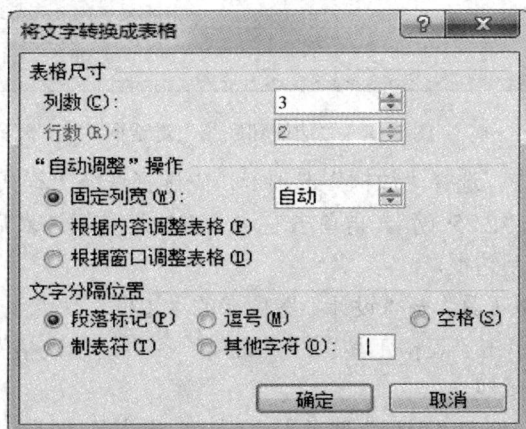

图 5-17　"将文字转换成表格"对话框

步骤 2：选定表格，通过拖动控制柄，将表格调整为合适大小；单击鼠标选中表格第一行，然后选择"表格工具"→"布局"选项卡的"单元格大小"功能组，设置"高度"为"1.5 厘米"；选定表格其余行，单击"单元格大小"组中的"分布行"按钮 ，平均分布其余行行高。

(4) 修饰表格。

步骤 1：首先选择表格第一列，选择"表格工具"→"布局"选项卡的"对齐方式"功能组，然后单击"水平居中"按钮 ；再选中剩余的其他列，单击"中部两端对齐"按钮 ，设置第一列以外的其他文字中部居中。

步骤 2：先按住"Ctrl"键选中表格第一行及第一列的所有单元格，然后选择"表格工具"→"设计"选项卡的"表格样式"组，单击"底纹"按钮，设置填充颜色为"绿色"；最后设置单元格中文字为"黑体，四号，加粗，白色"；选中表格其余单元格，设置底纹颜色为"蓝色，淡色 80%"。

步骤 3：选中整张表格，先选择"表格工具"→"设计"选项卡的"表格样式"组，再单击"边框"按钮，然后选择"边框和底纹"选项，打开"边框和底纹"对话框，如图 5-18 所示。

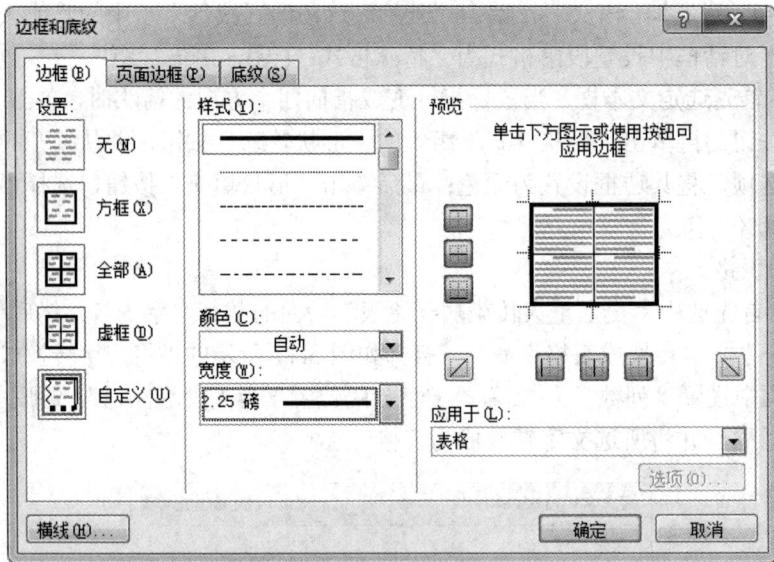

图 5-18　"边框和底纹"对话框

步骤 4：在对话框中，选择"边框"选项卡，先选择线条"样式"为"实线"，"颜色"为"黑色"，"宽度"为"2.25 磅"，再单击左边"方框"按钮，然后单击"确定"按钮，为整张表格加一个黑色粗边框。

步骤 5：选择"表格工具"→"设计"选项卡的"边框"功能组，选择"线型"为"双线，白色，0.75 磅"，单击"表格工具"→"布局"→"绘制表格"命令，参照样图，用画笔在表格适当位置处画线。

步骤 6：选中表格，单击"引用"选项卡"题注"组中的"插入题注"按钮，在表格上方插入题注"史上重大传染病一览表"，设置字体格式为"宋体，四号，绿色"，并居中显示。

5. 设置页面水印

首先单击"设计"选项卡"页面背景"组中的"水印"按钮，在打开的列表中选择"自定义水印"选项，打开"水印"设置对话框中；然后选择"文字水印"选项，在"文字"框中输入"新冠防疫"，如图 5-19 所示；最后单击"确定"按钮关闭对话框。

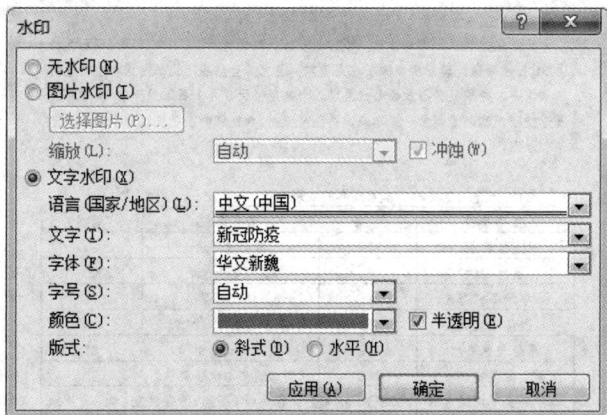

图 5-19 水印设置

6. 保存文档

单击"文件"→"保存(或另存为)"菜单项，在弹出的"另存为"对话框中选择存放的位置和保存的文档类型，并输入新的文件名，保存文档。

任务三 利用邮件合并制作批量格式文档

任务 目的 ▶▶------●●●

(1) 掌握将保存在外部文件中的内容导入 Word 文档中的方法。
(2) 掌握 Word 文档中文本和表格的相互转换方法及表格编辑和修饰的方法。
(3) 掌握使用 Word 邮件合并制作批量格式文档的方法。

任务 内容 ▶▶------●●●

(1) 在 Word 中新建文档，并将"《学期成绩告知单》正文.txt"的文本素材导入文档中。
(2) 对文档内容进行相关的字体格式设置和段落格式设置。
(3) 在文档中插入并编辑课程成绩表。
(4) 利用邮件合并功能填充文档中的学生姓名及学生成绩表内容。
(5) 批量生成课程成绩告知单文档并保存。

任务 描述 ▶▶------●●●

每个学期快放假的时候，辅导员张老师都需要为他所管理班级的每一个学生制作一份学期成绩告知单，告知单的文字内容已经输入并保存于"《学期成绩告知单》正文.txt"文件中，同学们的课程成绩数据也已经放在一个名为"学生成绩表.xlsx"的 Excel 工作表中，请参照如图 5-20 所示的样张格式帮助张老师快速制作这些成绩告知单。

学期成绩告知单

尊敬的郭全宝学生家长：

您好！本学期已圆满结束，根据上级指示我校将于 2021 年 7 月 16 日至 8 月 31 日放暑假，请您督促孩子在暑假期间注意卫生防疫，认真完成学校布置的各项任务，并积极参与社会公益活动。下学期将于 9 月 1 日正式开学，请您督促孩子按时报到。感谢您一直以来的关注与支持，希望您和孩子度过一个快乐、充实的假期。

您的儿子郭全宝同学，本学期各科成绩如下：

公共课程	成绩	专业课程	成绩
大学英语	75	C 语言程序设计	34
线性代数	66	模拟电子技术	20
大学计算机基础	88	机械制图	73
形势与政策	63	数字图像处理技术	82
思想道德修养	79	网页设计与制作	81
大学生心理健康教育	65	网络经济与电子商务	85
本学期学习情况总结	您的孩子有部分课程成绩不及格，请督促他（她）利用假期认真复习。补考将安排在下学期开学后的第一周进行。		

XXX 大学 电子工程学院

2021 年 7 月 10 日

✂--

家长回执

XXX 大学电子工程学院衷心感谢您一直以来对我们工作的大力支持和配合，现将学生成绩告知于您，希望您在百忙之中审阅后给学校或老师提出宝贵建议，以便日后我们更好地改进工作，请您在签完字后将“家长回执”反馈给我们。

家长建议栏：＿＿＿＿＿＿＿＿＿＿＿＿＿＿＿＿＿＿＿＿

学生姓名：＿＿＿＿＿＿　　**家长签名：**＿＿＿＿＿＿

图 5-20　学期成绩告知单样张

任务步骤

1. 用 Excel 建立课程成绩数据表

本任务已经提供了课程成绩数据表，因此不用再建立。

若尚无此数据表，可以利用期末考试的总评成绩册(Excel 格式)，或者是新建并输入一个这样的数据表。但是，为了能在 Word 中调用，要将成绩册设置成“数据清单”的形式，即将标题去掉，使工作表的第一行为成绩数据字段名称(“列标题”)，如“姓名”“语文”“数学”“英语”等。

2. 建立成绩告知单模板

步骤 1：启动 Word 2016 并新建一个空白文档。

步骤 2：单击"插入"→"对象"按钮，从弹出的列表中选择"文件中的文字"选项。

步骤 3：在弹出的"插入文件"对话框中选择保存在磁盘上的素材文档"《学期成绩告知单》正文.txt"。插入过程中，若弹出如图 5-21 所示的对话框，则需选择一种合适的文本编码，使对话框下方的"预览"内容能清楚地显示出正确的汉字，一般可选"Unicode(UTF-8)"选项。

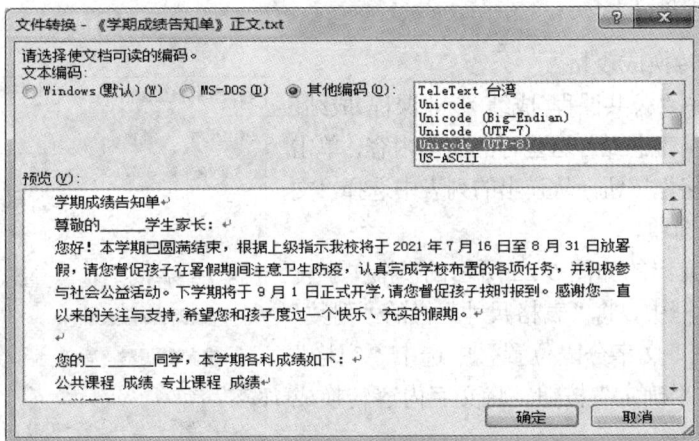

图 5-21　选择文本编码对话框

3. 编排文档的字体和段落格式

步骤 1：按"Ctrl+A"组合键选择文档的全部内容，再利用工具栏设置选中内容的字体为"仿宋体，小四号"。

步骤 2：选择标题行"学期成绩告知单"内容，将其字体设置为"仿宋体，小二号，加粗，居中"。

同样地，将文档中的"家长回执"一行的字体也设置为"仿宋体，小二号，加粗，居中"。

将文档最后的"家长建议栏:""学生姓名:"及"家长签名:"几行文字的字体设置为"黑体，小四号，加粗"，并在其后的空白处加上下划线，以便家长填写建议和签字。

步骤 3：按"Ctrl+A"组合键选择文档的全部内容，单击"开始"→"段落"组中的其他按钮 🔽 ，在弹出的"段落"对话框中设置"行距"为"固定值，20 磅"，如图 5-22 所示。

步骤 4：单独选中正文第二段"您好! ……"，单击"开始"→"段落"组中的其他按钮 🔽 ，在弹出的"段落"对话框中设置"特殊格式"为"首行缩进，2 字符"。

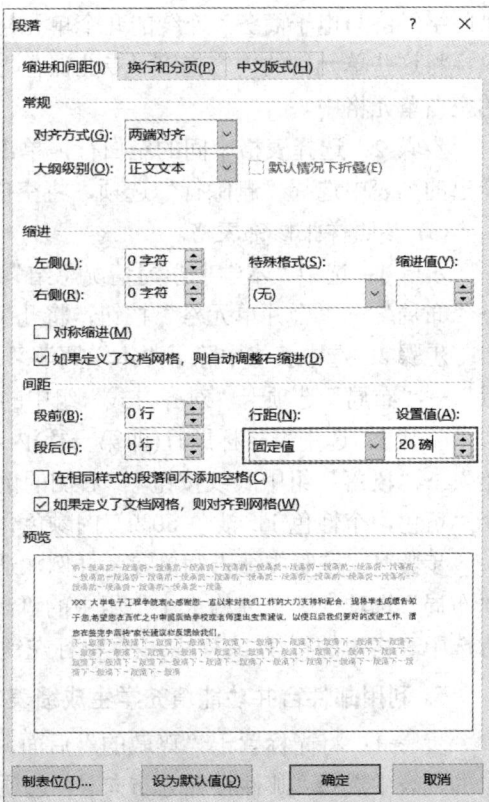

图 5-22　"段落"设置对话框

同样地,将"您的_____同学,本学期各科成绩如下:"及家长回执内容"×××大学电子工程学院衷心感谢……"几个段落的段落格式也分别设置为"首行缩进,2 字符"。

选中"×××大学电子工程学院"及其下方的日期行内容,将这两行的段落设置为"右对齐"。

4. 编辑课程成绩表

(1) 将文字转换成表格。

步骤 1:选中"公共课程 成绩 专业课程 成绩"到"本学期学习情况总结"这些行的文本内容,单击"插入"→"表格"按钮,从弹出的列表中选择"文本转换成表格"选项。

步骤 2:在弹出的如图 5-23 所示的"将文字转换成表格"对话框中,将"表格尺寸"栏的"列数"设置为"4",在"文字分隔位置"中选中"空格"单选按钮,单击"确定"按钮,将文字内容转换成表格。

(2) 编辑表格内容。

步骤 1:在表格中选中"C 语言程序设计"到"网络经济与电子商务"连续的几个单元格,再用鼠标将这些单元格的内容拖到"专业课程"列下方的空白单元格中。

图 5-23 "将文字转换成表格"对话框

步骤 2:选择表格中间的空白行,单击"表格工具"→"布局"→"删除"按钮,从弹出的列表中选择"删除行"选项,将空白行删除掉。

(3) 参照样张修饰表格。

步骤 1:选中"本学期学习情况总结"后的几个连续的空白单元格,单击"表格工具"→"布局"→"合并单元格"按钮,将几个空白单元格合并为一个单元格。

步骤 2:选中表格中除了"本学期学习情况总结"一行外的所有单元格,单击"表格工具"→"布局"选项卡"对齐方式"组中的水平居中按钮 🔳,将表格内容设置为居中显示。

步骤 3:选中表格标题行(即第一行)内容,将其字体设置为"加粗"显示;再单击"开始"→"段落"组中底纹按钮 🔲 右侧的倒立三角形,并从弹出的"主题颜色"列表中选择"蓝色,个性色 1,淡色 60%"的颜色作为标题栏的底纹。

步骤 4:按照成绩告知单参考样例,适当调整各行行高和列宽。选择"表格工具"→"布局"选项卡"单元格大小"组中的"高度"和"宽度"命令调整各行行高和列宽,或者选中表格中的行线(或列线)按住鼠标左键直接拖曳进行调整。

5. 利用邮件合并功能填充学生成绩表

步骤 1:将光标置于"尊敬的"后面,单击"邮件"→"开始邮件合并"按钮,从弹出的列表中选择"邮件合并分布向导"选项,启动"邮件合并"向导窗格,如图 5-24 所示,按照向导指示一步一步地进行操作。

向导第 1 步:保持默认设置,单击窗格下方的"下一步:开始文档"按钮。

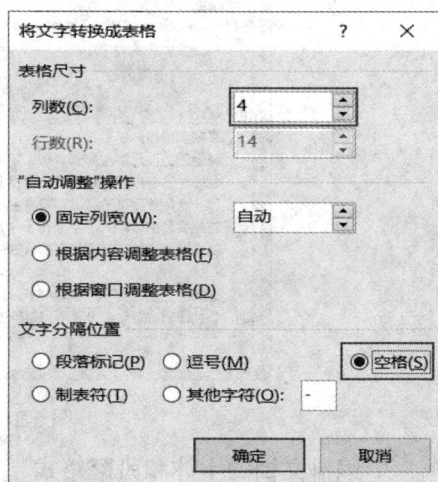

向导第 2 步：保持默认设置，继续单击"下一步：选择收件人"按钮。

向导第 3 步：选择收件人。

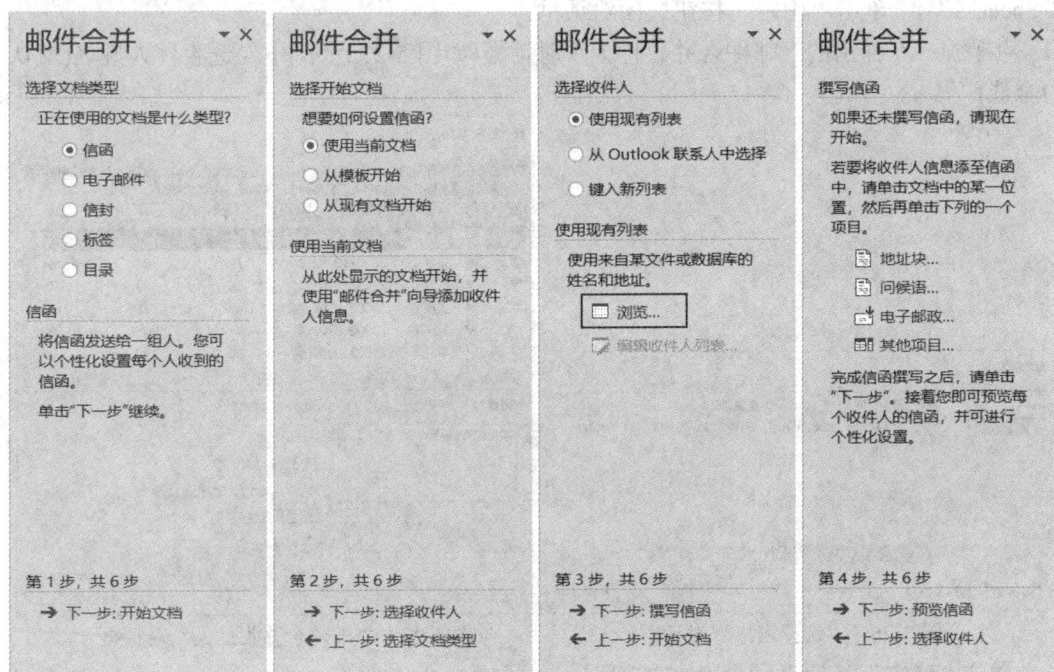

(a)　　　　　　　(b)　　　　　　　(c)　　　　　　　(d)

图 5-24　"邮件合并"向导窗格

步骤 2：在"选择收件人"栏下选择"使用现有列表"选项，在"使用现有列表"栏下单击"浏览"按钮，启动"选取数据源"对话框，如图 5-25 所示。

图 5-25　"选择数据源"对话框

步骤 3：在考生文件夹下选择"学生成绩表.xlsx"，然后单击"打开"按钮，弹出"选择表格"对话框，如图 5-26 所示。在对话框中找到并选中包含课程成绩的工作表(如"Sheet1$")，单击"确定"按钮关闭对话框。

步骤 4：在弹出的"邮件合并收件人"对话框(如图 5-27 所示)中勾选收件人姓名(默认为全选)。

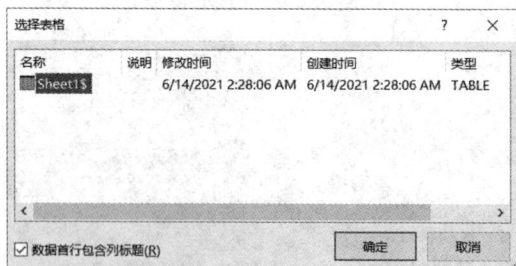

图 5-26　"选择表格"对话框　　　　　图 5-27　"邮件合并收件人"对话框

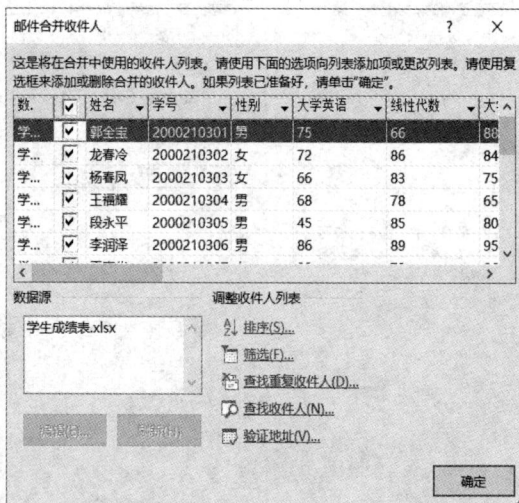

单击"确定"按钮返回到 Word 文档后，单击"邮件合并"窗格中的"下一步：撰写信函"按钮，开始向导第 4 步——"撰写信函"的操作。

步骤 5：将光标放在成绩告知单抬头称呼"尊敬的_____学生家长："的下划线处，单击"邮件"→"插入合并域"按钮，并从弹出的列表中选择"姓名"选项，如图 5-28 所示。特别需要注意的是，由于每份成绩单的姓名都不一样，因此不可能直接在此处填写学生姓名，需利用"域"从 Excel 数据表中提取。此时光标处显示"《姓名》"，表示此处已经插入了"姓名"域，在自动生成成绩告知单的时候，此处就会自动插入 Excel 工作表中对应记录的"姓名"。另外，将插入的"域"选中，也可以像设置普通文本一样设置其字体、字号和颜色等。

采用同样的方法，在成绩表上方一行文字"…… _____同学，……"的下划线处插入"姓名"域。

步骤 6：将光标放在成绩表上方一行文字"您的_____……"的下划线处，单击"邮件"选项卡"编写和插入域"组中的"规则"按钮，并从弹出的列表中选择"如果…那么…否则…"选项，弹出如图 5-29 所示的对话框。

图 5-28　"插入合并域"列表

在弹出的对话框中输入内容，"域名"选择"性别"，"比较条件"选择"等于"，"比较对象"输入"男"，在"则插入此文字"处输入"儿子"，在"否则插入此文字"处输入"女儿"，然后单击"确定"按钮关闭对话框。

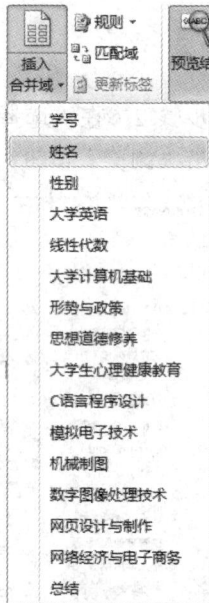

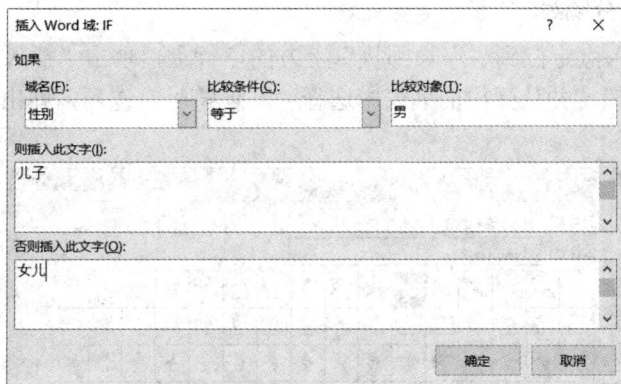

图 5-29　"插入 Word 域：IF"对话框

步骤 7：将光标置于成绩单表格的"成绩"对应的单元格中，单击"邮件"选项卡"编写和插入域"组中的"插入合并域"按钮，并在弹出的下拉列表中选择对应的课程名称(如在"大学英语"单元格后的空白单元格中选择插入"大学英语"域)。

按照同样的方法，将光标置于各门课程对应的"成绩"单元格中，插入相应合并域。在生成成绩告知单时，这些插入的"域"会根据 Excel 工作表中记录的成绩自动被替换成对应的成绩显示。

步骤 8：用上述步骤 6 同样的方法，在表格的最后一栏填写"本学期学习情况总结"，若"总结"不等于"补考"，就显示"恭喜!您孩子的成绩优良，将有机会获得学院奖学金。"，否则，显示"您的孩子有部分课程成绩不及格，请督促他(她)利用假期认真复习。补考将安排在下学期开学后的第一周进行。"这样的内容。

各个合并域插入完成后，表格内容的显示如图 5-30 所示。

图 5-30　插入合并域后的表格内容

若单击"邮件"选项卡"预览结果"组中的"预览结果"按钮，则表格中插入域的地方将被显示为 Excel 数据表记录中第一个学生的成绩。

6. 插入回执单分隔线

步骤 1：将插入点定位到"家长回执"上方的空行上，单击"插入"选项卡"符号"组中的"符号"按钮，并从弹出的列表中选择"其他符号"选项，弹出"符号"对话框，如图 5-31 所示。

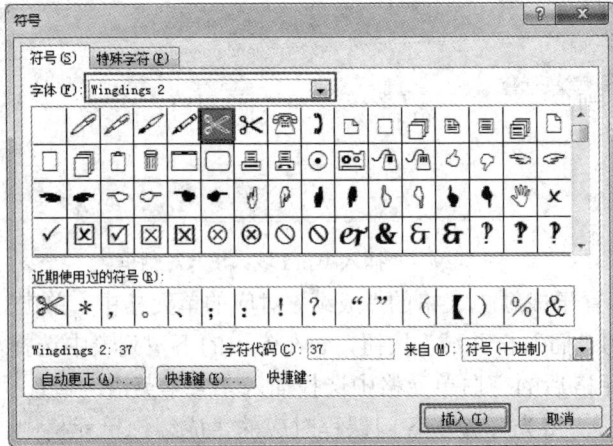

图 5-31　"符号"对话框

步骤 2：在对话框的"字体"列表中选择"Wingdings 2"，再从其下方显示的符号中选择剪刀符号✂，然后单击"插入"按钮，在行首插入剪刀符号✂。

步骤 3：单击"插入"选项卡"插图"组中的"形状"按钮，从弹出的列表中选择直线形状；然后按住"Shift"键，并在文档中的剪刀符号后面用鼠标自左至右拖出一条长直线，直到文档右侧。

步骤 4：用鼠标单击并选中刚绘制的直线，单击"绘图工具"→"格式"选项卡"形状样式"组中的"形状轮廓"按钮，从弹出的列表中选择设置直线的颜色为"黑色，虚线，1 磅粗细"。

至此，课程成绩告知单模板制作完成，单击"文件"→"保存"命令保存文档。

7. 浏览课程成绩告知单

单击"邮件"选项卡"预览结果"组中的"预览结果"按钮，可以看到文档中插入"合并域"的地方已经被第一个学生的信息所取代。通过单击记录定位器的下一记录按钮▶或上一记录按钮◀可以前后翻页浏览其他学生的信息。操作的工具栏按钮如图 5-32 所示。

图 5-32　"预览结果"工具栏

8. 生成课程成绩告知单文档

通过预览文档确认无误后，就可以生成成绩告知单了。其步骤为：单击"邮件"选项卡"完成"组中的"完成并合并"按钮，并从弹出的列表中选择"编辑单个文档"选项，在弹出的"合并到新文档"对话框(自动新建一个 Word 文档，放置生成的成绩告知单)中选择"合并记录"的范围，如图 5-33 所示。

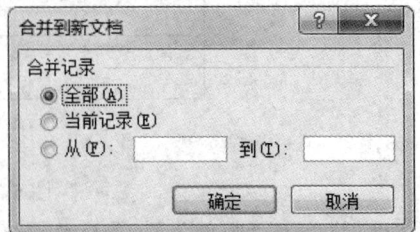

图 5-33　"合并到新文档"对话框

如果要生成所有学生的成绩单，可以选择"合并记录"中的"全部"选项；如果只想打印当前(光标所在的位置)的成绩单，可以选中"当前记录"选项；也可以选中第三项，输入成绩的起止序号后，系统会按照 Excel 成绩数据表顺序生成部分成绩告知单。最后单击"确定"按钮，Word 就会新建一个文档并生成全部或部分成绩告知单。

经过以上步骤，所有学生的成绩单均按照上述已经做好的课程成绩告知单模板样式生成，一张成绩单对应 Excel 数据成绩表中的一条学生记录，并自动放在一个新建的成绩单文档中，用户可以将其保存起来，以备打印分发给学生。

这种通过邮件合并制作批量文档的方法还可以应用在其他类似的方面，如批量打印奖状、请柬、信封、课程表等。

任务四　编排长文档

任务目的 ▶▶------●●●

(1) 掌握 Word 中图文混排的各种操作。

(2) 理解样式的概念，掌握样式的创建、修改和应用方法。

(3) 掌握目录和图表目录的制作与更新方法。

(4) 掌握分节符的用途和使用方法，会在同一篇文档中加注多组页码及首页页眉、奇偶页页眉和页脚。

(5) 掌握页面设置和页眉页脚设置方法。

(6) 对商务文档的结构有一个整体的认识，学会并掌握大型文稿的高级排版方法。

任务内容 ▶▶------●●●

1. 将分章节编写的多篇独立文档合成为一篇长文档。

2. 为全文进行适当的排版，并按如下指定的格式设置文档中的正文和各级标题样式及编号格式。

(1) 黑色部分：设为正文；中文字体设置为"宋体，字号：小四"，西文字体设置为"Times New Roman，小四"；各段段落设置为"首行缩进 2 字符，单倍行距"。

(2) 红色部分：设为 1 级标题；中英文字体均设置为"黑体，小二"；"段落"设置为"居中，大纲级别：1 级，段前：12 磅，段后：6 磅，单倍行距"；编号格式设置为"第×章 标题"，序号和文字之间空两格，X 自动编号。

(3) 绿色部分：设为 2 级标题；中英文字体均设置为"黑体，小三"；"段落"设置为"居中，大纲级别：2 级，段前：6 磅，段后：6 磅，单倍行距"；编号格式设置为"X.Y"，多级符号，X、Y 自动编号。

(4) 蓝色部分：设为 3 级标题；中英文字体均设置为"黑体，四号"；"段落"设置为"两端对齐，大纲级别：3 级；左、右缩进为 0 字符；段前：7 磅，段后：0 磅；首行缩进：无；单倍行距"；编号格式设置为"X.Y.Z"，多级符号，X、Y、Z 自动编号。

(5) 紫色部分：设为 4 级标题；中英文字体均设置为"黑体，五号"；"段落"设置为"两端对齐，大纲级别：4 级；左、右缩进为 0 字符；段前：3 磅，段后：0 磅；首行缩进

2 字符；单倍行距"；编号格式设置为"(1)××××××"，序号均采用中文格式输入，自动编号。

3. 利用提供的素材为文档增加插图并添加图题注；将文档中黑底白字标注的文字部分转换为表格，并为表格添加题注，同时修改文档中相应的交叉引用链接。

4. 为文档添加封面页。

5. 为文档设置页眉和页脚。

6. 利用样式或大纲级别的设置为文档自动生成目录表；利用图表题注分别生成图索引表和表索引表。

任务 描述 ▶▶------●●●

张同学欲参加全国大学生互联网创新设计大赛，联合他所在实习公司的同学撰写了一份项目申请报告，但是此报告由多人分开单独编写，每一章单独保存在一个独立的文档中。现在他需要把这些独立的文档合成为一个统一的文档，并按要求对文档的格式及章节编号进行统一编排，同时需要添加页眉页脚、制作目录表和封面等。

任务 步骤 ▶▶------●●●

1. 新建文档并进行页面设置

步骤 1：在 Word 中新建空白文档，然后单击"布局"→"页面设置"功能组右下角的其他按钮 ，打开"页面设置"对话框，如图 5-34 所示。

步骤 2：在对话框的"页边距"选项卡中依次设置如图 5-34 所示的参数，然后在"纸张"选项卡中设置纸张大小为 A4。

步骤 3：在"文档网格"选项卡中设置文字排列方向为"水平"，栏数为"1"，勾选"指定行和字符网格"选项，并指定行和字符网格为"字符：37，行：39"。

2. 导入各章内容合成为一篇文档

单击"插入"→"文本"功能组中的"对象"→"文件中的文字"选项，将素材文档的"第一章×××.docx""第二章×××.docx"……"第七章×××.docx"的内容按顺序依次插入新建的文档中。

3. 设置正文

步骤 1：在文档中按"Ctrl+A"快捷键选择文档的全部内容(标题也当正文先统一处理)。

步骤 2：单击"开始"→"字体"功能组右

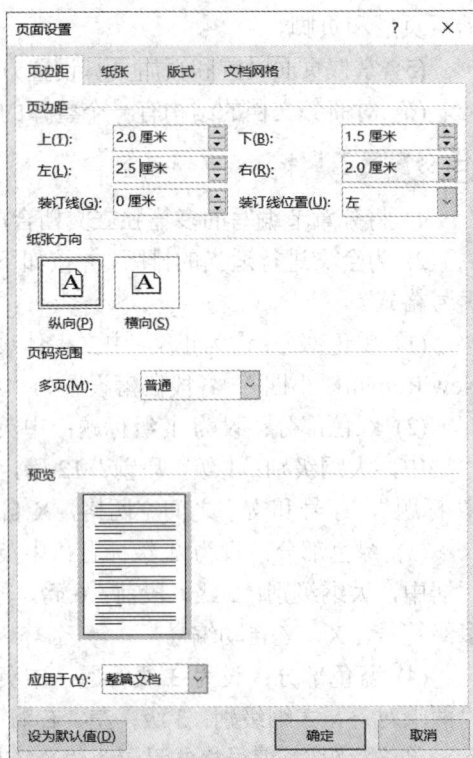

图 5-34 "页面设置"对话框

下角的"其他"按钮 启动"字体"对话框，在对话框中设置中文字体为"宋体，字号：小四"，西文字体为"Times New Roman，小四"。

步骤 3：单击"开始"→"段落"功能组右下角的其他按钮 ，在对话框中将"对齐方式"设置为"两端对齐"，"特殊格式"设置为"首行缩进"，"缩进值"设置为"2 字符"，"行距"设置为"单倍行距"。

这样就将全文的字体和段落进行了统一的设置。

4．设置标题

(1) 按照要求设置标题的大纲级别。

单击"视图"→"大纲视图"将文档切换到大纲视图状态，在此视图下按照要求设置各标题的大纲级别(红：1 级，绿：2 级，蓝：3 级，紫：4 级)，然后关闭大纲视图，并切换到页面视图状态。

(2) 设置各大纲级别的编号格式。

步骤 1：定义多级列表。单击"开始"→"段落"功能组中的多级列表按钮 ，在下拉菜单中选择"定义新的多级列表(D)"，打开"定义新多级列表"对话框，单击其中的"更多"按钮展开设置对话框。

步骤 2：设置第 1 级编号。在"单击要修改的级别(V)"列表中选择"1"；"将级别链接到样式(K)"选择"标题 1"；"要在库中显示的级别(H)"选择"级别 1"；"此级别的编号样式(N)"选择"1，2，3，…"，"输入编号的格式"显示为"1"，将其更改为"第 1 章"，注意要保留框中加有底纹的数字，不能删除后自己写入；"起始编号(S)"选择"1"。效果如图 5-35 所示。

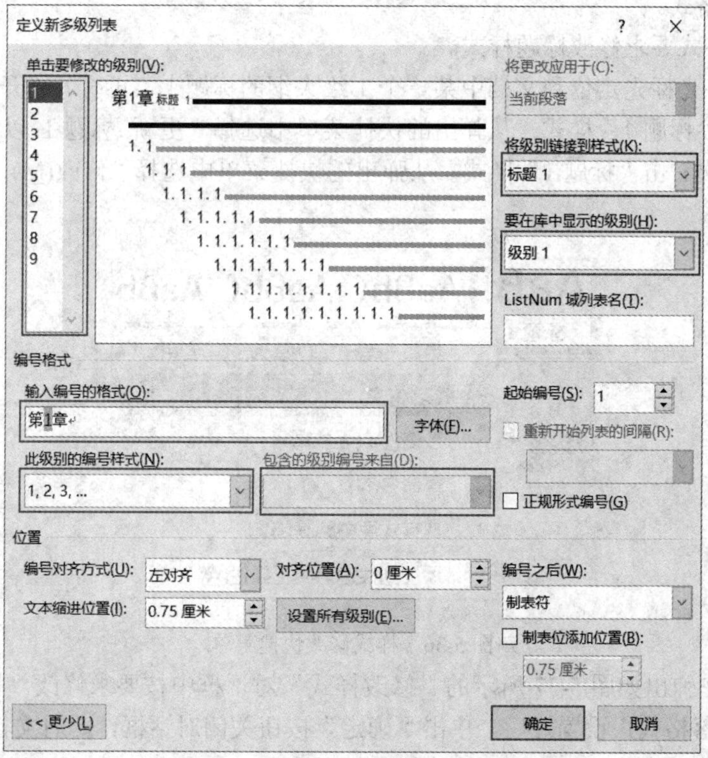

图 5-35　"定义新多级列表"对话框

步骤 3：设置第 2 级编号。在"单击要修改的级别(V)"列表中选择"2"；"将级别链接到样式(K)"选择"标题 2"；"要在库中显示的级别(H)"选择"级别 2"；先选择"包含的级别编号来自(D)"为"级别 1"，此时"输入编号的格式"框中会显示"1"，将其更改为"1."，再选择"此级别的编号样式(N)"为"1，2，3，…"，则"输入编号的格式"为"1.1"；"起始编号(S)"选择"1"；勾选"重新开始列表的间隔(R)"，设置为"级别 1"。

步骤 4：设置第 3 级编号。在"单击要修改的级别(V)"列表中选择"3"；"将级别链接到样式(K)"选择"标题 3"；"要在库中显示的级别(H)"选择"级别 3"；先选择"包含的级别编号来自(D)"为"级别 1"，再选择"包含的级别编号来自(D)"为"级别 2"，"输入编号的格式"框中会显示"11"，将其更改为"1.1."，再选择"此级别的编号样式(N)"为"1，2，3，…"，则"输入编号的格式"为"1.1.1"；"起始编号(S)"选择"1"；勾选"重新开始列表的间隔(R)"，设置为"级别 2"。

步骤 5：设置第 4 级编号。在"单击要修改的级别(V)"列表中选择"4"；"将级别链接到样式(K)"选择"标题 4"；"要在库中显示的级别(H)"选择"级别 4"；"此级别的编号样式(N)"选择"1，2，3，…"，"输入编号的格式"设置为"(1)"；"起始编号(S)"选择"1"；勾选"重新开始列表的间隔(R)"，设置为"级别 3"。

注： 由于我们此前已经设置了各标题的大纲级别，因此做完以上操作后可以看到文档中的各标题前面已经自动设置了章节编号。同时，以上操作中我们已经将大纲级别 1～4 分别链接到了"标题 1"～"标题 4"样式上，因此，接下来我们只需要修改对应样式中的字体和段落格式。

(3) 按照格式要求修改标题样式。

步骤 1：将光标先定位到文档中某一个 1 级大纲的标题上，再打开"开始"→"样式"功能组，右击"标题 1"样式，从弹出的快捷菜单中选择"更新 标题 1 以匹配所选内容"命令；然后再次右击"标题 1"样式，从弹出的快捷菜单中选择"修改(M)…"命令，如图 5-36 所示。

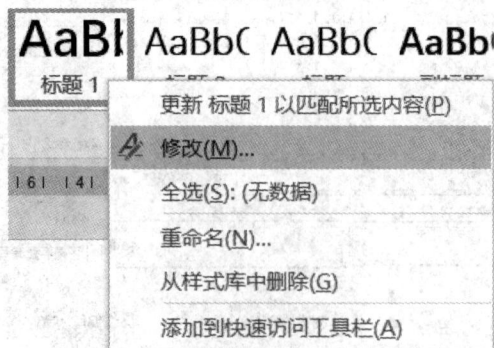

图 5-36　样式修改快捷菜单

步骤 2：在弹出如图 5-37 所示的"修改样式"对话框中按要求修改"标题 1"样式的字体格式和段落格式，设置好后，单击"确定"按钮关闭对话框，此时文档中 1 级标题的格式已经全部修改完成。

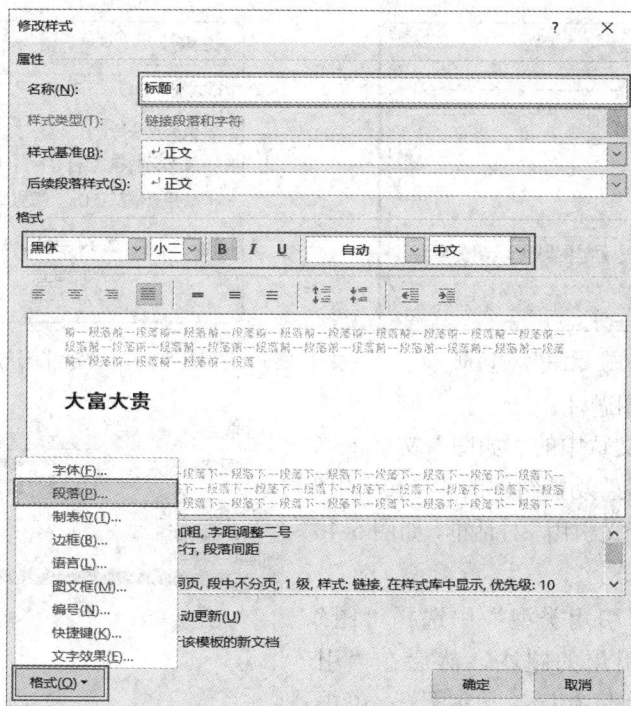

图 5-37　"修改样式"对话框

步骤 3：以同样的方式依次将标题 2～标题 4 的样式按照要求的格式进行修改。

5. 设置插图

步骤 1：在"项目背景"一章的"国民阅读的现状与发展"后一节正文中的适当位置插入图片"国民阅读的现状.jpg"，适当改变其大小并移动位置使文档布局协调。

步骤 2：调整"项目背景"一章中"新零售与共享经济"插图的大小为原来的 50%，文字可环绕图片四周显示，并移动到适当的位置使文档布局协调。

步骤 3：参照素材图片"公司组织架构图.jpg"，在"企业发展组织架构"一节前插入一个 SmartArt 图(自己制作)，用于描述公司的组织结构。

6. 生成及引用图题注

(1) 生成图题注。

步骤 1：选中插入的图片，单击"引用"→"题注"功能组中的"插入题注"按钮打开"题注"对话框，如图 5-38 所示。在此对话框中设置题注"标签"为"图"(若列表中无"图"标签，则需单击对话框中的"新建标签"按钮，将新的题注标签设置为"图")。

步骤 2：首先单击"编号"按钮，在"题注编号"对话框中选择"格式"为"1，2，3，…"，同时选中"包含章节号"复选框，然后将"章节起始样式"设置为"标题 1"，在"使用分隔符"下拉列表中选择"-(连字符)"，如图 5-39 所示，最后单击"确定"按钮插入图的编号。

步骤 3：选定图下方的橙色文字，用鼠标将其拖到上述生成的图编号后面，连成一行题注，并将图题注设置为居中显示。

步骤 4：用同样的方法为文档中的其他图片添加题注。

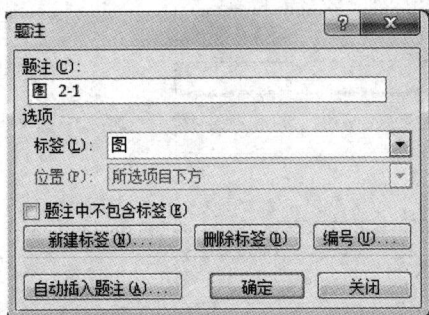

图 5-38　"题注"对话框

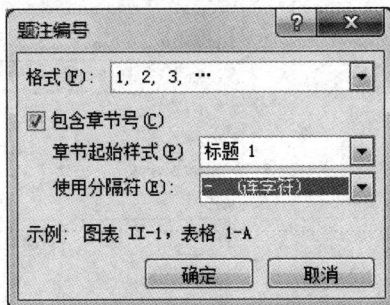

图 5-39　"题注编号"对话框

(2) 交叉引用图题注。

步骤 1：选择文章中的"如图"文字，单击"引用"→"题注"功能组中的"交叉引用"按钮 ⬚，打开"交叉引用"对话框，如图 5-40 所示。

步骤 2：在"引用类型"中选择"图"选项，选择所要引用的题注，然后在"引用内容"中选择"只有标签和编号"，单击"插入"按钮即可。

步骤 3：逐一设置文中图的交叉引用。

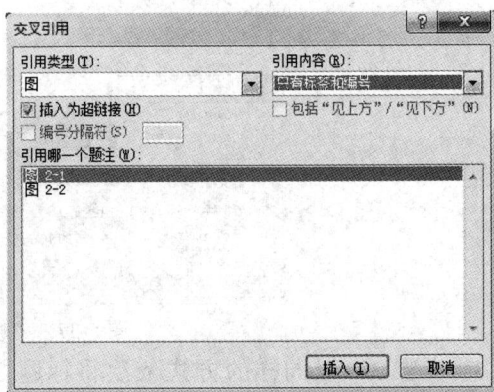

图 5-40　"交叉引用"对话框

7. 制作和设置表格

(1) 制作表格。

在文档中找到标注黑底白字的文字行并选定其内容，执行"插入"→"表格"→"文本转换成表格"选项，将文字转换成相应的表格。

(2) 设置表格。

步骤 1：设置单元格底纹为黑色。选定表格的所有单元格内容，执行"表格工具"→"设计"→"底纹"命令，从弹出的"主题颜色"对话框中选择黑色。

步骤 2：设置单元格内容中部居中。选定表格的所有单元格内容，单击"表格工具"→"布局"选项卡，在"对齐方式"组中单击"水平居中"按钮。

8. 生成及引用表格题注

(1) 生成表格题注。

步骤 1：将光标定位在表格上，单击"引用"→"题注"功能组中的"插入题注"按钮，打开"题注"对话框，设置题注标签为"表"(若列表中无"表"标签，则需单击对话框中的"新建标签"按钮，将新的题注标签设置为"表")。

步骤 2：首先单击"编号"按钮，在"题注编号"对话框中选择"格式"为"1，2，3，…"，同时选中"包含章节号"复选框，然后将"章节起始样式"设置为"标题 1"，在"使用分隔符"下拉列表中选择"-(连字符)"，最后单击"确定"按钮插入表的题注。

步骤 3：选定表格上方的橙色文字，用鼠标将其拖到上述生成的表格编号后面，连成一行。

步骤 4：用同样的方法为文档中的其他表格添加题注。

(2) 交叉引用表格题注。

步骤 1：选中文中的"如表"文字，单击"引用"→"题注"功能组中的"交叉引用"按钮，打开"交叉引用"对话框。

步骤 2：在"引用类型"中选择"表"选项，选择所要引用的题注，在"引用内容"中选择"只有标签和编号"，单击"插入"按钮，然后逐一设置文中其他表的交叉引用。

9. 插入 SmartArt 图

插入 SmartArt 图的步骤为：将光标定位到文档中的"企业发展组织架构"一节，单击"插入"→"插图"功能组中的"SmartArt"按钮，参照素材图片"公司组织架构图.jpg"插入一个 SmartArt 图。

10. 生成目录

(1) 插入目录页。

在文档最前面插入一个空白页，将光标定位在此页中，新增一个空白行，并输入"目录表"作为目录表的标题。

(2) 生成目录表。

单击"引用"→"目录"功能组中的"目录"按钮，在下拉菜单中选择"自定义目录…"选项，然后在弹出的"目录"对话框中进行适当的字体、字号等设置，生成目录表，如图5-41 所示。

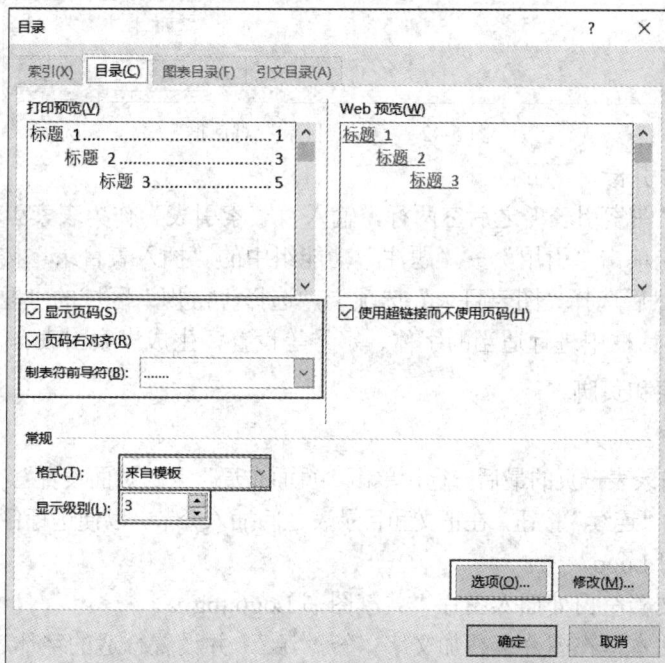

图 5-41　生成目录表

注：若在生成目录表后再对文档内容进行改动导致页码或标题发生变动，则需同步更新目录表的内容。方法是：单击目录表，选择"引用"→"目录"功能组中的"更新目录"按钮，在打开的"更新目录"对话框中选择"只更新页码"或"更新整个目录"选项。

(3) 生成图索引表。

步骤 1：将光标定位在目录表之后空两行，输入"图索引表"作为图索引表的标题。

步骤 2：首先单击"引用"→"题注"功能组中的"插入表目录"按钮，打开"图表目录"对话框，如图 5-42 所示；然后选择"图表目录"选项卡，选择"常规"区域的"题注标签"选项为"图"；最后在对话框中进行适当的字体、字号等设置，生成图索引表。

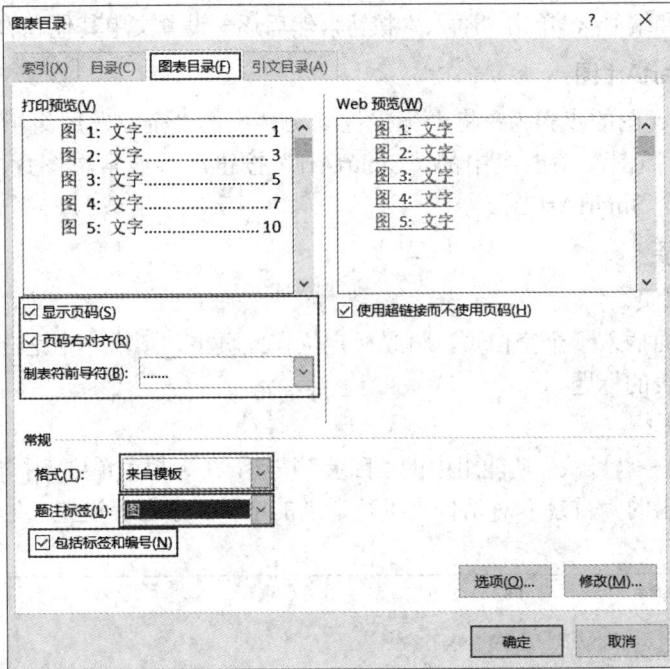

图 5-42　"图表目录"对话框

(4) 生成表索引表。

步骤 1：在"图索引表"之后空两行，输入"表索引表"作为表索引表的标题。

步骤 2：首先单击"引用"→"题注"功能组中的"插入表目录"按钮，打开"图表目录"对话框；然后选择"图表目录"选项卡，选择"常规"区域的"题注标签"选项为"表"；最后在对话框中进行适当的字体、字号等设置，生成表索引表。

11. 设置页眉和页脚

(1) 文档分节。

将光标移到目录表一页的最后一行，单击"页面布局"→"页面设置"→"分隔符"→"分节符"组中的"连续"按钮，在正文和目录表之间插入分节，以便进行各部分不同的设置。

(2) 制作公司 Logo。

步骤 1：在文档空白处插入图片"共享图书 Logo.jpg"。

步骤 2：用文本框在图片上叠加文字"智慧源"，并设置合适的字体、字号和颜色等。

步骤 3：将图片和文本框组合为一个整体，并进行适当的缩放。

(3) 设置正文的页眉。

步骤 1：将光标定位在正文的第一页，单击"插入"→"页眉和页脚"功能组中的"页眉"按钮，在下拉菜单中选择"编辑页眉"命令，进入页眉编辑区。

步骤 2：单击"页眉和页脚工具"→"设计"→"导航"功能组中的"链接到前一条页眉"按钮，以取消与前一节页眉相同的设置，然后按要求编辑页眉内容。

(4) 设置正文的页脚。

步骤 1：单击"页眉和页脚工具"→"设计"→"导航"功能组中的"转到页脚"按钮，按要求对页脚内容进行设置。

步骤 2：设置完成后，单击"关闭"→"关闭页眉和页脚"按钮，结束页眉和页脚的设置。

12. 插入封面

步骤 1：在目录表最前面插入一个空白页，并将插入点移到空白页的开头。

步骤 2：单击"插入"→"封面"按钮，从弹出的列表中选择一种合适的封面样式，如图 5-43 所示。

图 5-43　封面样式列表

步骤 3：按照要求在封面页上修改相关的内容。

13. 更新目录表及修改文本颜色

步骤 1：在目录表中单击鼠标右键，从弹出的快捷菜单中选择"更新域"→"更新整个目录"命令，更新目录表的内容和页码。

步骤 2：全部设置完成后，选择全文内容，将全文文本的字体颜色设置为黑色。

14. 保存文档

执行"文件"→"保存(或另存为)"菜单项，在弹出的"另存为"对话框中，将文档类型设置为"Word 文档(*.docx)"格式，并输入新的文档名称，单击"保存"按钮保存已处理好的文档。

任务五　制作宣传海报

任务目的

(1) 掌握 Word 中的版面布局和图文混排的各种操作。

(2) 掌握用 Word 制作常见宣传海报的方法和技巧。

任务内容

(1) 用 Photoshop 制作或从网络收集一张适合宣传海报主题的背景图。

(2) 根据任务描述，在 Word 中设计合适的版面布局，制作一份主题鲜明、引人注目的宣传海报。

任务描述

小刘同学酷爱乐器，现在是校内"天音"音乐社团的负责人。新学年开始了，社团需要制作一份引人注目的宣传海报。小刘同学搜集了如图 5-44～图 5-47 所示的几份海报样张做参考，你能帮助小刘同学为他的社团设计制作类似的宣传海报吗？

图 5-44　参考海报 1

图 5-45　参考海报 2

图 5-46　参考海报 3　　　　　　　　图 5-47　参考海报 4

1. 明确问题

(1) 如何突出海报的主题？

(2) 海报上要显示什么信息？

(3) 海报背景用图片还是单颜色？用什么样的图能与主题搭配？

(4) 海报上的各部分文字应该用什么字体和颜色？如何突出重点？

(5) 海报上的文字和插图应该如何布局？

2. 设计文案

　了解社团场地、设备、人员组成等资料信息，设计适当的宣传文案；设计一些吸引人的广告词；创作或从网络搜集一些与主题相符的背景图片素材；草绘一份海报的设计稿。

3. 制作海报

根据文案设计，在 Word 中利用图文混排的方法创作设计的海报。

项目 6

数据分析实训

任务一　工作表的创建和格式化

任务 目的

(1) 掌握 Excel 2016 的基本功能。
(2) 掌握数据的输入与编辑。
(3) 掌握工作表数据修饰及格式设置。
(4) 掌握页面和打印预览设置。

任务 内容

(1) 在 Excel 中输入不同类型数据。
(2) 导入外部数据至工作表中。
(3) 保护工作簿、工作表。
(4) 工作表的格式化及打印设置。

任务 步骤

1. 输入数据

(1) 基本数据输入。

双击桌面上的 Excel 2016 快捷方式图标(或者单击"开始"按钮，在弹出的程序列表中找到并单击"Excel 2016"命令)，Excel 2016 启动并自动创建默认名字为"工作簿 1"的文件。在默认的 Sheet1 中，输入如图 6-1 所示的数据。

	A	B	C	D	E	F	G	H	I	J
1	姓名	身份证号	民族	入职时间	手机号码	专业	学历	婚姻状况	部门	岗位
2	廉民婧	51****197604095624	汉族	2006-7-1	139****8583	计算机	博士研究生	已婚未育	总经办	总经理
3	马民翔	41****197805216332	汉族	2005-7-1	131****7792	机械工程	硕士研究生	已婚已育	销售部	总监
4	鲁伦	43****197302247915	回族	2003-7-1	182****5498	通信	博士研究生	已婚已育	行政部	总监
5	鲁萱琛	23****197103068261	苗族	1997-7-1	131****8897	机械工程	硕士研究生	离异已育	销售部	经理
6	张妍	36****196107246846	苗族	1983-6-30	182****2020	计算机	大学本科	已婚已育	技术部	经理

图 6-1　录入基本数据

(2) 日期类型数据输入。

Excel 输入的日期默认格式是 yyyy/m/d，如"2006/7/1"，修改为图 6-1 中"入职时间"一列所示的日期型格式的步骤为：选中 F2:F6 单元格，右键单击，在弹出的快捷菜单中选择"设置单元格格式"命令，在"设置单元格格式"对话框中通过自定义选项设置日期的显示格式，把默认"yyyy/m/d"修改为"yyyy-m-d"。如图 6-2 所示。

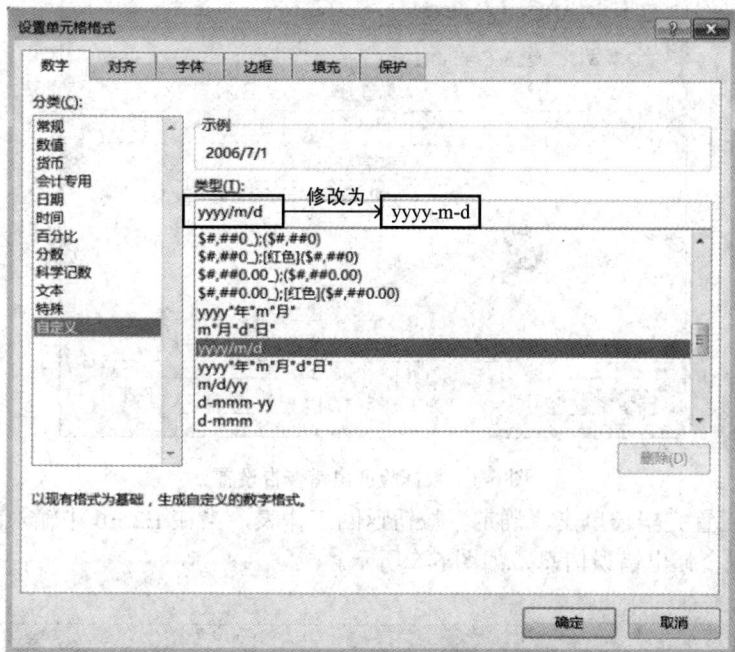

图 6-2　自定义日期格式

(3) 限定输入 11 位手机号码和 18 位身份证号，并输出错误信息。

步骤 1：首先选择 E2:E6 单元格区域，切换到"数据"选项卡，选择"数据工具"组中的"数据验证"按钮；然后在弹出的"数据验证"对话框中，设置验证条件"允许"为"文本长度"，"数据"为"等于"，"长度"为 11，如图 6-3 所示。

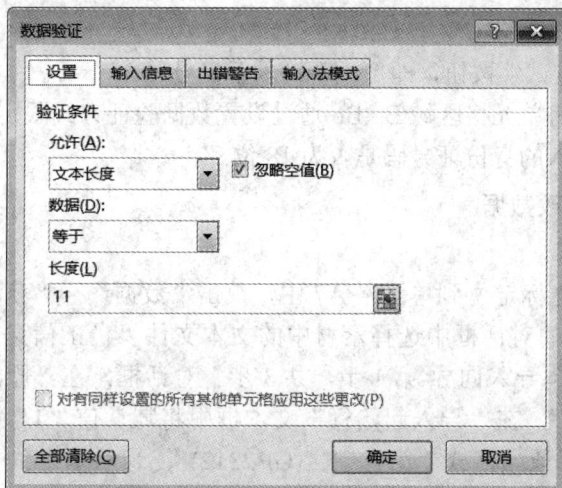

图 6-3　手机号码数据验证设置

步骤 2：切换到"出错警告"选项卡，在"错误信息"文本框中输入"请检查手机号码是否为 11 位。"，如图 6-4 所示。

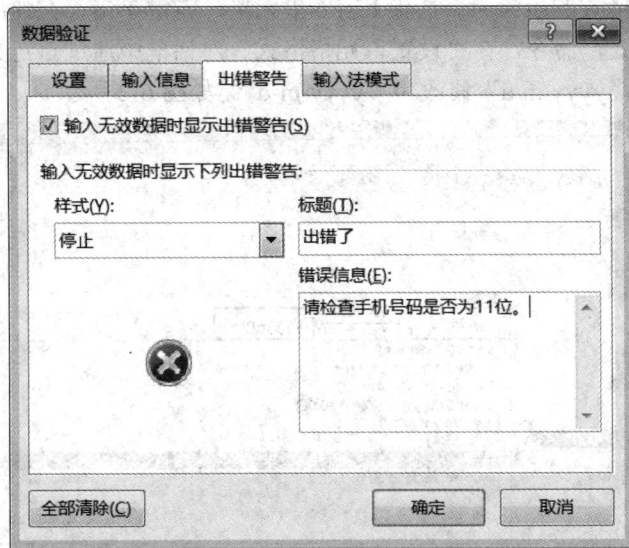

图 6-4　数据验证出错警告设置

步骤 3：设置完毕，单击"确定"按钮返回工作表，当在 E2:E6 中输入的手机号码不是 11 位时，就会弹出错误信息，如图 6-5 所示。

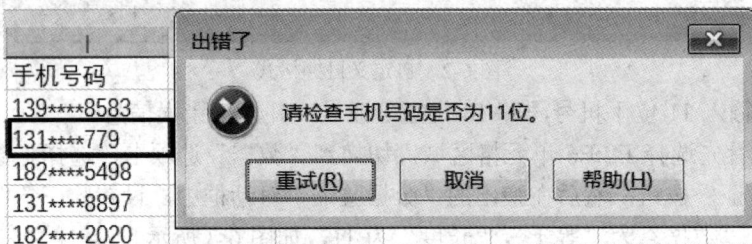

图 6-5　错误信息

步骤 4：单击"重试"按钮，即可重新输入手机号码。

按照相同的方法将单元格区域 B2:B6 通过设置数据验证方式限定其文本长度为 18，出错警告为"请检查输入的身份证号码是否为 18 位。"

2. 增加数据和修改数据

(1) 导入外部数据。

步骤 1：首先将光标定位到单元格 A7 中，单击"数据"→"获取外部数据"→"自文本"按钮，在弹出的对话框中选择素材中的文本文件"员工信息.txt"，然后单击"导入"按钮，弹出"文本导入向导-第 1 步，共 3 步"对话框，在"原始数据类型"组中选择单选项"分隔符号"，在"导入起始行"文本框中将默认值"1"修改为"2"(第一行为表头文本)，并选择原始格式"简体中文(GB2312)"；最后单击"下一步"按钮，如图 6-6 所示。

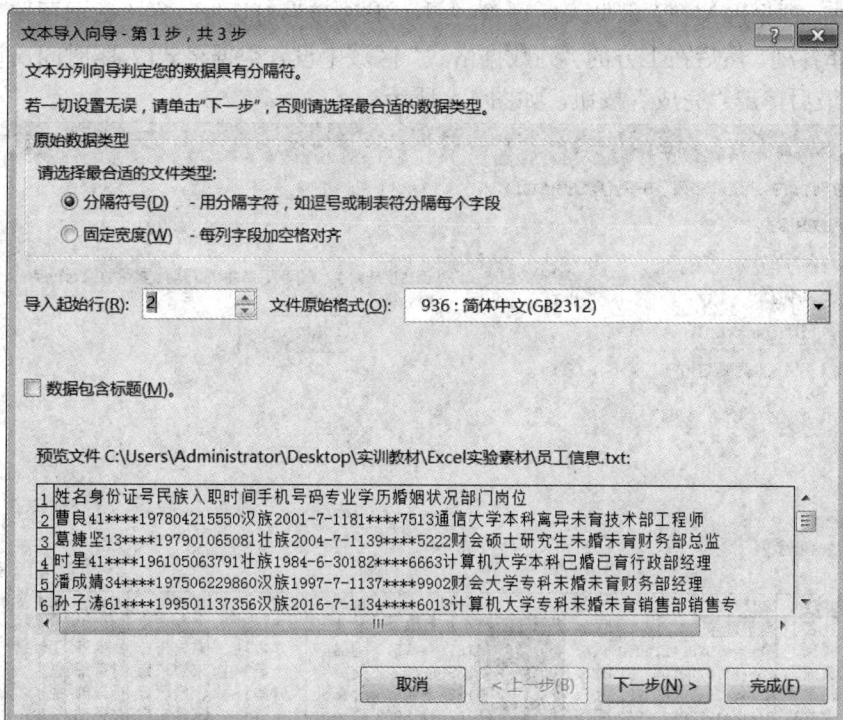

图 6-6　设置"文本导入向导-第 1 步，共 3 步"对话框

步骤 2：进入"文本导入向导-第 2 步，共 3 步"对话框此时可以观察到"数据预览"列表框中各列数据之间加了纵向分隔线，单击"下一步"按钮，如图 6-7 所示。

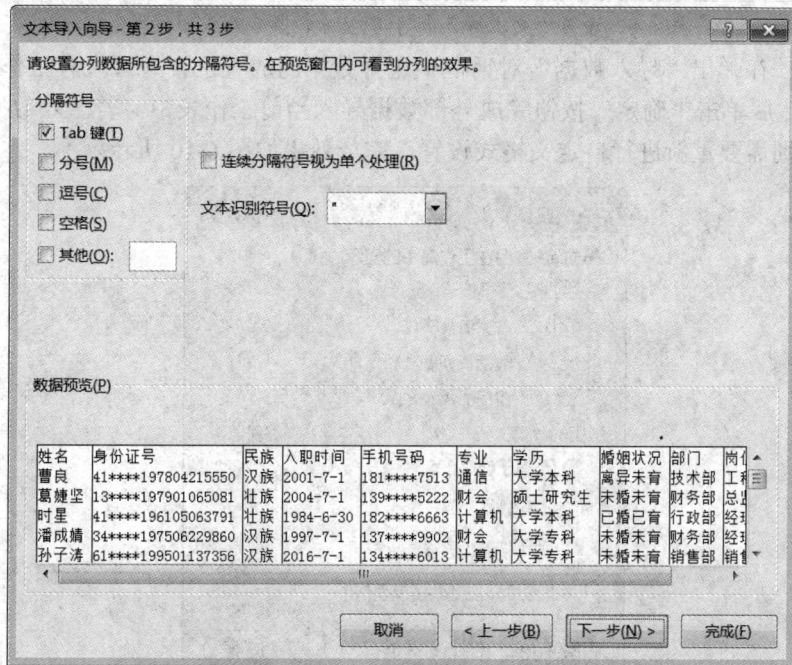

图 6-7　设置"文本导入向导-第 2 步，共 3 步"对话框

步骤 3：首先进入"文本导入向导-第 3 步，共 3 步"对话框，在"数据预览"列表框中分别选择各列，然后在上方的"列数据格式"区域中设置数据格式(入职时间需设置为日期类型)，最后单击"完成"按钮，如图 6-8 所示。

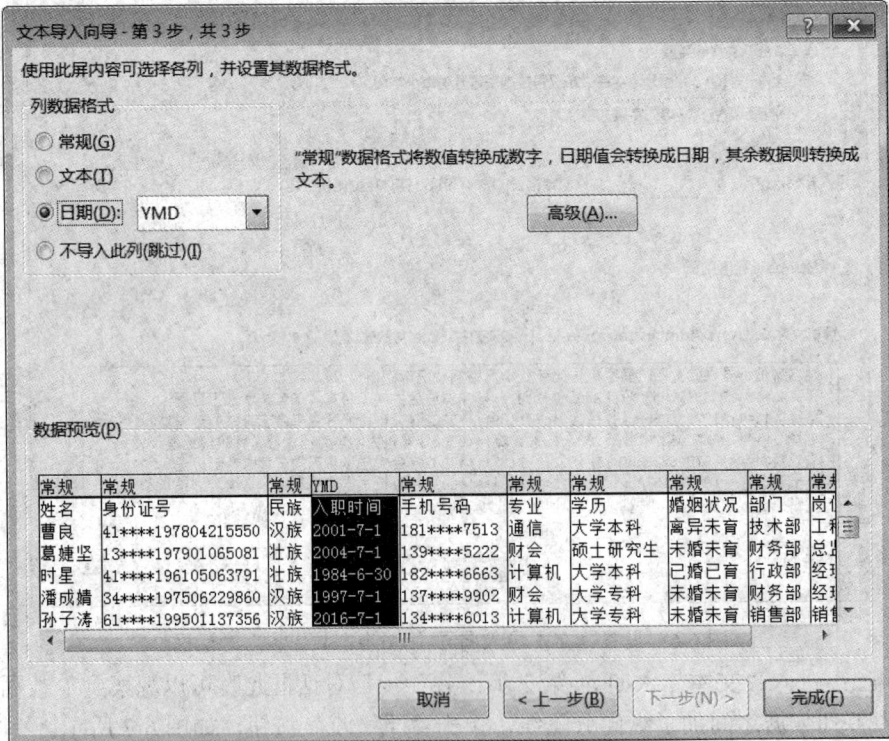

图 6-8　设置"文本导入向导-第 3 步，共 3 步"对话框

步骤 4：在弹出"导入数据"对话框中选择数据的放置位置为"现有工作表"，如图 6-9 所示，然后单击"确定"按钮完成外部数据导入当前工作表中，若导入数据的日期格式不一致，则需要重新进行自定义格式设置，完成效果如图 6-10 所示。

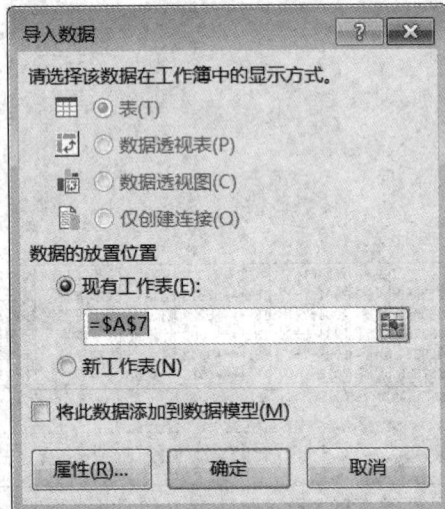

图 6-9　设置导入数据位置

	A	B	C	D	E	F	G	H	I	J	K
1	姓名	身份证号	民族	入职时间	手机号码	专业	学历	婚姻状况	部门	岗位	
2	廉民婧	51****197604095624	汉族	2006-7-1	139****8583	计算机	博士研究生	已婚未育	总经办	总经理	
3	马民翔	41****197805216332	汉族	2005-7-1	131****7792	机械工程	硕士研究生	已婚已育	销售部	总监	
4	鲁伦	43****197302247915	回族	2003-7-1	182****5498	通信	博士研究生	已婚已育	行政部	总监	
5	鲁萱琛	23****197103068261	苗族	1997-7-1	131****8897	机械工程	硕士研究生	离异已育	销售部	经理	
6	张妍	36****196107246846	苗族	1983-6-30	182****2020	计算机	大学本科	已婚已育	技术部	经理	
7	曹良	41****197804215550	汉族	2001-7-1	181****7513	通信	大学本科	离异未育	技术部	工程师	
8	葛婕坚	13****197901065081	壮族	2004-7-1	139****5222	财会	硕士研究生	未婚未育	财务部	总监	
9	时星	41****196105063791	壮族	1984-6-30	182****6663	计算机	大学本科	已婚已育	行政部	经理	
10	潘成婧	34****197506229860	汉族	1997-7-1	137****9902	财会	大学专科	未婚未育	财务部	经理	
11	孙子涛	61****199501137356	汉族	2016-7-1	134****6013	计算机	大学专科	未婚未育	销售部	销售专员	
12	吴保婕	21****199511245329	苗族	2016-7-1	137****9825	计算机	大学专科	未婚未育	人事部	招聘专员	
13	施泰涛	36****198902011696	回族	2012-7-1	182****1394	财会	大学本科	已婚已育	财务部	经理	
14	孟虹翔	37****198203172226	回族	2004-7-1	137****3819	通信	大学本科	已婚已育	人事部	薪酬专员	
15	尤涵	23****197807128289	汉族	2003-7-1	131****8090	计算机	硕士研究生	已婚已育	技术部	总监	
16	齐雅	23****198906169843	汉族	2011-6-30	139****9998	机械工程	大学本科	未婚未育	人事部	人事助理	
17	水平	23****196103051215	苗族	1984-6-30	137****7977	通信	大学本科	离异已育	人事部	总监	
18	孟瑗	35****198010136264	壮族	2003-7-1	181****4386	通信	大学本科	已婚已育	总经办	高级经理	
19	潘昌	23****196902101570	朝鲜族	1990-7-1	139****4254	机械工程	大学专科	离异已育	总经办	经理	
20	曹军	41****197507108939	朝鲜族	1997-6-30	131****4928	机械工程	大学本科	已婚已育	销售部	销售专员	
21	滕和昌	14****198503271060	壮族	2008-7-1	133****4856	计算机	大学本科	未婚未育	销售部	销售专员	
22	平世保	35****197403222640	壮族	1997-6-30	132****4852	计算机	大学本科	离异已育	技术部	工程师	
23	秦翔	41****197204022259	汉族	1995-7-1	131****3369	财会	大学专科	已婚已育	财务部	出纳	
24	韩雅梁	42****198802112908	汉族	2010-7-1	134****4859	机械工程	大学专科	未婚未育	行政部	文员	
25	方时民	22****197408055670	汉族	1996-7-1	135****4856	机械工程	大学专科	已婚已育	行政部	文员	

图 6-10　数据导入完成效果

(2) 添加序号列。

在姓名前插入一列，并从上到下输入“序号”从“0001”到“0024”。

步骤 1：用鼠标右键单击“姓名”列的列标签处，弹出快捷菜单，在快捷菜单中选择“插入”命令，该列的左边将插入一列空白单元格，然后在“A1”单元格中输入文字“序号”。

输入序号的方法有以下两种：

方法 1：在“A2”输入体检编号“'0001”(注：输入纯数字组成的文本时，需要在数字前面加一个半角单引号“'”)，然后选中该单元格，单击其右下角的填充柄，拖动鼠标至单元格 A25，填充输入余下的序号，如图 6-11 所示。

A2　fx　'0001

	A	B	C	D	E	F	G	H	I	J	K
1	序号	姓名	身份证号	民族	入职时间	手机号码	专业	学历	婚姻状况	部门	岗位
2	0001	廉民婧	51****197604095624	汉族	2006-7-1	139****8583	计算机	博士研究生	已婚未育	总经办	总经理
3	0002	马民翔	41****197805216332	汉族	2005-7-1	131****7792	机械工程	硕士研究生	已婚已育	销售部	总监
4	0003	鲁伦	43****197302247915	回族	2003-7-1	182****5498	通信	博士研究生	已婚已育	行政部	总监
5	0004	鲁萱琛	23****197103068261	苗族	1997-7-1	131****8897	机械工程	硕士研究生	离异已育	销售部	经理
6	0005	张妍	36****196107246846	苗族	1983-6-30	182****2020	计算机	大学本科	已婚已育	技术部	经理
7	0006	曹良	41****197804215550	汉族	2001-7-1	181****7513	通信	大学本科	离异未育	技术部	工程师
8	0007	葛婕坚	13****197901065081	壮族	2004-7-1	139****5222	财会	硕士研究生	未婚未育	财务部	总监
9	0008	时星	41****196105063791	壮族	1984-6-30	182****6663	计算机	大学本科	已婚已育	行政部	经理
10	0009	潘成婧	34****197506229860	汉族	1997-7-1	137****9902	财会	大学专科	未婚未育	财务部	经理
11	0010	孙子涛	61****199501137356	汉族	2016-7-1	134****6013	计算机	大学专科	未婚未育	销售部	销售专员
12	0011	吴保婕	21****199511245329	苗族	2016-7-1	137****9825	计算机	大学专科	未婚未育	人事部	招聘专员
13	0012	施泰涛	36****198902011696	回族	2012-7-1	182****1394	财会	大学本科	已婚已育	财务部	经理
14	0013	孟虹翔	37****198203172226	回族	2004-7-1	137****3819	通信	大学本科	已婚已育	人事部	薪酬专员
15	0014	尤涵	23****197807128289	汉族	2003-7-1	131****8090	计算机	硕士研究生	已婚已育	技术部	总监
16	0015	齐雅	23****198906169843	汉族	2011-6-30	139****9998	机械工程	大学本科	未婚未育	人事部	人事助理
17	0016	水平	23****196103051215	苗族	1984-6-30	137****7977	通信	大学本科	离异已育	人事部	总监
18	0017	孟瑗	35****198010136264	壮族	2003-7-1	181****4386	通信	大学本科	已婚已育	总经办	高级经理
19	0018	潘昌	23****196902101570	朝鲜族	1990-7-1	139****4254	机械工程	大学专科	离异已育	总经办	经理
20	0019	曹军	41****197507108939	朝鲜族	1997-6-30	131****4928	机械工程	大学本科	已婚已育	销售部	销售专员
21	0020	滕和昌	14****198503271060	壮族	2008-7-1	133****4856	计算机	大学本科	未婚未育	销售部	销售专员
22	0021	平世保	35****197403222640	壮族	1997-6-30	132****4852	计算机	大学本科	离异已育	技术部	工程师
23	0022	秦翔	41****197204022259	汉族	1995-7-1	131****3369	财会	大学专科	已婚已育	财务部	出纳
24	0023	韩雅梁	42****198802112908	汉族	2010-7-1	134****4859	机械工程	大学专科	未婚未育	行政部	文员
25	0024	方时民	22****197408055670	汉族	1996-7-1	135****4856	机械工程	大学专科	已婚已育	行政部	文员

图 6-11　插入“序号”列

　　方法 2：首先选中 "A" 列，右键单击，在弹出的快捷菜单中选择 "设置单元格格式" 命令，弹出 "设置单元格格式" 对话框，然后在 "数字" 选项卡 "分类" 选项中选择 "文本格式"，最后在 "A2" 输入 0001，"A3" 输入 0002，鼠标左键选中 A2 和 A3 两个单元格向下填充。

　　(3) 在身份证号后插入一列 "性别"，要求以下拉菜单形式输入性别信息；身份证号第 17 位如果为偶数则输入 "女"，如果为奇数，则输入 "男"。

　　步骤 1：在 "民族" 列的列标签处单击鼠标右键，弹出快捷菜单，在菜单中选择 "插入" 命令，该列的左边将插入一列空白单元格，然后在 "D1" 单元格中输入文字 "性别"。

　　步骤 2：选择 D2:D25 单元格区域，切换到 "数据" 选项卡，选择 "数据工具" 组中的 "数据验证" 按钮，如图 6-12 所示。

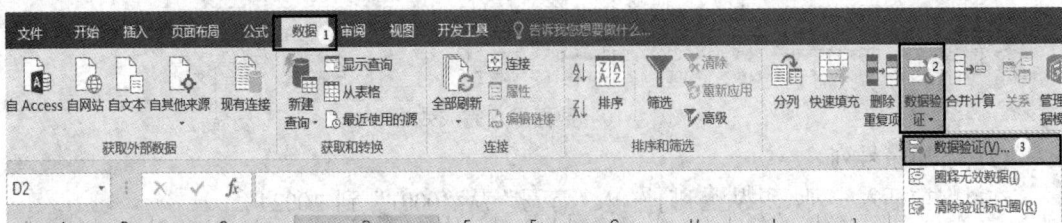

图 6-12　数据验证

　　步骤 3：在弹出的 "数据验证" 对话框中设置验证条件 "允许" 为 "序列"，"来源" 中输入 "男，女"，(注：逗号为英文输入法状态下)如图 6-13 所示。

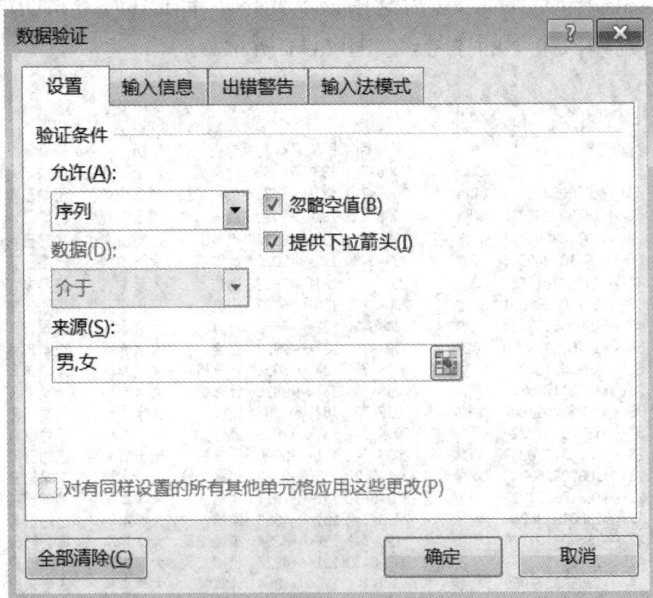

图 6-13　数据验证参数的设置

　　步骤 4：根据身份证号第 17 的奇偶性，输入性别，如图 6-14 所示。

3. 保护工作表

为工作表设置密码，以防数据被修改。在工作表名称上右击鼠标，在弹出快捷菜单中选择"保护工作表(p)…"命令设置密码，密码为 1234，如图 6-15 所示。

	A	B	C	D	E	F	G	H	I	J	K	L
1	序号	姓名	身份证号	性别	民族	入职时间	手机号码	专业	学历	婚姻状况	部门	岗位
2	0001	廉民婧	51****197604095624	女	族	2006-7-1	139****8583	计算机	博士研究生	已婚未育	总经办	总经理
3	0002	马民翔	41****197805216332	男		2005-7-1	131****7792	机械工程	硕士研究生	已婚已育	销售部	总监
4	0003	鲁伦	43****197302247915	女		2003-7-1	182****5498	通信	博士研究生	已婚已育	行政部	总监
5	0004	鲁萱琛	23****197103068261	女	苗族	1997-7-1	131****8897	机械工程	硕士研究生	离异已育	销售部	经理
6	0005	张妍	36****196107246846	女	苗族	1983-6-30	182****2020	计算机	大学本科	已婚已育	技术部	经理
7	0006	曹良	41****197804215550	男	汉族	2001-7-1	181****7513	通信	大学本科	离异未育	技术部	工程师
8	0007	葛婕坚	13****197901065081	女	壮族	2004-7-1	139****5222	财会	硕士研究生	未婚未育	财务部	总监
9	0008	时星	41****196105063791	男	汉族	1984-6-30	137****6663	计算机	大学专科	已婚已育	行政部	经理
10	0009	潘成婧	34****197506229860	女	汉族	1997-7-1	137****9902	财会	大学专科	未婚已育	财务部	经理
11	0010	孙子涛	61****199501137356	男	汉族	2016-7-1	134****6013	计算机	大学专科	未婚未育	销售部	销售专员
12	0011	吴保健	21****199511245329	女	苗族	2016-7-1	137****9825	大学专科		未婚未育	人事部	招聘专员
13	0012	施泰涛	36****198902011696	女	回族	2012-7-1	182****1394	财会	大学专科	已婚已育	财务部	经理
14	0013	孟虹翔	37****198203172226	男	回族	2004-7-1	137****3819	通信	大学专科	已婚已育	人事部	薪酬专员
15	0014	尤涵	23****197807128289	女	汉族	2003-7-1	131****8090	计算机	硕士研究生	已婚已育	技术部	总监
16	0015	齐雅	23****198906169843	女	汉族	2011-6-30	139****9998	机械工程	大学本科	未婚未育	人事部	人事助理
17	0016	水平	23****196103051215	男	苗族	1984-6-30	137****7977	通信	大学本科	离异已育	人事部	总监
18	0017	孟瑷	35****198010136264	女	汉族	2003-7-1	131****4386	通信	大学本科	已婚已育	总经办	高级经理
19	0018	潘昌	35****196902101570	男	朝鲜族	1990-7-1	139****4254	机械工程	大学专科	离异已育	总经办	经理
20	0019	曹军	41****197507108939	男	朝鲜族	1997-6-30	131****4928	机械工程	大学本科	已婚已育	销售部	销售专员
21	0020	滕和昌	14****198503271060	女	壮族	2008-7-1	133****4856	计算机	大学本科	未婚未育	销售部	销售专员
22	0021	平世保	35****197403222640	女	壮族	1997-6-30	132****4852	计算机	大学本科	离异已育	技术部	工程师
23	0022	秦翔	41****197204022259	女	汉族	1995-7-1	131****3369	财会	大学专科	已婚已育	财务部	出纳
24	0023	韩雅梁	42****198802112908	女	汉族	2010-7-1	134****4859	机械工程	大学专科	未婚未育	行政部	文员
25	0024	方时民	22****197408055670	男	汉族	1996-7-1	135****4856	机械工程	大学专科	已婚已育	行政部	文员

图 6-14　下拉菜单形式输入性别

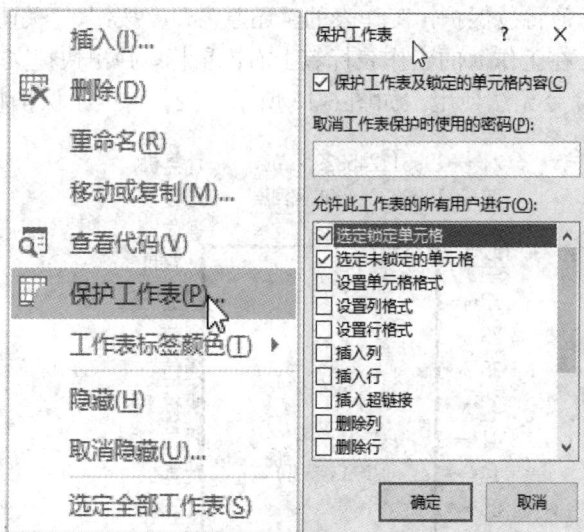

图 6-15　设置工作表密码

4. 保护工作簿

通过保护 Excel 工作簿，用户可以锁定工作簿的结构，这样可以有效地防止别人在工作簿中任意添加或删除工作表，禁止其他用户更改工作表窗口的大小和位置。

步骤 1：打开需要保护的工作簿，在"审阅"选项卡的"更改"组中单击"保护工作簿"按钮；此时将打开"保护结构和窗口"对话框，在对话框的"保护工作簿"组中根据需要勾选相应的复选框，确定需要保护的对象；在"密码(可选)"文本框中输入保护密码，单击"确定"按钮，如图 6-16 所示。

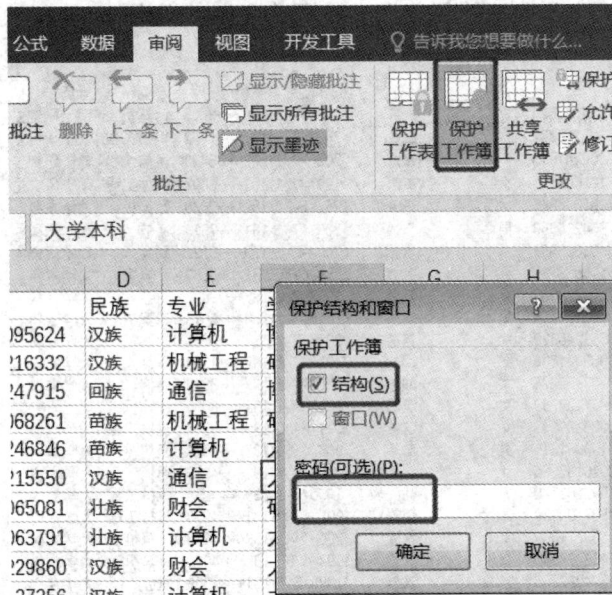

图 6-16　保护工作簿

步骤 2：弹出"确认密码"对话框，在文本框中再次输入密码后单击"确定"按钮。

步骤 3：此时工作簿将被保护，工作表的"还原窗口"按钮、"关闭窗口"按钮和"窗口最小化"按钮消失，在工作簿的工作表标签上右击鼠标，弹出快捷菜单中的"插入""删除"和"重命名"等命令无法使用，如图 6-17 所示，工作簿处于保护状态。

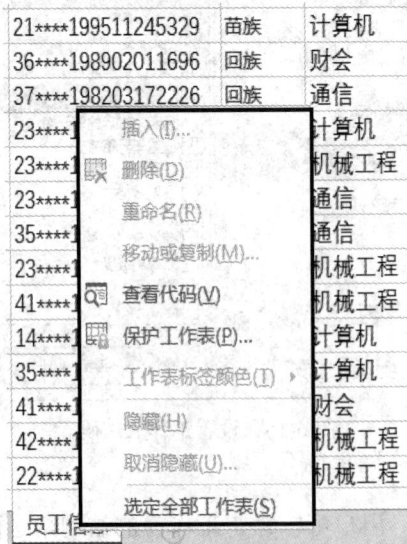

图 6-17　工作簿被保护状态

步骤 4：当工作簿处于保护状态时，在"审阅"选项卡的"更改"组中单击"保护工作簿"按钮，打开"撤销工作簿保护"对话框，在对话框的"密码"文本框中输入正确密码即可撤销对工作簿的保护，如图 6-18 所示。

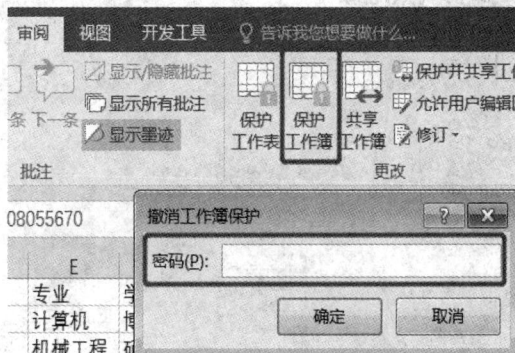

图 6-18 撤消工作簿保护

5. 工作表基本设置

(1) 重命名工作表。

右击工作表标签"Sheet1"，在弹出的快捷菜单中选择"重命名"命令，在工作表标签的编辑框中输入"员工信息表"，然后按回车键，完成工作表的重命名。

(2) 在工作表"员工信息"中设置表标题。

首先在打开的"员工信息表"工作表中选中第一行，鼠标右键，在弹出的快捷菜单中选择"插入"命令，则在表中插入新的一行，然后在 A1 单元格中输入"XX 公司员工信息"，适当调整字体大小和表格的行高，最后合并居中 A1:L1 单元格，效果如图 6-19 所示。

序号	姓名	身份证号	性别	民族	入职时间	手机号码	专业	学历	婚姻状况	部门	岗位
0001	廉民婧	51****197604095624	女	汉族	2006-7-1	139****8583	计算机	博士研究生	已婚未育	总经办	总经理
0002	马民翔	41****197805216332	男	汉族	2005-7-1	131****7792	机械工程	硕士研究生	已婚已育	销售部	总监
0003	鲁伦	43****197302247915	男	回族	2003-7-1	182****5498	通信	博士研究生	已婚已育	行政部	总监
0004	鲁萱琛	23****197103068261	女	壮族	1997-7-1	131****8897	机械工程	硕士研究生	离异已育	销售部	经理
0005	张妍	36****196107246846	女	苗族	1983-6-30	182****2020	计算机	大学本科	已婚已育	技术部	经理
0006	曹良	41****197804215550	男	汉族	2001-7-1	181****7513	通信	大学本科	离异未育	技术部	工程师
0007	葛婕坚	13****197901065081	女	壮族	2004-7-1	139****5222	财会	硕士研究生	未婚未育	财务部	总监
0008	时星	41****196105063791	男	壮族	1984-6-30	187****6663	计算机	大学专科	已婚已育	行政部	经理
0009	潘成婧	34****197506229860	女	汉族	1997-7-1	137****9902	财会	大学专科	未婚未育	财务部	经理
0010	孙子涛	61****199501137356	男	汉族	2016-7-1	134****6013	计算机	大学专科	未婚未育	销售部	销售专员
0011	吴保康	21****199511245329	女	苗族	2016-7-1	137****9825	计算机	大学专科	未婚未育	人事部	招聘专员
0012	施泰涛	23****198902011696	男	壮族	2012-7-1	182****1394	财会	大学专科	未婚未育	财务部	经理
0013	孟虹翔	37****198203172226	女	回族	2004-7-1	137****3819	通信	大学本科	已婚已育	人事部	薪酬专员
0014	尤涵	23****197807128289	女	汉族	2003-7-1	131****8090	计算机	硕士研究生	已婚已育	技术部	总监
0015	齐雅	23****198906169843	女	汉族	2011-6-30	139****9998	机械工程	大学本科	已婚已育	人事部	人事助理
0016	水平	23****196103051215	男	苗族	1984-6-30	137****7977	通信	大学本科	离异已育	人事部	总监
0017	孟瑗	35****198010136264	女	壮族	2003-7-1	181****4386	通信	大学本科	已婚已育	总经办	高级经理
0018	潘昌	23****196902101570	男	朝鲜族	1990-7-1	139****4254	机械工程	大学专科	离异已育	总经办	经理
0019	曹军	41****197107110939	男	朝鲜族	1997-6-30	131****4928	机械工程	大学本科	已婚已育	销售部	销售专员
0020	滕和昌	14****198503271060	女	壮族	2008-7-1	139****4856	计算机	大学本科	未婚未育	销售部	销售专员
0021	平世保	35****197403222640	女	壮族	1997-6-30	132****4852	计算机	大学本科	离异已育	技术部	工程师
0022	秦翔	41****197204022259	男	汉族	1995-7-1	131****3369	财会	大学专科	已婚已育	财务部	出纳
0023	韩雅梁	42****198802112908	女	汉族	2010-7-1	134****4858	机械工程	大学本科	未婚未育	行政部	文员
0024	方时民	22****197408055670	男	汉族	1996-7-1	134****4856	机械工程	大学专科	已婚已育	行政部	文员

图 6-19 表标题设置

(3) 为表格设置边框和表格线。

步骤 1：在工作表"员工信息表"中选取单元格区域 A2:L26，在"开始"选项卡的"字体"选项组中单击"边框"下拉按钮 ⊞ ，在下拉菜单中选择"其他边框"，如图 6-20 所示，弹出"设置单元格格式"对话框。

图 6-20　选择弹出"单元格格式"对话框命令　　　　　　　图 6-21　边框线设置

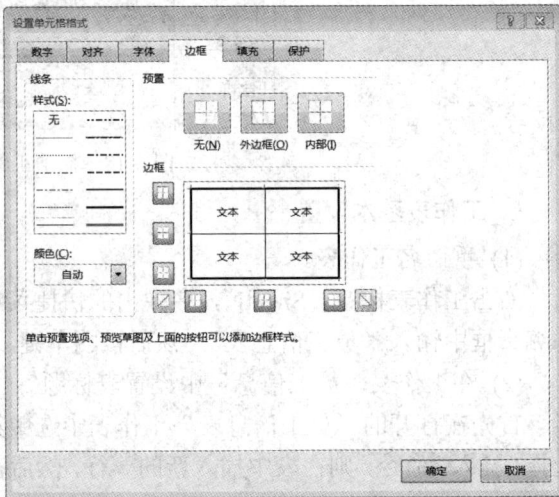

步骤 2：首先在对话框的"边框"选项卡中选择"线条"框下的"样式"为粗实线，然后单击"预置"区域中的"外边框"按钮；接着，在"线条"框下选择"样式"为细实线，再单击"内部"按钮(如图 6-21 所示)；最后单击"确定"按钮。完成效果如图 6-22所示。

序号	姓名	身份证号	性别	年龄	民族	专业	学历	婚姻状况	工作年限	毕业时间	手机号码	部门	岗位
\multicolumn{14}{c}{XX公司员工信息}
0001	廉民婧	51****197604095624	女	44	汉族	计算机	博士研究生	已婚已育	11	2006-7-1	139****8583	总经办	总经理
0002	马民翔	41****197805216332	男	42	汉族	机械工程	硕士研究生	已婚已育	6	2005-7-1	131****7792	销售部	总监
0003	鲁伦	43****197302247915	男	48	回族	通信	博士研究生	已婚已育	8	2003-7-1	182****5498	行政部	总监
0004	鲁萱琛	23****197103068261	女	50	苗族	机械工程	硕士研究生	离异已育	20	1997-7-1	131****8897	销售部	经理
0005	张妍	36****196107246846	女	59	苗族	计算机	大学本科	已婚已育	23	1983-6-30	182****2020	技术部	经理
0006	曹良	41****197804215550	男	42	汉族	通信	大学本科	已婚已育	13	2001-7-1	137****7513	技术部	工程师
0007	葛婕坚	13****197901065081	女	42	壮族	财会	硕士研究生	未婚未育	13	2004-7-1	139****5222	财务部	总监
0008	时星	41****196105063791	女	59	壮族	计算机	大学本科	已婚已育	12	1984-6-30	182****6663	行政部	经理
0009	潘成婧	34****197506229860	女	45	汉族	财会	大学专科	未婚未育	12	1977-7-1	137****9902	技术部	经理
0010	孙子涛	61****199501137356	男	26	汉族	计算机	大学专科	已婚已育	5	2016-7-1	131****8066	销售部	销售专员
0011	吴保婕	21****199511245329	女	25	苗族	计算机	大学专科	未婚未育	3	2016-7-1	137****9825	人事部	招聘专员
0012	施泰涛	36****198902011696	男	32	回族	财会	大学本科	已婚已育	13	2012-7-1	182****1394	财务部	经理
0013	孟虹翔	39****198503271060	女	39	回族	通信	大学本科	已婚已育	5	2004-7-1	137****3819	人事部	薪酬专员
0014	尤涵	23****197807128289	女	42	汉族	计算机	硕士研究生	已婚已育	10	2003-7-1	131****8090	技术部	总监
0015	齐雅	23****198906169843	女	31	汉族	机械工程	大学本科	未婚未育	9	2011-6-30	139****9998	人事部	人事助理
0016	水平	35****196103051215	男	60	苗族	通信	大学本科	离异已育	18	1984-6-30	137****7977	人事部	总监
0017	孟瑷	35****198010136264	女	40	壮族	通信	大学本科	已婚已育	8	2003-7-1	181****4386	总经办	高级经理
0018	潘昌	23****196902101570	男	52	朝鲜族	机械工程	大学本科	离异已育	21	1990-7-1	139****4254	总经办	经理
0019	曹军	41****197507108939	男	45	朝鲜族	机械工程	大学本科	已婚已育	16	1997-6-30	131****4928	销售部	销售专员
0020	滕和昌	14****198503271060	女	36	壮族	计算机	大学本科	已婚已育	7	2008-7-1	134****6659	销售部	销售专员
0021	平世保	35****197403222640	女	47	壮族	计算机	大学本科	离异已育	16	1977-6-30	132****4852	技术部	工程师
0022	秦翔	41****197204022259	男	49	汉族	财会	大学本科	已婚已育	20	1975-7-1	131****3369	财务部	出纳
0023	韩雅梁	42****198802112908	女	33	汉族	机械工程	大学本科	未婚未育	10	2010-7-1	134****4859	行政部	文员
0024	方时民	22****197408055670	男	46	汉族	机械工程	大学本科	已婚已育	13	1996-7-1	135****4856	行政部	文员

图 6-22　边框线完成效果图

6. 打印设置

把表格的内容设置成一页打印。

步骤 1：单击"视图"选项卡中"工作簿视图"功能组中的"分页预览"按钮。

步骤 2：表格中的数据默认为两页打印，把中间蓝色虚线(实际 Excel 中显示颜色)拖动至最右侧蓝色实线(实际 Excel 中显示颜色)位置即可，显示效果。如图 6-23 所示。

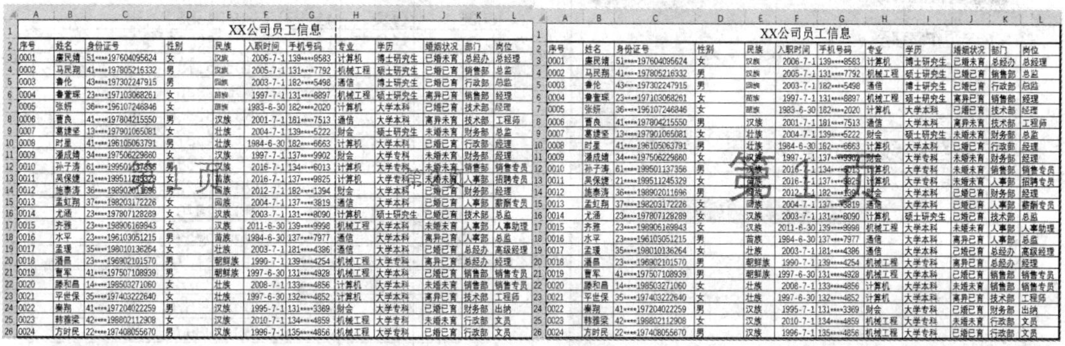

图 6-23　分页预览

步骤 3：返回"普通"视图，然后单击"文件"→"打印"命令，在右侧区域即可看到打印预览的效果，如图 6-24 所示。

XX公司员工信息

序号	姓名	身份证号	性别	民族	入职时间	手机号码	专业	学历	婚姻状况	部门	岗位
0001	廉民靖	51****197604095624	女	汉族	2006-7-1	139****8583	计算机	博士研究生	已婚已育	总经办	总经理
0002	马民翔	41****197805216332	男	汉族	2005-7-1	131****7792	机械工程	硕士研究生	已婚已育	销售部	总监
0003	鲁伦	43****197302247915	男	回族	2003-7-1	182****5498	通信	博士研究生	已婚已育	行政部	总监
0004	鲁萱琛	23****197103068261	女	苗族	1997-7-1	131****8897	机械工程	硕士研究生	离异已育	销售部	经理
0005	张妍	36****196107246846	女	苗族	1983-6-30	182****2020	计算机	大学本科	离异已育	技术部	经理
0006	曹良	41****197804215550	男	汉族	2001-7-1	181****7513	通信	大学本科	离异已育	技术部	工程师
0007	葛婕坚	13****197901065081	女	壮族	2004-7-1	139****5222	财会	硕士研究生	未婚未育	财务部	总监
0008	时星	41****196105063791	男	汉族	1984-6-30	182****6663	计算机	大学本科	已婚已育	行政部	经理
0009	潘成靖	34****197506229860	女	汉族	1997-7-1	137****9902	财会	大学专科	未婚未育	财务部	经理
0010	孙子涛	61****199501137356	男	汉族	2016-7-1	134****6013	计算机	大学专科	未婚未育	销售部	销售专员
0011	吴保琳	21****199511245329	女	苗族	2016-7-1	137****9825	计算机	大学本科	未婚未育	人事部	招聘专员
0012	施泰涛	36****198902011696	男	回族	2012-7-1	182****1394	财会	大学本科	已婚已育	财务部	经理
0013	孟虹翔	37****198203172226	女	回族	2004-7-1	137****3819	通信	大学本科	已婚已育	人事部	薪酬专员
0014	尤涵	23****197807128289	女	汉族	2003-7-1	137****8090	计算机	硕士研究生	已婚已育	技术部	总监
0015	齐雅	23****198906169843	女	汉族	2011-6-30	139****9998	机械工程	大学本科	未婚未育	人事部	人事助理
0016	水平	23****196103051215	男	苗族	1984-6-30	137****7977	通信	大学本科	已婚已育	总经办	总监
0017	孟瑛	35****198001136264	女	壮族	2003-7-1	139****4386	通信	大学本科	已婚已育	总经办	高级经理
0018	潘昌	23****196902101570	男	朝鲜族	1990-7-1	139****4254	机械工程	大学专科	离异已育	总经办	经理
0019	曹军	41****197507108939	男	朝鲜族	1997-6-30	131****4928	机械工程	大学本科	已婚已育	销售部	销售专员
0020	滕和昌	14****198503271060	女	壮族	2008-7-1	134****4856	计算机	大学本科	未婚未育	销售部	销售专员
0021	平世保	35****197403222640	女	壮族	1997-6-30	132****4852	计算机	大学本科	离异已育	技术部	工程师
0022	秦翔	41****197204022259	男	汉族	1995-7-1	137****3369	财会	大学本科	已婚已育	财务部	出纳
0023	韩雅梁	42****198802112908	女	汉族	2010-7-1	134****4859	机械工程	大学专科	未婚未育	行政部	文员
0024	方时民	22****197408055670	男	汉族	1996-7-1	135****4856	机械工程	大学专科	已婚已育	行政部	文员

图 6-24　打印预览效果

7. 建立工作表副本

首先右击工作表标签"员工信息表"，在弹出的快捷菜单中选择"移动或复制"命令，然后在弹出的"移动或复制工作表"对话框中选择"移至最后"，并勾选"建立副本"，如图 6-25 所示，最后单击"确定"按钮。此时，在工作表标签"员工信息表"的左边插入一个与工作表"员工信息表"数据内容完全相同的新工作表"员工信息表(2)"，将其改名为"员工信息 (原素材)"，并将其表标签颜色设置为红色，建立的副本如图 6-26 所示。

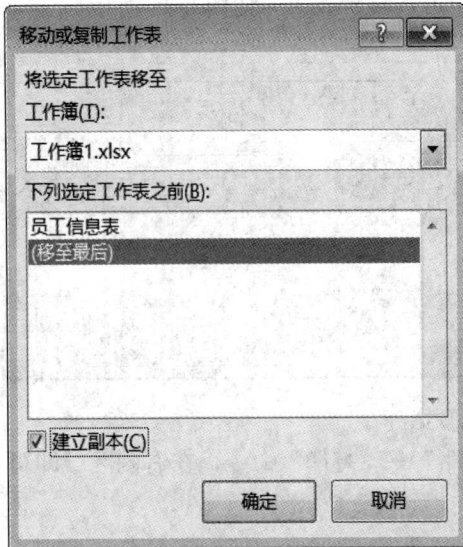

	A	B	C	D
1				
2	序号	姓名	身份证号	性别
3	0001	廉民婧	51****197604095624	女
4	0002	马民翔	41****197805216332	男
5	0003	鲁伦	43****197302247915	男
6	0004	鲁萱琛	23****197103068261	女
7	0005	张妍	36****196107246846	女
8	0006	曹良	41****197804215550	男
9	0007	葛婕坚	13****197901065081	女
10	0008	时星	41****196105063791	男
11	0009	潘成婧	34****197506229860	女
12	0010	孙子涛	61****199501137356	男
13	0011	吴保婕	21****199511245329	女
14	0012	施泰涛	36****198902011696	男
15	0013	孟虹翔	37****198203172226	女
16	0014	尤涵	23****197807128289	女
17	0015	齐雅	23****198906169843	女
18	0016	水平	23****196103051215	男
19	0017	孟瑗	35****198010136264	女
20	0018	潘昌	23****196902101570	男
21	0019	曹军	41****197507108939	男
22	0020	滕和昌	14****198503271060	女
23	0021	平世保	35****197403222640	女
24	0022	秦翔	41****197204022259	男
25	0023	韩雅梁	42****198802112908	女
26	0024	方时民	22****197408055670	男
27				

员工信息表　员工信息表（原素材）

图 6-25　设置"移动或复制工作表"对话框　　　　　图 6-26　建立的副本

8. 条件格式设置

要求入职时间为"2008-1-1"以后的时间用红色粗体字突出显示。

步骤 1：在工作表"员工信息表"中选取单元格区域 F3:F26，单击"开始"→"样式"→"条件格式"，在下拉菜单中选择"突出显示单元格规则"→"大于"，在弹出的"大于"对话框左边的编辑框中输入"2008-1-1"，在"设置为"的下拉列表框中选择"自定义格式..."选项，如图 6-27 所示。

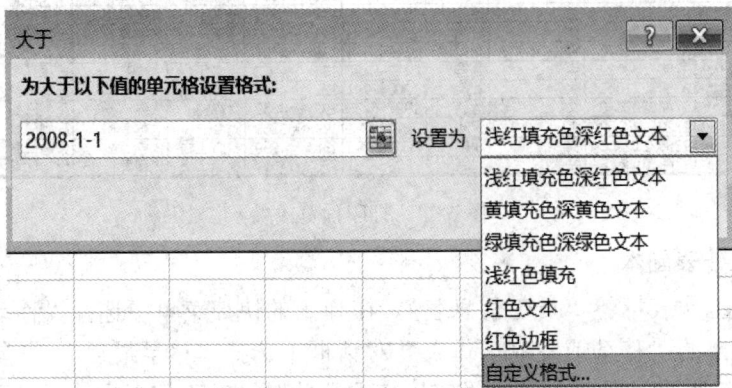

图 6-27　"大于"对话框参数设置

步骤 2：在弹出的"设置单元格格式"对话框中的字体选项卡中设置"字形"加粗，"颜色"为红色，然后单击"确定"按钮。设置后的效果如图 6-28 所示。

	A	B	C	D	E	F	G	H	I	J	K	L
1						XX公司员工信息						
2	序号	姓名	身份证号	性别	民族	入职时间	手机号码	专业	学历	婚姻状况	部门	岗位
3	0001	廉民靖	51****197604095624	女	汉族	2006-7-1	139****8583	计算机	博士研究生	已婚未育	总经办	总经理
4	0002	马民翔	41****197805216332	男	汉族	2005-7-1	131****7792	机械工程	硕士研究生	已婚已育	销售部	总监
5	0003	鲁伦	43****197302247915	男	回族	2003-7-1	182****5498	通信	博士研究生	已婚已育	行政部	总监
6	0004	鲁萱琛	23****197103068261	女	苗族	1997-7-1	131****8897	机械工程	硕士研究生	离异已育	销售部	经理
7	0005	张妍	36****196107246846	女	苗族	1983-6-30	182****2020	计算机	大学本科	已婚已育	技术部	经理
8	0006	曹良	41****197804215550	男	汉族	2001-7-1	181****7513	通信	大学本科	离异未育	技术部	工程师
9	0007	葛婕坚	13****197901065081	女	壮族	2004-7-1	139****5222	计算机	硕士研究生	未婚未育	财务部	总监
10	0008	时星	41****196105063791	男	壮族	1984-6-30	182****6663	计算机	大学本科	已婚已育	行政部	总监
11	0009	潘成靖	34****197506229860	女	汉族	1997-7-1	137****9902	财会	大学专科	未婚未育	财务部	经理
12	0010	孙子涛	61****199501137356	男	汉族	2016-7-1	134****6013	计算机	大学专科	未婚未育	销售部	销售专员
13	0011	吴保捷	21****199511245329	女	苗族	2016-7-1	137****9825	计算机	大学专科	未婚未育	人事部	招聘专员
14	0012	施泰涛	36****198902011696	男	回族	2012-7-1	182****1394	财会	大学本科	已婚已育	财务部	经理
15	0013	孟虹翔	37****198203172226	女	回族	2004-7-1	137****3819	通信	大学本科	已婚已育	人事部	薪酬专员
16	0014	尤涵	23****197807128289	女	汉族	2003-7-1	131****8090	计算机	硕士研究生	已婚已育	技术部	总监
17	0015	齐雅	23****198906169843	女	汉族	2011-6-30	139****9998	机械工程	大学本科	未婚未育	人事部	人事助理
18	0016	水平	23****196103051215	男	苗族	1984-6-30	137****7977	通信	大学本科	已婚已育	总经办	高级经理
19	0017	孟瑗	35****198010136264	女	壮族	2003-7-1	181****4386	通信	大学本科	已婚已育	总经办	高级经理
20	0018	潘昌	23****196902101570	男	朝鲜族	1990-7-1	139****4254	机械工程	大学专科	离异已育	销售部	经理
21	0019	曹军	41****197507108939	男	朝鲜族	1997-6-30	131****4928	机械工程	大学本科	已婚已育	销售部	销售专员
22	0020	滕和昌	14****198503271060	男	壮族	2008-7-1	133****4856	计算机	大学本科	未婚未育	销售部	销售专员
23	0021	平世保	35****197403222640	女	壮族	1997-6-30	132****4852	计算机	大学本科	离异已育	技术部	工程师
24	0022	秦翔	41****197204022259	男	汉族	1995-7-1	131****3369	财会	大学专科	已婚已育	财务部	出纳
25	0023	韩雅梁	42****198802112908	女	汉族	2010-7-1	134****4859	机械工程	大学专科	未婚未育	行政部	文员
26	0024	方时民	22****197408055670	男	汉族	1996-7-1	135****4856	机械工程	大学专科	已婚已育	行政部	文员

图 6-28　条件格式设置后效果图

9. 文件操作

把"工作簿 1"文件另存为"员工数据.xlxs"。首先执行"文件"→"另存为"→"浏览"命令，在弹出"另存为"对话框中选择存放的位置和输入新的文件名，然后单击"保存"按钮，如图 6-29 所示。

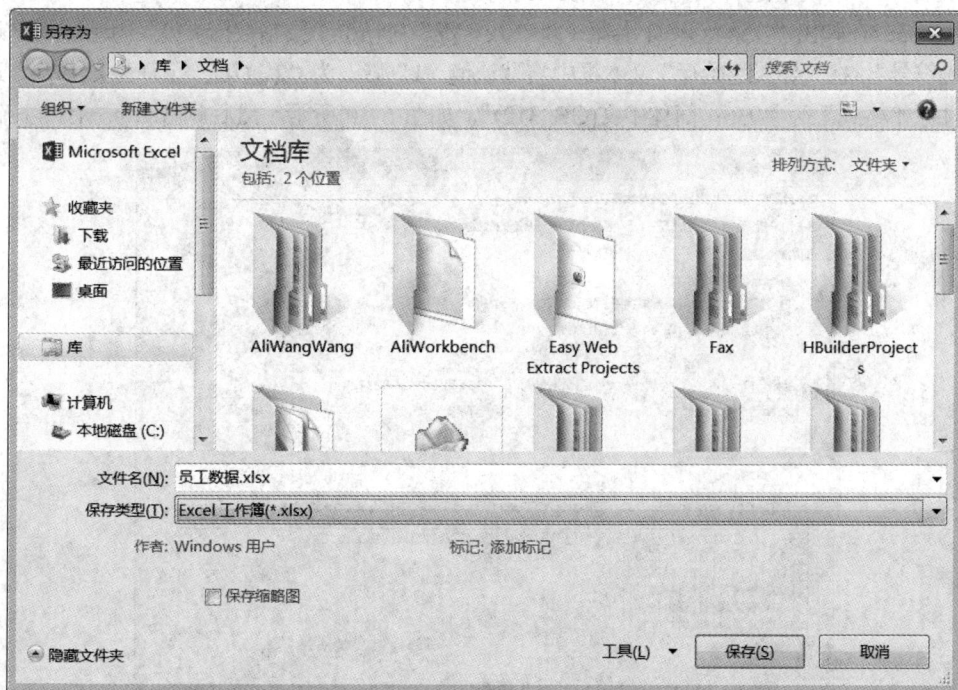

图 6-29　设置"另存为"对话框

任务二　公式和函数应用

任务目的 ▶▶------●●●

(1) 了解公式和函数的概念。

(2) 掌握 Excel 常用函数的使用。

(3) 掌握公式的使用方法，理解公式中对单元格的引用方式。

任务内容 ▶▶------●●●

通过制作"员工工资表"和"员工结构表"，将公式与函数应用于表格数据的计算和统计。

任务步骤 ▶▶------●●●

打开素材文件"员工数据.xlsx"，创建两张新的工作表并分别重命名为"员工工资表"和"员工结构表"。

1. 设置单元格字段并导入数据

步骤 1：在工作表"员工工资表"的单元格 A1:K1 中，分别输入文字"序号""姓名""性别""岗位""基本工资""岗位工资""奖金""应发工资""税款""实发工资""名次"。

步骤 2：选择 A2 单元格，单击"数据"选项卡→"自文本"按钮，在弹出的"导入文本文件"对话框中选择素材文件"员工工资表.txt"。

步骤 3：在弹出"文本导入向导-第1步，共3步"对话框"原始数据类型"组中选择单选项"分隔符号"，在"导入起始行"文本框中将默认值"1"修改为"2"(第一行为表头文本)，选择"文件原始格式"为"936：简体中文(GB2312)"，如图 6-30 所示，然后单击"下一步"按钮。

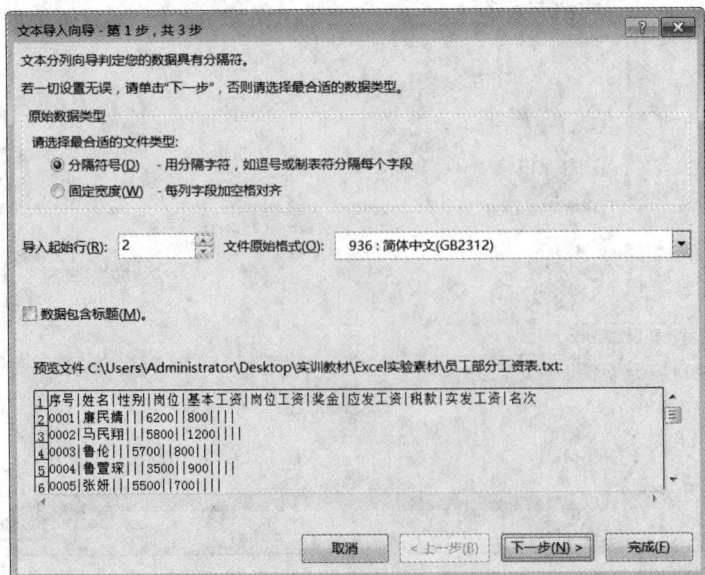

图 6-30　设置"文本导入向导-第1步，共3步"对话框

步骤 4：在弹出"文本导入向导-第 2 步，共 3 步"对话框"分隔符号"组中勾选"其他"，并在其后面的文本框中输入"|"，如图 6-31 所示，然后单击"下一步"按钮。

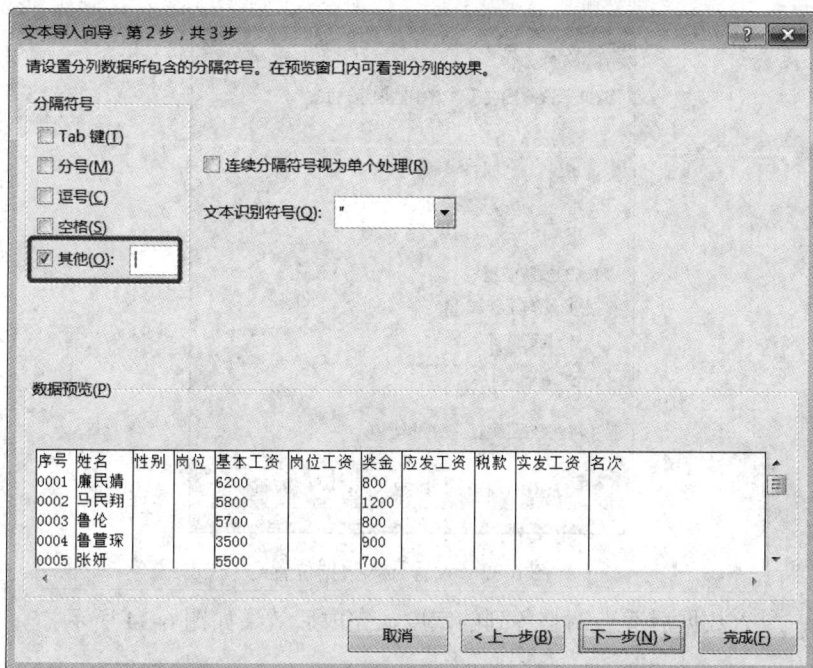

图 6-31 设置"文本导入向导-第 2 步，共 3 步"对话框

步骤 5：在弹出"文本导入向导-第 3 步，共 3 步"对话框"列数据格式"组中选择单选项"文本"，如图 6-32 所示，单击"完成"按钮。

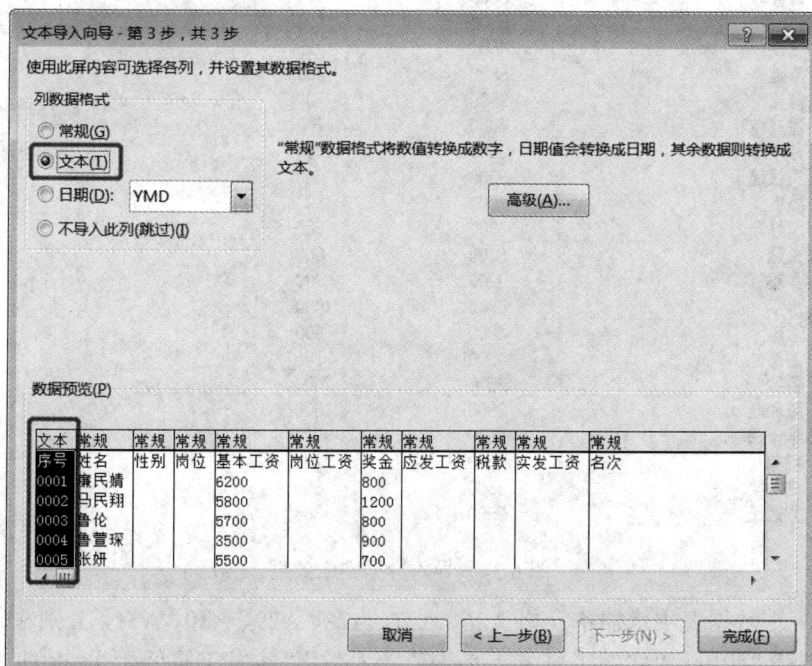

图 6-32 设置"文本导入向导-第 3 步，共 3 步"对话框

步骤 6：在弹出的"导入数据"对话框中的"现有工作表"输入框中选择 A2 单元格，如图 6-33 所示，然后单击"确定"按钮。

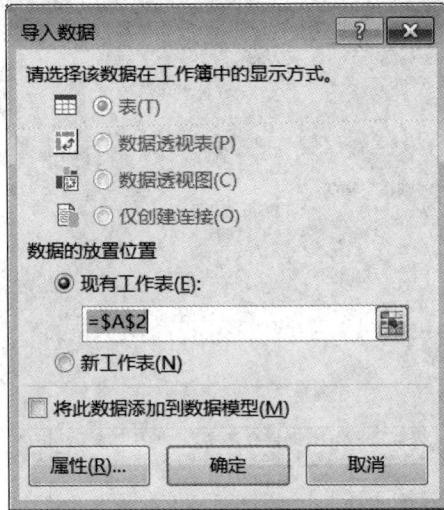

图 6-33　设置导入数据位置

步骤 7：导入数据后适当调整各列的宽度，完成后效果如图 6-34 所示。

	A	B	C	D	E	F	G	H	I	J	K
1	序号	姓名	性别	岗位	基本工资	岗位工资	奖金	应发工资	税款	实发工资	名次
2	0001	廉民婧			6200		800				
3	0002	马民翔			5800		1200				
4	0003	鲁伦			5700		800				
5	0004	鲁萱琛			3500		900				
6	0005	张妍			5500		700				
7	0006	曹良			4500		250				
8	0007	葛婕坚			5800		200				
9	0008	时星			3800		300				
10	0009	潘成婧			4000		200				
11	0010	孙子涛			2500		1000				
12	0011	吴保婕			3300		400				
13	0012	施泰涛			4000		500				
14	0013	孟虹翔			3300		500				
15	0014	尤涵			6000		600				
16	0015	齐雅			3200		700				
17	0016	水平			5700		1000				
18	0017	孟瑗			4800		800				
19	0018	潘昌			4500		700				
20	0019	曹军			2500		2000				
21	0020	滕和昌			2500		1500				
22	0021	平世保			4500		700				
23	0022	秦翔			3500		200				
24	0023	韩雅梁			3500		300				
25	0024	方时民			3500		300				

图 6-34　导入数据完成效果

步骤 8：在数据表中增加单元格 A26、A27、A28、A29、A30、A31，分别输入文字"平均值""最高""最低""实发工资低于平均值的人数""实发工资低于平均值的比例""男性总监的税款总和"，并按照如图 6-35 所示将相关单元格区域合并居中。

图 6-35 增加单元格

2. 使用 VLOOKUP 函数，根据工作表"员工信息表"中的数据提取岗位信息至"员工工资表"的对应"岗位"列中

步骤 1：首先选取单元格 D2，使其成为活动单元格，单击编辑框左边的 ƒ 按钮，打开"插入函数"对话框(如图 6-36 所示)，在"搜索函数"中输入"VLOOKUP"后单击"转到"按钮，然后单击"确定"按钮；在弹出"函数参数"对话框中设置参数，"Lookup_value"选择"A2"，"Table_array"选择"员工信息表!$A$3:$L$26"，"Col_index_num"中输入"12"(如图 6-37 所示)，最后单击"确定"按钮，提取出的岗位将显示在单元格 D2 中。

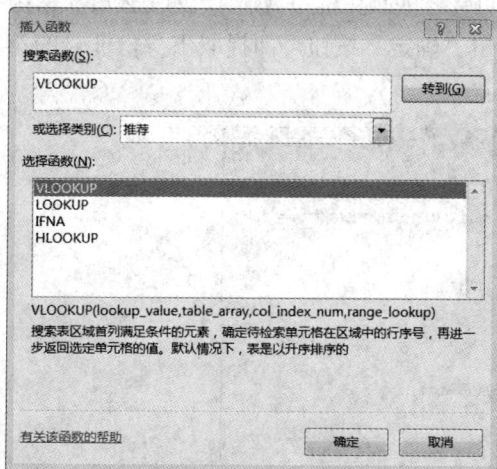

图 6-36 "插入函数"对话框

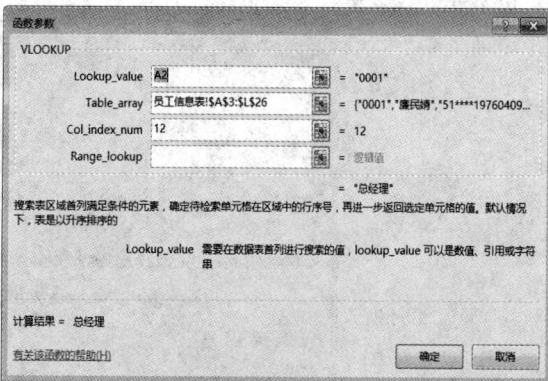

图 6-37 设置"函数参数"对话框

步骤 2：提取其他人的岗位。选取单元格 D2，利用填充柄和自动填充功能，将函数分别填充到单元格 D3:D25 中，完成其他人的岗位提取。完成效果如图 6-38 所示。

	A	B	C	D	E	F	G	H	I	J	K
1	序号	姓名	性别	岗位	基本工资	岗位工资	奖金	应发工资	税款	实发工资	名次
2	0001	廉民婧		总经理	6200		800				
3	0002	马民翔		总监	5800		1200				
4	0003	鲁伦		总监	5700		800				
5	0004	鲁萱琛		经理	3500		900				
6	0005	张妍		经理	5500		700				
7	0006	曹良		工程师	4500		250				
8	0007	葛婕坚		总监	5800		200				
9	0008	时星		经理	3800		300				
10	0009	潘成婧		经理	4000		200				
11	0010	孙子涛		销售专员	2500		1000				
12	0011	吴保健		招聘专员	3300		400				
13	0012	施秦涛		经理	4000		500				
14	0013	孟虹翔		薪酬专员	3300		500				
15	0014	尤涵		总监	6000		600				
16	0015	齐雅		人事助理	3200		700				
17	0016	水平		总监	5700		1000				
18	0017	孟瑷		高级经理	4800		800				
19	0018	潘昌		经理	4500		700				
20	0019	曹军		销售专员	2500		2000				
21	0020	滕和昌		销售专员	2500		1500				
22	0021	平世保		工程师	4500		700				
23	0022	秦翔		出纳	3500		200				
24	0023	韩雅梁		文员	3500		300				
25	0024	方时民		文员	3500		300				
26			平均值								
27			最高								
28			最低								
29	实发工资低于平均值的人数										
30	实发工资低于平均值的比例										
31	男性总监的税款总和										

图 6-38　提取"岗位"完成效果

3. 根据工作表"员工信息表"中身份证号的第 17 位，提取对应的性别至"员工工资表"的对应性别列中

步骤 1：首先选取单元格 C2，使其成为活动单元格，单击编辑框左边的 ƒ 按钮，打开"插入函数"对话框，"搜索函数"中输入"MID"后单击"转到"按钮，然后单击"确定"按钮；在弹出"函数参数"对话框中设置各项参数(如图 6-39 所示)，即 C2 单元格中函数为"=MID(员工信息表!C3, 17, 1)"，最后单击"确定"按钮，即提取出身份证号的第 17 位数字至 C2 单元格中。

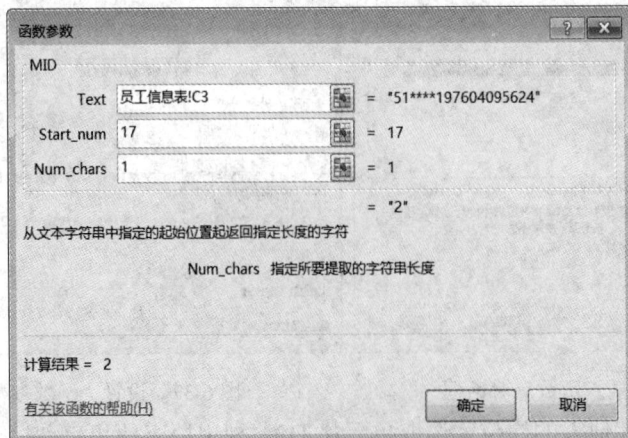

图 6-39　"MID"函数参数设置

步骤 2：此时单元格 C2 中显示“2”，在“编辑栏”原有函数外层再加入函数 MOD，以判断其奇偶性，此时 C2 单元格中函数为“=MOD(MID(员工信息表!C3, 17, 1), 2)”，如图 6-40 所示。

C2　=MOD(MID(员工信息表!C3,17,1),2)

	A	B	C	D	E	F	G	H
1	序号	姓名	性别	岗位	基本工资	岗位工资	奖金	应发工资
2	0001	廉民婧	0	总经理	6200		800	
3	0002	马民翔		总监	5800		1200	

图 6-40　嵌套“MOD”函数

步骤 3：此时单元格 C2 中显示“0”，在“编辑栏”原有函数外层再加入函数 IF，则“性别”栏中根据其奇偶性显示性别(偶数为“女”，奇数为“男”)，C2 单元格中函数变为“=IF(MOD(MID(员工信息表!C3, 17, 1), 2), "男", "女")”，如图 6-41 所示。

C2　=IF(MOD(MID(员工信息表!C3,17,1),2),"男","女")

名称框

	A	B	C	D	E	F	G	H	I
1	序号	姓名	性别	岗位	基本工资	岗位工资	奖金	应发工资	税款
2	0001	廉民婧	女	总经理	6200		800		
3	0002	马民翔		总监	5800		1200		

图 6-41　嵌套“IF”函数

步骤 4：选取单元格 C2，利用填充柄和自动填充功能将函数分别填充到单元格 C3:C25 中，完成其他人的性别提取完成效果如图 6-42 所示。

	A	B	C	D	E	F	G	H	I	J	K
1	序号	姓名	性别	岗位	基本工资	岗位工资	奖金	应发工资	税款	实发工资	名次
2	0001	廉民婧	女	总经理	6200		800				
3	0002	马民翔	男	总监	5800		1200				
4	0003	鲁伦	男	总监	5700		800				
5	0004	鲁萱琛	女	经理	3500		900				
6	0005	张妍	女	经理	5500		700				
7	0006	曹良	男	工程师	4500		250				
8	0007	葛婕坚	女	总监	5800		200				
9	0008	时星	男	经理	3800		300				
10	0009	潘成婧	女	经理	4000		200				
11	0010	孙子涛	男	销售专员	2500		1000				
12	0011	吴保婕	女	招聘专员	3300		400				
13	0012	施泰涛	男	经理	4000		500				
14	0013	孟虹翔	女	薪酬专员	3300		500				
15	0014	尤涵	女	总监	6000		600				
16	0015	齐雅	女	人事助理	3200		700				
17	0016	水平	男	总监	5700		1000				
18	0017	孟瑗	女	高级经理	4800		800				
19	0018	潘昌	男	经理	4500		700				
20	0019	曹军	男	销售专员	2500		2000				
21	0020	滕和昌	女	销售专员	2500		1500				
22	0021	平世保	女	工程师	4500		700				
23	0022	秦翔	男	出纳	3500		200				
24	0023	韩雅梁	女	文员	3500		300				
25	0024	方时民	男	文员	3500		300				

图 6-42　提取“性别”完成效果

4. 在"员工工资表"中，根据不同岗位，利用 IF 函数填充岗位工资

规则：如果岗位为"总经理"，岗位工资为 8000；如果岗位为"总监"，岗位工资为 6000；其他岗位工资均为 4000。

步骤 1：选取单元格 F2，使其成为活动单元格，单击编辑框左边的 _fx_ 按钮，选择 IF 函数，在"函数参数"对话框中设置参数，如图 6-43 所示。

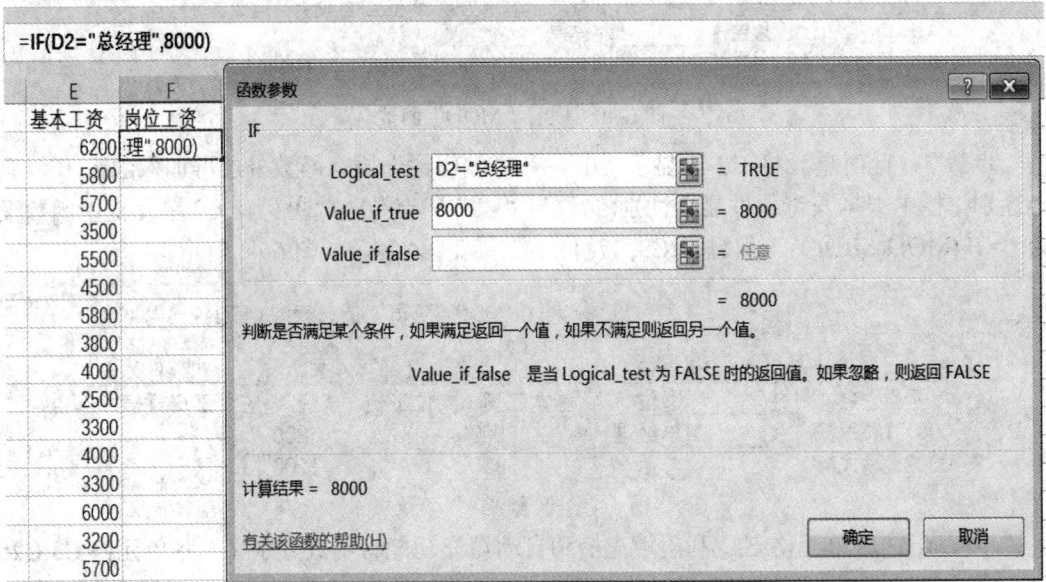

图 6-43　函数 IF 设置(第 1 步)

步骤 2：把光标定位在 Value_if_false 所在的编辑栏中，然后在名称框中选择 IF 函数，如图 6-44 所示。

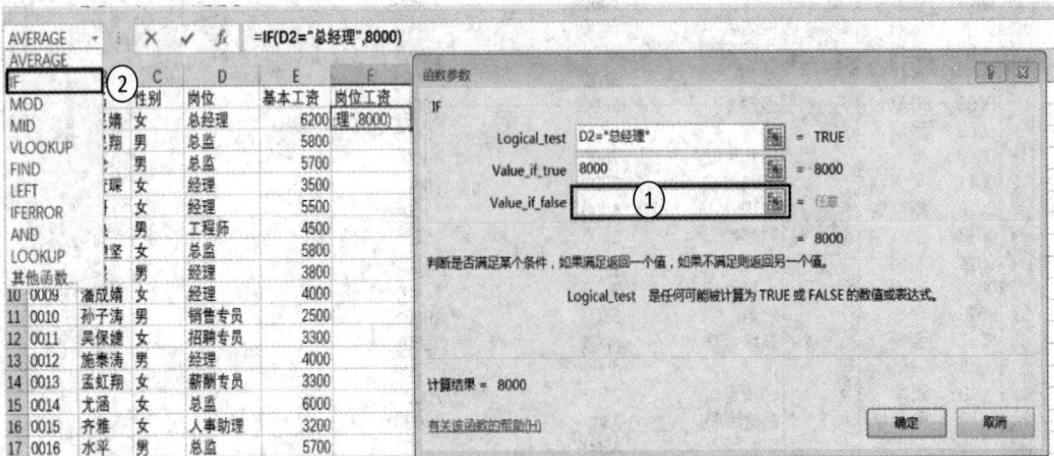

图 6-44　函数 IF 设置(第 2 步)

步骤 3：在弹出的"函数参数"对话框中设置各项参数，如图 6-45 所示。

=IF(D2="总经理",8000,IF(D2="总监",6000,4000))

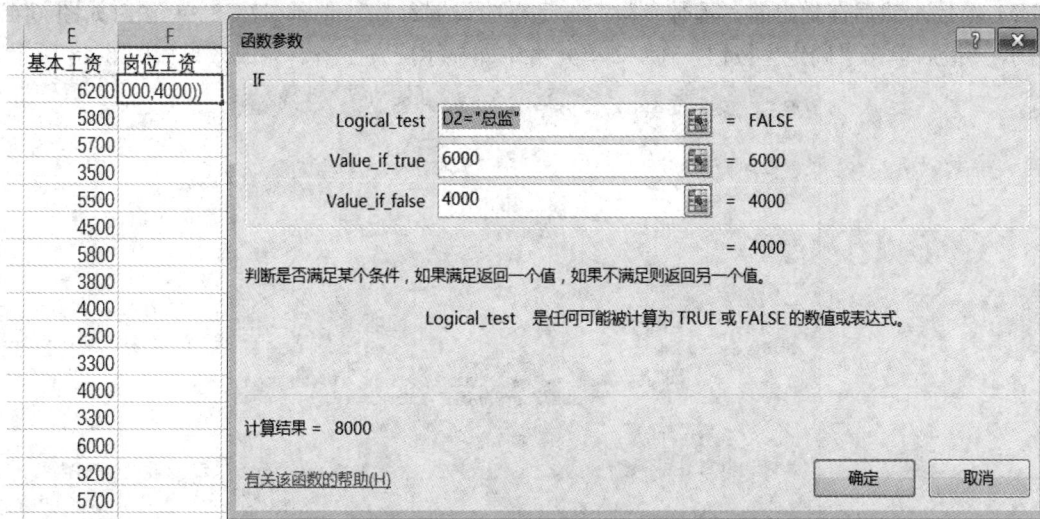

图 6-45 函数 IF 设置(第 3 步)

步骤 4：单击"确定"按钮，即在 F2 单元格中显示相应的岗位工资，此时 F2 单元格中函数为"=IF(D2="总经理"，8000，IF(D2="总监"，6000，4000))"；选取单元格 F2，利用填充柄和自动填充功能，将函数分别填充到单元格 F3:F25 中，完成其他人的岗位工资填充，如图 6-46 所示。

	A	B	C	D	E	F	G	H	I	J	K
	序号	姓名	性别	岗位	基本工资	岗位工资	奖金	应发工资	税款	实发工资	名次
2	0001	廉民婧	女	总经理	6200	8000	800				
3	0002	马民翔	男	总监	5800	6000	1200				
4	0003	鲁伦	男	总监	5700	6000	800				
5	0004	鲁萱琛	女	经理	3500	4000	900				
6	0005	张妍	女	经理	5500	4000	700				
7	0006	曹良	男	工程师	4500	4000	250				
8	0007	葛婕坚	女	总监	5800	6000	200				
9	0008	时星	男	经理	3800	4000	300				
10	0009	潘成婧	女	经理	4000	4000	200				
11	0010	孙子涛	男	销售专员	2500	4000	1000				
12	0011	吴保健	男	招聘专员	3300	4000	400				
13	0012	施泰涛	男	经理	4000	4000	500				
14	0013	孟虹翔	女	薪酬专员	3300	4000	500				
15	0014	尤涵	女	总监	6000	6000	600				
16	0015	齐雅	女	人事助理	3200	4000	700				
17	0016	水平	男	总监	5700	6000	1000				
18	0017	孟瑗	女	高级经理	4800	4000	800				
19	0018	潘昌	男	经理	4500	4000	700				
20	0019	曹军	男	销售专员	2500	4000	2000				
21	0020	滕和昌	女	销售专员	2500	4000	1500				
22	0021	平世保	女	工程师	4500	4000	700				
23	0022	秦翔	男	出纳	3500	4000	200				
24	0023	韩雅梁	男	文员	3500	4000	300				
25	0024	方时民	男	文员	3500	4000	300				

图 6-46 "岗位工资"提取完成效果

5. 在"员工工资表"中，根据规则计算应发工资

规则：应发工资＝基本工资＋岗位工资＋奖金。

步骤 1：首先选取单元格 H2，使其成为活动单元格，单击编辑框左边的 f_x 按钮，选择 SUM 函数，然后在弹出的"函数参数"对话框中设置参数，选择 E2:G2 单元格(如图 6-47 所示)，最后单击"确定"按钮，在 H2 单元格中即显示应发工资。完成效果如图 6-48 所示。

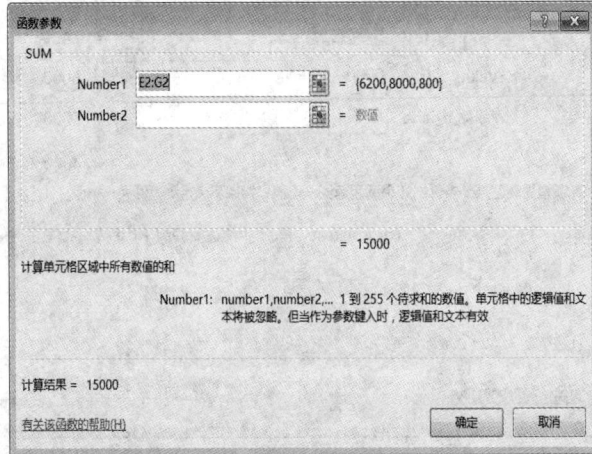

图 6-47　SUM 函数参数设置

	A	B	C	D	E	F	G	H
	序号	姓名	性别	岗位	基本工资	岗位工资	奖金	应发工资
1								
2	0001	廉民婧	女	总经理	6200	8000	800	15000
3	0002	马民翔	男	总监	5800	6000	1200	

H2 | =SUM(E2:G2)

图 6-48　SUM 函数完成效果

步骤 2：利用填充柄和自动填充功能，将函数分别填充到单元格 H3: H25 中，完成其他人的应发工资填充，如图 6-49 所示。

	A	B	C	D	E	F	G	H
1	序号	姓名	性别	岗位	基本工资	岗位工资	奖金	应发工资
2	0001	廉民婧	女	总经理	6200	8000	800	15000
3	0002	马民翔	男	总监	5800	6000	1200	13000
4	0003	鲁伦	男	总监	5700	6000	800	12500
5	0004	鲁萱琛	女	经理	3500	4000	900	8400
6	0005	张妍	女	经理	5500	4000	700	10200
7	0006	曹良	男	工程师	4500	4000	250	8750
8	0007	葛婕坚	女	总监	5800	6000	200	12000
9	0008	时星	男	经理	3800	4000	300	8100
10	0009	潘成婧	女	经理	4000	4000	200	8200
11	0010	孙子涛	男	销售专员	2500	4000	1000	7500
12	0011	吴保婕	女	招聘专员	3300	4000	400	7700
13	0012	施泰涛	男	经理	4000	4000	500	8500
14	0013	孟虹翔	女	薪酬专员	3300	4000	500	7800
15	0014	尤涵	女	总监	6000	6000	600	12600
16	0015	齐雅	女	人事助理	3200	4000	700	7900
17	0016	水平	男	总监	5700	6000	1000	12700
18	0017	孟瑗	女	高级经理	4800	4000	800	9600
19	0018	潘昌	男	经理	4500	4000	700	9200
20	0019	曹军	男	销售专员	2500	4000	2000	8500
21	0020	滕和昌	女	销售专员	2500	4000	1500	8000
22	0021	平世保	女	工程师	4500	4000	700	9200
23	0022	秦翔	女	出纳	3500	4000	200	7700
24	0023	韩雅梁	女	文员	3500	4000	300	7800
25	0024	方时民	男	文员	3500	4000	300	7800

图 6-49　应发工资计算效果

6. 在"员工工资表"中，根据规则计算税款

规则：应发工资扣除 600 后，超过 12000 纳税 20%；3000～12000 纳税 10%；3000 以下纳税 3%。

步骤 1：选取单元格 I2，使其成为活动单元格，单击编辑框左边的 *fx* 按钮，选择 IF 函数，在弹出的"函数参数"对话框中设置参数，如图 6-50 所示。

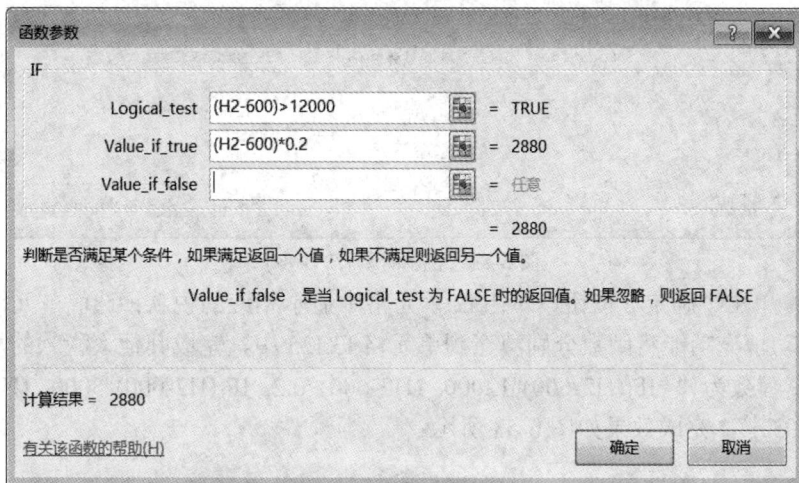

图 6-50　税款计算(第 1 步)

步骤 2：把光标定位在 Value_if_false 所在的编辑栏中，然后在名称框中选择 IF 函数，如图 6-51 所示。

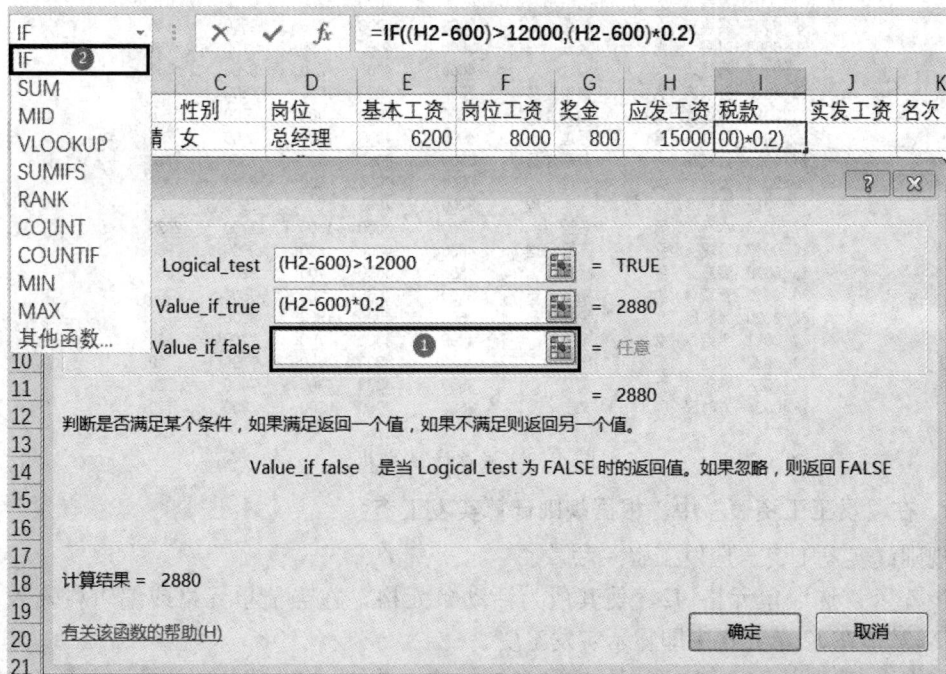

图 6-51　税款计算(第 2 步)

步骤 3：在弹出的"函数参数"对话框中设置参数，如图 6-52 所示。

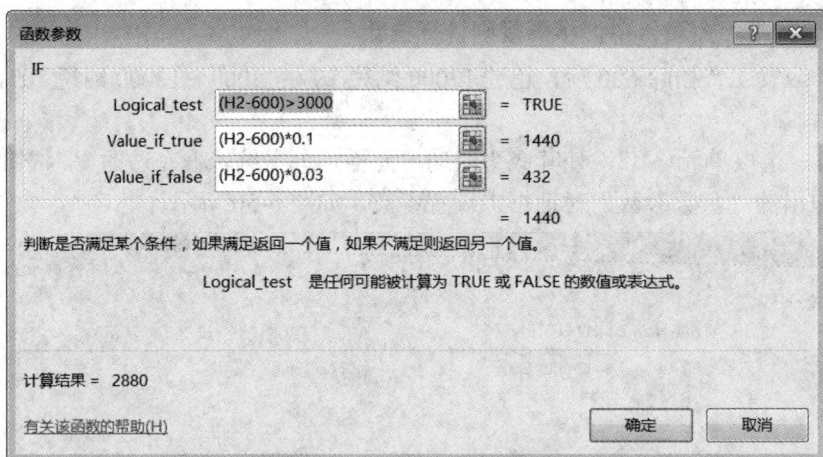

图 6-52 税款计算(第 3 步)

步骤 4：单击"确定"按钮，即在 I2 单元格中显示相应的税款；选取单元格 I2，利用填充柄和自动填充功能将函数分别填充到单元格 I3:I25 中，完成其他人税款的填充，此时 I2 单元格中函数为"=IF((H2-600)"12000, (H2-600)*0.2, IF((H2-600)"3000, (H2-600)*0.1, (H2-600)*0.03))"，完成效果如图 6-53 所示。

	A	B	C	D	E	F	G	H	I
1	序号	姓名	性别	岗位	基本工资	岗位工资	奖金	应发工资	税款
2	0001	廉民婧	女	总经理	6200	8000	800	15000	2880
3	0002	马民翔	男	总监	5800	6000	1200	13000	2480
4	0003	鲁伦	男	总监	5700	6000	800	12500	1190
5	0004	鲁萱琛	女	经理	3500	4000	900	8400	780
6	0005	张妍	女	经理	5500	4000	700	10200	960
7	0006	曹良	男	工程师	4500	4000	250	8750	815
8	0007	葛婕坚	女	总监	5800	6000	200	12000	1140
9	0008	时星	男	经理	3800	4000	300	8100	750
10	0009	潘成婧	女	经理	4000	4000	200	8200	760
11	0010	孙子涛	男	销售专员	2500	4000	1000	7500	690
12	0011	吴保健	女	招聘专员	3300	4000	400	7700	710
13	0012	施泰涛	男	经理	4000	4000	500	8500	790
14	0013	孟虹翔	女	薪酬专员	3300	4000	500	7800	720
15	0014	尤涵	女	总监	6000	6000	600	12600	1200
16	0015	齐雅	女	人事助理	3200	4000	700	7900	730
17	0016	水平	男	总监	5700	6000	1000	12700	2420
18	0017	孟瑷	女	高级经理	4800	4000	800	9600	900
19	0018	潘昌	男	经理	4500	4000	700	9200	860
20	0019	曹军	男	销售专员	2500	4000	2000	8500	790
21	0020	滕和昌	男	销售专员	2500	4000	1500	8000	740
22	0021	平世保	女	工程师	4500	4000	700	9200	860
23	0022	秦翔	男	出纳	3500	4000	200	7700	710
24	0023	韩雅梁	女	文员	3500	4000	300	7800	720
25	0024	方时民	男	文员	3500	4000	300	7800	720

图 6-53 税款计算效果

7. 在"员工工资表"中，根据规则计算实发工资

规则：实发工资 = 应发工资 − 税款。

步骤 1：选取单元格 J2，使其成为活动单元格，在当前单元格或编辑栏输入公式"=H2-I2"，在 J2 单元格中即显示实发工资。

步骤 2：选取单元格 J2，利用填充柄和自动填充功能，将公式分别填充到单元格 J3:J25 中，完成其他人实发工资的填充，如图 6-54 所示。

	A	B	C	D	E	F	G	H	I	J
1	序号	姓名	性别	岗位	基本工资	岗位工资	奖金	应发工资	税款	实发工资
2	0001	廉民婧	女	总经理	6200	8000	800	15000	2880	12120
3	0002	马民翔	男	总监	5800	6000	1200	13000	2480	10520
4	0003	鲁伦	男	总监	5700	6000	800	12500	1190	11310
5	0004	鲁萱琛	女	经理	3500	4000	900	8400	780	7620
6	0005	张妍	女	经理	5500	4000	700	10200	960	9240
7	0006	曹良	男	工程师	4500	4000	250	8750	815	7935
8	0007	葛婕坚	女	总监	5800	6000	200	12000	1140	10860
9	0008	时星	男	经理	3800	4000	300	8100	750	7350
10	0009	潘成婧	女	经理	4000	4000	200	8200	760	7440
11	0010	孙子涛	男	销售专员	2500	4000	1000	7500	690	6810
12	0011	吴保婕	女	招聘专员	3300	4000	400	7700	710	6990
13	0012	施泰涛	男	经理	4000	4000	500	8500	790	7710
14	0013	孟虹翔	女	薪酬专员	3300	4000	500	7800	720	7080
15	0014	尤涵	女	总监	6000	6000	600	12600	1200	11400
16	0015	齐雅	女	人事助理	3200	4000	700	7900	730	7170
17	0016	水平	男	总监	5700	6000	1000	12700	2420	10280
18	0017	孟瑗	女	高级经理	4800	4000	800	9600	900	8700
19	0018	潘昌	男	经理	4500	4000	700	9200	860	8340
20	0019	曹军	男	销售专员	2500	4000	2000	8500	790	7710
21	0020	滕和昌	女	销售专员	2500	4000	1500	8000	740	7260
22	0021	平世保	女	工程师	4500	4000	700	9200	860	8340
23	0022	秦翔	男	出纳	3500	4000	200	7700	710	6990
24	0023	韩雅梁	女	文员	3500	4000	300	7800	720	7080
25	0024	方时民	男	文员	3500	4000	300	7800	720	7080

图 6-54 实发工资计算效果

8. 在"员工工资表"中，利用 AVERAGE、MAX、MIN 函数统计基本工资，岗位工资，奖金，应发工资，税款，实发工资的平均值、最高和最低值

步骤 1：首先选取单元格 E26，使其成为活动单元格，然后单击编辑框左边的 *fx* 按钮，选择 AVERAGE 函数，在弹出的"函数参数"对话框的"Number1"中选择单元格 E2:E25，最后单击"确定"按钮，在 E26 单元格中即显示基本工资的平均值。

步骤 2：首先选取单元格 E26，利用填充柄和自动填充功能将公式分别填充到单元格 F26:J26 中，完成其他项平均值的填充，然后选择 E26:J26 单元格，设置小数统一保留两位。完成效果如图 6-55 所示。

	A	B	C	D	E	F	G	H	I	J
1	序号	姓名	性别	岗位	基本工资	岗位工资	奖金	应发工资	税款	实发工资
2	0001	廉民婧	女	总经理	6200	8000	800	15000	2880	12120
3	0002	马民翔	男	总监	5800	6000	1200	13000	2480	10520
4	0003	鲁伦	男	总监	5700	6000	800	12500	1190	11310
5	0004	鲁萱琛	女	经理	3500	4000	900	8400	780	7620
6	0005	张妍	女	经理	5500	4000	700	10200	960	9240
7	0006	曹良	男	工程师	4500	4000	250	8750	815	7935
8	0007	葛婕坚	女	总监	5800	6000	200	12000	1140	10860
9	0008	时星	男	经理	3800	4000	300	8100	750	7350
10	0009	潘成婧	女	经理	4000	4000	200	8200	760	7440
11	0010	孙子涛	男	销售专员	2500	4000	1000	7500	690	6810
12	0011	吴保婕	女	招聘专员	3300	4000	400	7700	710	6990
13	0012	施泰涛	男	经理	4000	4000	500	8500	790	7710
14	0013	孟虹翔	女	薪酬专员	3300	4000	500	7800	720	7080
15	0014	尤涵	女	总监	6000	6000	600	12600	1200	11400
16	0015	齐雅	女	人事助理	3200	4000	700	7900	730	7170
17	0016	水平	男	总监	5700	6000	1000	12700	2420	10280
18	0017	孟瑗	女	高级经理	4800	4000	800	9600	900	8700
19	0018	潘昌	男	经理	4500	4000	700	9200	860	8340
20	0019	曹军	男	销售专员	2500	4000	2000	8500	790	7710
21	0020	滕和昌	女	销售专员	2500	4000	1500	8000	740	7260
22	0021	平世保	女	工程师	4500	4000	700	9200	860	8340
23	0022	秦翔	男	出纳	3500	4000	200	7700	710	6990
24	0023	韩雅梁	女	文员	3500	4000	300	7800	720	7080
25	0024	方时民	男	文员	3500	4000	300	7800	720	7080
26				平均值	4254.2	4583.3	689.6	9527.1	1054.8	8472.3

图 6-55 平均值计算效果

步骤 3：用同样的方法在相应的单元格中利用 MAX、MIN 函数统计各项数值的最高和最低值，分别如图 6-56、图 6-57 所示。

	A	B	C	D	E	F	G	H	I	J
1	序号	姓名	性别	岗位	基本工资	岗位工资	奖金	应发工资	税款	实发工资
2	0001	廉民婧	女	总经理	6200	8000	800	15000	2880	12120
3	0002	马民翔	男	总监	5800	6000	1200	13000	2480	10520
4	0003	鲁伦	男	总监	5700	6000	800	12500	1190	11310
5	0004	鲁萱琛	女	经理	3500	4000	900	8400	780	7620
6	0005	张妍	女	经理	5500	4000	700	10200	960	9240
7	0006	曹良	男	工程师	4500	4000	250	8750	815	7935
8	0007	葛婕坚	女	总监	5800	6000	200	12000	1140	10860
9	0008	时星	男	经理	3800	4000	300	8100	750	7350
10	0009	潘成婧	女	经理	4000	4000	200	8200	760	7440
11	0010	孙子涛	男	销售专员	2500	4000	1000	7500	690	6810
12	0011	吴保婕	女	招聘专员	3300	4000	400	7700	710	6990
13	0012	施泰涛	男	经理	4000	4000	500	8500	790	7710
14	0013	孟虹翔	女	薪酬专员	3300	4000	500	7800	720	7080
15	0014	尤涵	女	总监	6000	6000	600	12600	1200	11400
16	0015	齐雅	女	人事助理	3200	4000	700	7900	730	7170
17	0016	水平	男	总监	5700	6000	1000	12700	2420	10280
18	0017	孟瑗	女	高级经理	4800	4000	800	9600	900	8700
19	0018	潘昌	男	经理	4500	4000	700	9200	860	8340
20	0019	曹军	男	销售专员	2500	4000	2000	8500	790	7710
21	0020	滕和昌	女	销售专员	2500	4000	1500	8000	740	7260
22	0021	平世保	女	工程师	4500	4000	700	9200	860	8340
23	0022	秦翔	男	出纳	3500	4000	200	7700	710	6990
24	0023	韩雅梁	女	文员	3500	4000	300	7800	720	7080
25	0024	方时民	男	文员	3500	4000	300	7800	720	7080
26		平均值			4254.2	4583.3	689.6	9527.1	1054.8	8472.3
27		最高			6200	8000	2000	15000	2880	12120

图 6-56　最高值统计效果

	A	B	C	D	E	F	G	H	I	J
1	序号	姓名	性别	岗位	基本工资	岗位工资	奖金	应发工资	税款	实发工资
2	0001	廉民婧	女	总经理	6200	8000	800	15000	2880	12120
3	0002	马民翔	男	总监	5800	6000	1200	13000	2480	10520
4	0003	鲁伦	男	总监	5700	6000	800	12500	1190	11310
5	0004	鲁萱琛	女	经理	3500	4000	900	8400	780	7620
6	0005	张妍	女	经理	5500	4000	700	10200	960	9240
7	0006	曹良	男	工程师	4500	4000	250	8750	815	7935
8	0007	葛婕坚	女	总监	5800	6000	200	12000	1140	10860
9	0008	时星	男	经理	3800	4000	300	8100	750	7350
10	0009	潘成婧	女	经理	4000	4000	200	8200	760	7440
11	0010	孙子涛	男	销售专员	2500	4000	1000	7500	690	6810
12	0011	吴保婕	女	招聘专员	3300	4000	400	7700	710	6990
13	0012	施泰涛	男	经理	4000	4000	500	8500	790	7710
14	0013	孟虹翔	女	薪酬专员	3300	4000	500	7800	720	7080
15	0014	尤涵	女	总监	6000	6000	600	12600	1200	11400
16	0015	齐雅	女	人事助理	3200	4000	700	7900	730	7170
17	0016	水平	男	总监	5700	6000	1000	12700	2420	10280
18	0017	孟瑗	女	高级经理	4800	4000	800	9600	900	8700
19	0018	潘昌	男	经理	4500	4000	700	9200	860	8340
20	0019	曹军	男	销售专员	2500	4000	2000	8500	790	7710
21	0020	滕和昌	女	销售专员	2500	4000	1500	8000	740	7260
22	0021	平世保	女	工程师	4500	4000	700	9200	860	8340
23	0022	秦翔	男	出纳	3500	4000	200	7700	710	6990
24	0023	韩雅梁	女	文员	3500	4000	300	7800	720	7080
25	0024	方时民	男	文员	3500	4000	300	7800	720	7080
26		平均值			4254.2	4583.3	689.6	9527.1	1054.8	8472.3
27		最高			6200	8000	2000	15000	2880	12120
28		最低			2500	4000	200	7500	690	6810

图 6-57　最低值统计效果

9. 在"员工工资表"中，统计实发工资低于平均值的人数及所占比例

步骤 1：首先选取单元格 E29，使其成为活动单元格，单击编辑框左边的 🔎 按钮，选择或搜索 COUNTIF 函数，然后在弹出的"函数参数"对话框中设置参数(如图 6-58 所示)，此时 E29 单元格中函数为"=COUNTIF(J2:J25, ">"&J26)"，最后单击"确定"按钮，在 E29 单元格中即显示满足条件的人数。

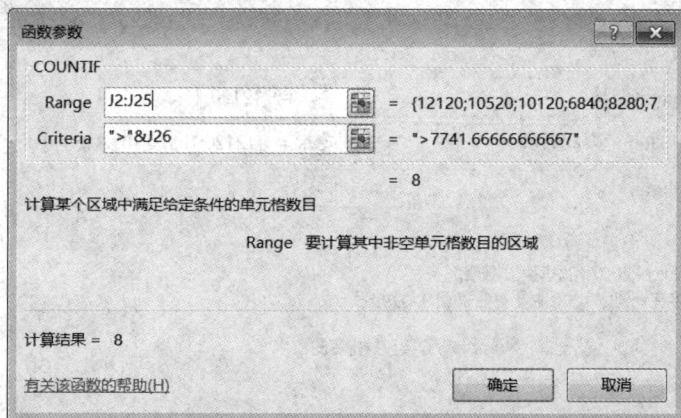

图 6-58 COUNIF 函数参数设置

步骤 2：选取单元格 E30，使其成为活动单元格，在当前单元格或编辑栏输入公式"=E29/COUNT(E2:E25)"，并设置为百分比显示，完成效果如图 6-59 所示。

序号	姓名	性别	岗位	基本工资	岗位工资	奖金	应发工资	税款	实发工资
0001	廉民婧	女	总经理	6200	8000	800	15000	2880	12120
0002	马民翔	男	总监	5800	6000	1200	13000	2480	10520
0003	鲁伦	男	总监	5700	6000	800	12500	1190	11310
0004	鲁萱琛	女	经理	3500	4000	900	8400	780	7620
0005	张妍	女	经理	5500	4000	700	10200	960	9240
0006	曹良	男	工程师	4500	4000	250	8750	815	7935
0007	葛婕坚	女	总监	5800	6000	200	12000	1140	10860
0008	时星	男	经理	3800	4000	300	8100	750	7350
0009	潘成婧	女	经理	4000	4000	200	8200	760	7440
0010	孙子涛	男	销售专员	2500	4000	1000	7500	690	6810
0011	吴保婕	女	招聘专员	3300	4000	400	7700	710	6990
0012	施泰涛	男	经理	4000	4000	500	8500	790	7710
0013	孟虹翔	女	薪酬专员	3300	4000	500	7800	720	7080
0014	尤涵	女	总监	6000	6000	600	12600	1200	11400
0015	齐雅	女	人事助理	3200	4000	700	7900	730	7170
0016	水平	男	总监	5700	6000	1000	12700	2420	10280
0017	孟瑷	女	高级经理	4800	4000	800	9600	900	8700
0018	潘昌	男	经理	4500	4000	700	9200	860	8340
0019	曹军	男	销售专员	2500	4000	2000	8500	790	7710
0020	滕和昌	女	销售专员	2500	4000	1500	8000	740	7260
0021	于世保	女	工程师	4500	4000	700	9200	860	8340
0022	秦翔	男	出纳	3500	4000	200	7700	710	6990
0023	韩雅梁	女	文员	3500	4000	300	7800	720	7080
0024	方时民	男	文员	3500	4000	300	7800	720	7080
平均值				4254.2	4583.3	689.6	9527.1	1054.8	8472.3
最高				6200	8000	2000	15000	2880	12120
最低				2500	4000	200	7500	690	6810
实发工资低于平均值的人数				8					
实发工资低于平均值的比例				33%					

图 6-59 人数和所占比例统计完成效果

10. 在"员工工资表"中，按实发工资从高到低计算名次

步骤 1：首先选取单元格 K2，使其成为活动单元格，单击编辑框左边的 *fx* 按钮，选择或搜索 RANK 函数，然后在弹出的"函数参数"对话框中设置参数(如图 6-60 所示)，此

时 K2 单元格中的函数为 "=RANK(J2, $J$2:$J$25)",最后单击 "确定" 按钮,即在 K2 单元格中显示名次。

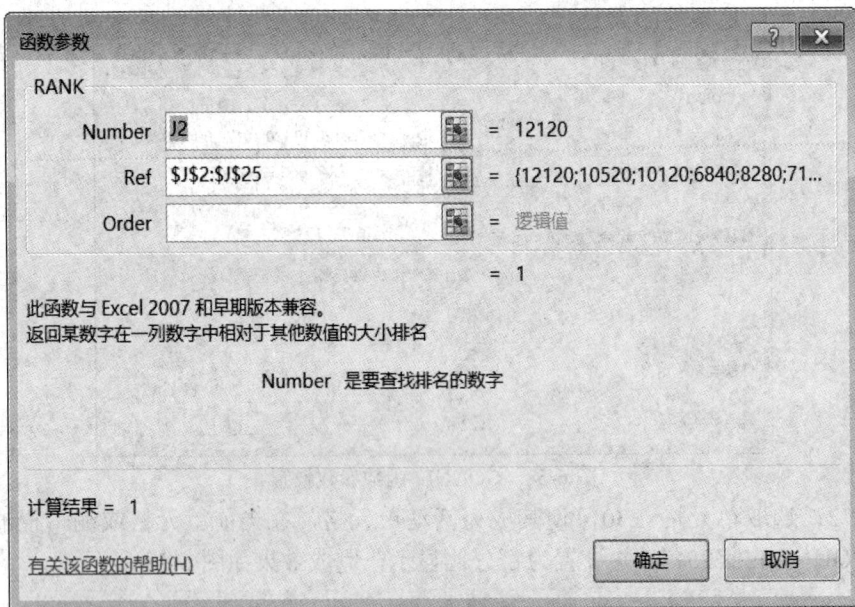

图 6-60 RANK 函数参数设置

步骤 2:选取单元格 K2,利用填充柄和自动填充功能,将公式分别填充到单元格 K3:K25 中,完成其他人实发工资的名次计算,完成效果如图 6-61 所示。

序号	姓名	性别	岗位	基本工资	岗位工资	奖金	应发工资	税款	实发工资	名次
0001	廉民婧	女	总经理	6200	8000	800	15000	2880	12120	1
0002	马民翔	男	总监	5800	6000	1200	13000	2480	10520	5
0003	鲁伦	男	总监	5700	6000	800	12500	1190	11310	3
0004	鲁萱琛	女	经理	3500	4000	900	8400	780	7620	14
0005	张妍	女	经理	5500	4000	700	10200	960	9240	7
0006	曹良	男	工程师	4500	4000	250	8750	815	7935	11
0007	葛婕坚	女	总监	5800	6000	200	12000	1140	10860	4
0008	时星	男	经理	3800	4000	300	8100	750	7350	16
0009	潘成婧	女	经理	4000	4000	200	8200	760	7440	15
0010	孙子涛	男	销售专员	2500	4000	1000	7500	690	6810	24
0011	吴保婕	女	招聘专员	3300	4000	400	7700	710	6990	22
0012	施泰涛	男	经理	4000	4000	500	8500	790	7710	12
0013	孟虹翔	男	薪酬专员	3300	4000	500	7800	720	7080	19
0014	尤涵	女	总监	6000	6000	600	12600	1200	11400	2
0015	齐雅	女	人事助理	3200	4000	700	7900	730	7170	18
0016	水平	男	总监	5700	6000	1000	12700	2420	10280	6
0017	孟瑗	女	高级经理	4800	4000	800	9600	900	8700	8
0018	潘昌	男	经理	4500	4000	700	9200	860	8340	9
0019	曹军	男	销售专员	2500	4000	2000	8500	790	7710	12
0020	滕和昌	女	销售专员	2500	4000	1500	8000	740	7260	17
0021	平世保	女	工程师	4500	4000	700	9200	860	8340	9
0022	秦翔	男	出纳	3500	4000	200	7700	710	6990	22
0023	韩雅梁	女	文员	3500	4000	300	7800	720	7080	19
0024	方时民	男	文员	3500	4000	300	7800	720	7080	19

图 6-61 名次计算完成效果

11. 在"员工工资表"中，统计岗位为总监且性别为男性的税款总和

步骤 1：首先选取单元格 E31，使其成为活动单元格，单击编辑框左边的 _fx_ 按钮，选择或搜索 SUMIFS 函数，然后在弹出"函数参数"对话框中设置参数(如图 6-62 所示)，最后单击"确定"按钮，即在 E31 单元格中显示税款总和。

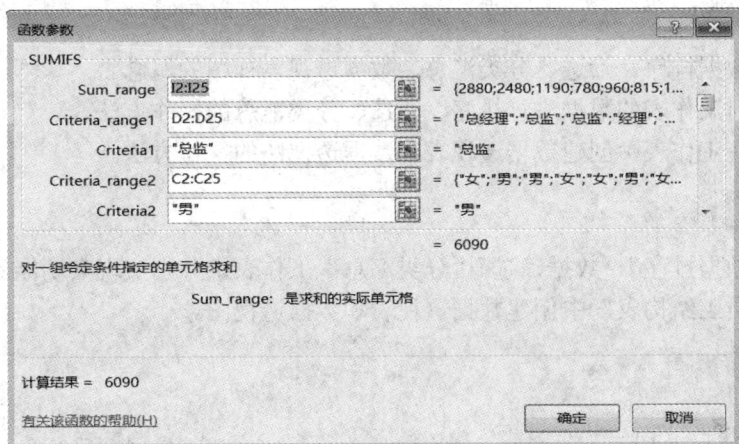

图 6-62　SUMIFS 函数参数设置

12. 在工作表"员工信息表"中，根据身份证号计算年龄

步骤 1：在"岗位"字段后添加新的一列"年龄"，然后选取单元格 M3，使其成为活动单元格，并在当前单元格或编辑栏输入公式"=DATEDIF(TEXT(MID(C3，7，8)，"0000-00-00"), TODAY(), "Y")"，即在 M3 单元格中显示年龄。

步骤 2：选取单元格 M3，利用填充柄和自动填充功能将公式分别填充到单元格 M4:M26 中，完成其他年龄填充，并完成框线的设置，完成效果如图 6-63 所示。

图 6-63　年龄计算完成效果

任务三 数据分析基础

任务目的 ▶ ----●●●

(1) 了解数据排序、筛选、分类汇总、数据透视表视图的概念。
(2) 掌握对工作表的数据进行排序、筛选、分类汇总的操作方法。
(3) 掌握在工作表中创建数据透视表和数据透视图的操作方法。

任务内容 ▶ ----●●●

(1) 在"数据排序""数据筛选""分类汇总"工作表中分别实现其功能效果。
(2) 在"员工结构表"中创建数据透视表和数据透视图。

任务步骤 ▶ ----●●●

1. 数据准备

步骤 1：打开素材文件"员工数据.xlsx"，创建三张新的工作表，分别重命名为"数据排序""数据筛选""分类汇总"。

步骤 2：首先选择工作表"员工工资表"单元格区域 A1:J25 的数据，右键单击，在弹出的快捷菜单中选择"复制"命令，然后鼠标定位到"数据排序"工作表的 A1 单元格中，最后右击鼠标，在弹出的快捷菜单中选择"粘贴选项"命令下方的"值按钮"(第 2 项)，如图 6-64 所示，将数据值(不带格式与公式)复制到"数据排序"工作表的单元格区域 A1:J25 中。

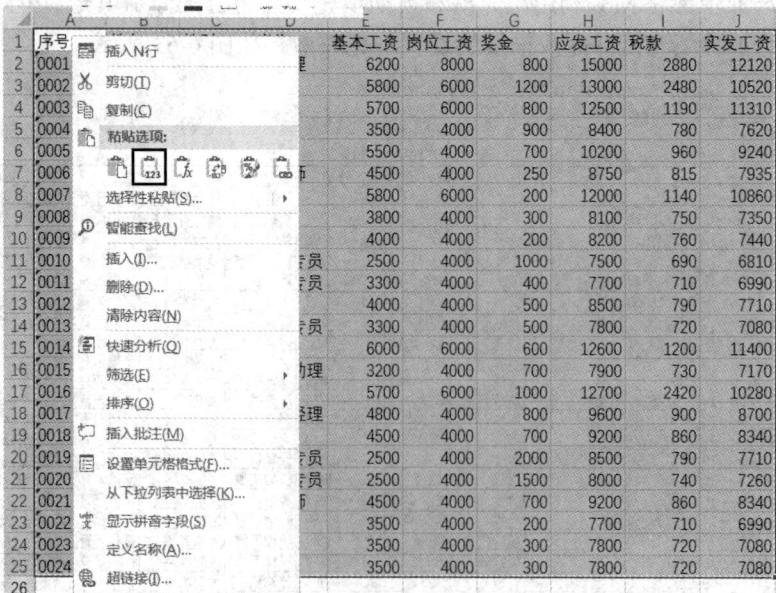

图 6-64 数据粘贴

步骤 3：重复步骤 2 的操作，把"员工工资表"单元格区域 A1:J25 的数据分别复制到工作表"数据筛选"和"分类汇总"。

2. 数据排序

将"数据排序"工作表中的数据，依次以"基本工资"为主键字，"岗位工资"为次关键字，"奖金"为第三关键字从高到低排序。

步骤1：首先在"数据排序"工作表中，拖动鼠标选择单元格区域A1:J25，然后选择"数据"选项卡，在"排序和筛选"功能组中单击"排序"按钮，打开"排序"对话框，再在"主要关键字"下拉列表框中选择"基本工资"，在"排序依据"下拉列表框中选择单元格"数值"，最后在"次序"下拉列表框中选择"降序"。

步骤2：以"岗位工资"为次关键字，"排序依据"为"数值"，"次序"为"降序"；"奖金"为第三关键字，"排序依据"为"数值"，"次序"为"降序"，如图6-65所示，然后单击"确定"按钮，即可按降序对数据列表中的记录进行多条件排序。

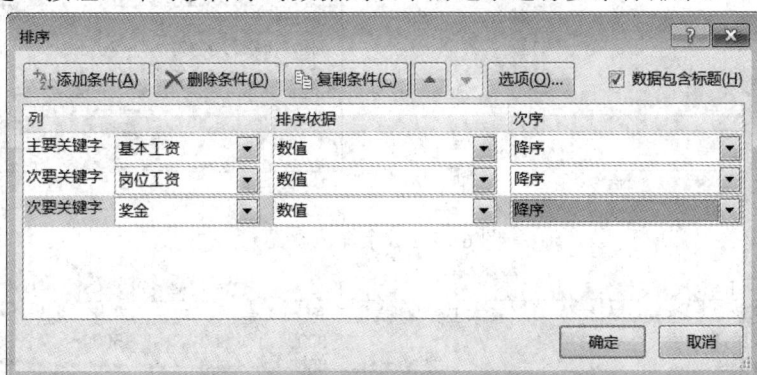

图6-65　"排序"设置对话框

3. 数据筛选

数据筛选是将不满足条件的记录从视图中隐藏起来，只显示满足条件的数据，并不删除记录。要求在"数据筛选"工作表中，筛选出"性别"为"女"且"奖金"高于"600"的数据。

(1) 自动筛选。

步骤1：首先在"数据筛选"工作表中，拖动鼠标选择单元格区域A1:J25，然后选择"数据"选项卡，在"排序和筛选"功能组中单击"筛选"按钮，表头字段右边出现"▼"符号，再单击"性别"列右边的"▼"符号，在弹出的列表中仅勾选"女"选项前的复选框，最后单击"确定"按钮，即可得到如图6-66所示的性别为"女"的数据筛选结果。

序号	姓名	性别	岗位	基本工资	岗位工资	奖金	应发工资	税款	实发工资
0001	廉民婧	女	总经理	6200	8000	800	15000	2880	12120
0004	鲁萱琛	女	经理	3500	4000	900	8400	780	7620
0005	张妍	女	经理	5500	4000	700	10200	960	9240
0007	葛婕坚	女	总监	5800	6000	200	12000	1140	10860
0009	潘成婧	女	经理	4000	4000	200	8200	760	7440
0011	吴保婕	女	招聘专员	3300	4000	400	7700	710	6990
0013	孟虹翔	女	薪酬专员	3300	4000	500	7800	720	7080
0014	尤涵	女	总监	6000	6000	600	12600	1200	11400
0015	齐雅	女	人事助理	3200	4000	700	7900	730	7170
0017	孟瑷	女	高级经理	4800	4000	800	9600	900	8700
0020	滕和昌	女	销售专员	2500	4000	1500	8000	740	7260
0021	平世保	女	工程师	4500	4000	700	9200	860	8340
0023	韩雅梁	女	文员	3500	4000	300	7800	720	7080

图6-66　筛选性别为"女"的记录结果

步骤 2：单击"奖金"列右边的"▼"符号，在弹出的列表中选择"数字筛选"下的"大于(G)…"选项，在弹出的对话框中输入"600"，如图 6-67 所示，然后单击"确定"按钮即可得到奖金高于 600 的数据筛选结果，如图 6-68 所示。

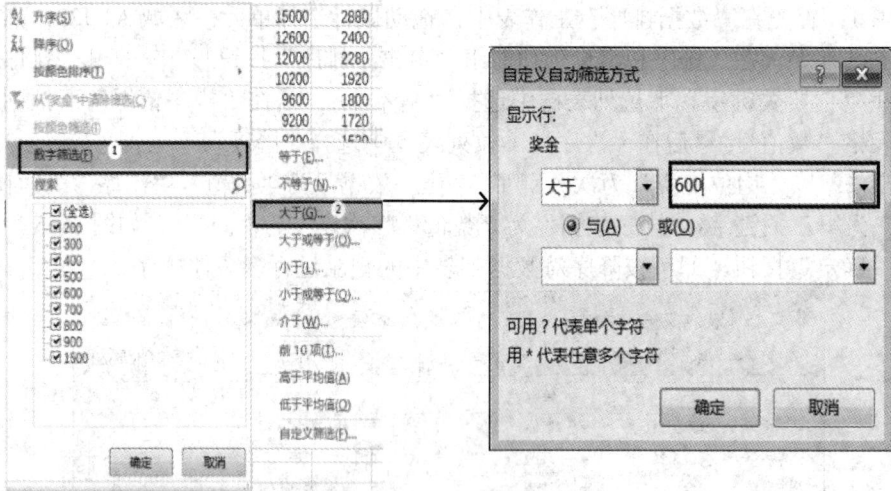

图 6-67　数字筛选设置

	A	B	C	D	E	F	G	H	I	J
1	序号	姓名	性别	岗位	基本工资	岗位工资	奖金	应发工资	税款	实发工资
2	0001	廉民婧	女	总经理	6200	8000	800	15000	2880	12120
5	0004	鲁萱琛	女	经理	3500	4000	900	8400	780	7620
6	0005	张妍	女	经理	5500	4000	700	10200	960	9240
16	0015	齐雅	女	人事助理	3200	4000	700	7900	730	7170
18	0017	孟瑷	女	高级经理	4800	4000	800	9600	900	8700
21	0020	滕和昌	女	销售专员	2500	4000	1500	8000	740	7260
22	0021	平世保	女	工程师	4500	4000	700	9200	860	8340

图 6-68　数据筛选结果

(2) 高级筛选。

如果 Excel 中数据清单中的字段和筛选的条件都比较多，自定义筛选就显得十分麻烦，这时可以使用高级筛选功能来处理。如果要使用高级筛选功能，必须先建立一个条件区域，用来指定筛选的数据所需满足的条件。

规则：在"数据筛选"工作表中，筛选出"性别"为"女"且"奖金"高于"600"的数据。

步骤 1：打开"数据筛选"工作表，取消上一步的筛选操作（即单击"数据"→"排序和筛选"功能组中"筛选"按钮，如图 6-69 所示)，让数据恢复至筛选前的状态。

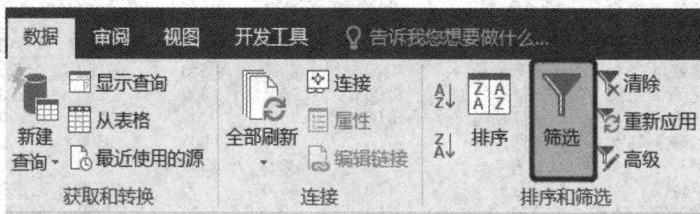

图 6-69　取消筛选结果

步骤 2：在"数据排序"工作表 L8 和 M8 单元格中分别输入"性别""奖金"，且在"性别"下方的单元格中输入"女"，在"奖金"下方的单元格输入">600"，表示筛选条件为"性别"为"女"且"奖金"高于"600"。

步骤 3：拖动鼠标选择单元格区域 A1:J25，单击"数据"选项卡"排序和筛选"组中的"高级"按钮 高级，打开"高级筛选"对话框，按下列要求设置，如图 6-70 所示。

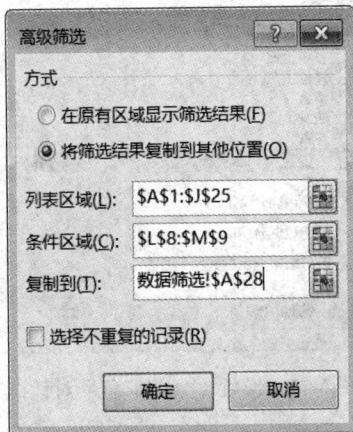

图 6-70　高级筛选设置

① 单击选中"将筛选结果复制到其他位置"单选项。
② 选择需要进行筛选的列表区域和条件区域，这里将列表区域设置为整个表格区域。
③ 条件区域选择之前条件所在的单元格，即 L8:M9 单元格区域。
④ 在"复制到"对话框中选择筛选结果存放的位置(单击 A28 单元格即可)。

步骤 4：单击"确定"按钮，完成筛选，效果如图 6-71 所示。

28	序号	姓名	性别	岗位	基本工资	岗位工资	奖金	应发工资	税款	实发工资
29	0001	廉民婧	女	总经理	6200	8000	800	15000	2880	12120
30	0004	鲁萱琛	女	经理	3500	4000	900	8400	780	7620
31	0005	张妍	女	经理	5500	4000	700	10200	960	9240
32	0015	齐雅	女	人事助理	3200	4000	700	7900	730	7170
33	0017	孟瑷	女	高级经理	4800	4000	800	9600	900	8700
34	0020	滕和昌	女	销售专员	2500	4000	1500	8000	740	7260
35	0021	平世保	女	工程师	4500	4000	700	9200	860	8340

图 6-71　高级筛选完成效果

4. 分类汇总

规则：在"分类汇总"工作表中，利用分类汇总功能，按性别统计实发工资的平均值和男女人数。

步骤 1：选择"分类汇总"工作表，按"性别"对数据记录进行排序，使同一性别的记录集中排在相邻的行，以便后面的统计。

步骤 2：首先选取数据区 A1:J25，选择"数据"选项卡，在"分级显示"功有组中单击"分类汇总"按钮，打开"分类汇总"对话框，然后在"分类字段"下拉列表框中选择"性别"，在"汇总方式"下拉列表框中选择"平均值"，在"选定汇总项"列表框中选中"实发工资"，如图 6-72 所示，最后单击"确定"按钮，即可得到按性别分类汇总实发工资的平均值，如图 6-73 所示。

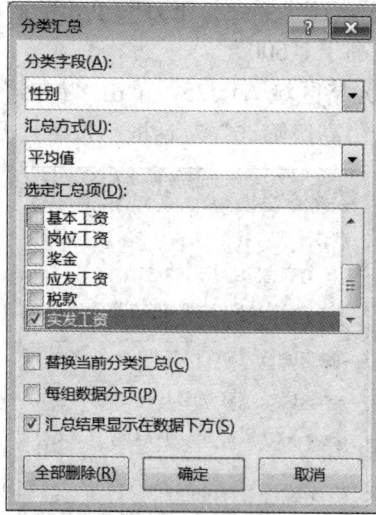

图 6-72　设置"分类汇总"对话框

1 2 3		A	B	C	D	E	F	G	H	I	J
	1	序号	姓名	性别	岗位	基本工资	岗位工资	奖金	应发工资	税款	实发工资
	2	0002	马民翔	男	总监	5800	6000	1200	13000	2480	10520
	3	0003	鲁伦	男	总监	5700	6000	800	12500	1190	11310
	4	0006	曹良	男	工程师	4500	4000	250	8750	815	7935
	5	0008	时星	男	经理	3800	4000	300	8100	750	7350
	6	0010	孙子涛	男	销售专员	2500	4000	1000	7500	690	6810
	7	0012	施泰涛	男	经理	4000	4000	500	8500	790	7710
	8	0016	水平	男	总监	5700	6000	1000	12700	2420	10280
	9	0018	潘昌	男	经理	4500	4000	700	9200	860	8340
	10	0019	曹军	男	销售专员	2500	4000	2000	8500	790	7710
	11	0022	秦翔	男	出纳	3500	4000	200	7700	710	6990
	12	0024	方时民	男	文员	3500	4000	300	7800	720	7080
	13			男 平均值							8366.818
	14	0001	廉民靖	女	总经理	6200	8000	800	15000	2880	12120
	15	0004	鲁萱琛	女	经理	3500	4000	900	8400	780	7620
	16	0005	张妍	女	经理	5500	4000	700	10200	960	9240
	17	0007	葛婕坚	女	总监	5800	6000	200	12000	1140	10860
	18	0009	潘成靖	女	经理	4000	4000	200	8200	760	7440
	19	0011	吴保健	女	招聘专员	3300	4000	400	7700	710	6990
	20	0013	孟虹翔	女	薪酬专员	3300	4000	500	7800	720	7080
	21	0014	尤涵	女	总监	5600	6000	600	12600	1200	11400
	22	0015	齐雅	女	人事助理	3200	4000	700	7900	730	7170
	23	0017	孟瑗	女	高级经理	4800	4000	800	9600	900	8700
	24	0020	滕和昌	女	销售专员	2500	4000	1500	8000	740	7260
	25	0021	平世保	女	工程师	4500	4000	700	9200	860	8340
	26	0023	韩雅梁	女	文员	3500	4000	300	7800	720	7080
	27			女 平均值							8561.538
	28			总计平均值							8472.292

图 6-73　按性别分类汇总实发工资的平均值

　　步骤 3：由于在上面的操作中已按性别进行排序，因此可直接单击"分类汇总"命令，再次弹出"分类汇总"对话框后，在"分类字段"下拉列表框中仍然选择"性别"，在"汇总方式"下拉列表框中选择"计数"，在"选定汇总项"列表框中仅选中"岗位"(统计数据在此列显示)，取消勾选对话框下方的"替换当前分类汇总"复选项，以保证上面的汇总结果不被替代，而应与此次分类汇总结果同时显示在分类汇总结果表上；最后单击"确定"按钮，得到如图 6-74 所示的效果。

	A	B	C	D	E	F	G	H	I	J
1	序号	姓名	性别	岗位	基本工资	岗位工资	奖金	应发工资	税款	实发工资
2	0002	马民翔	男	总监	5800	6000	1200	13000	2480	10520
3	0003	鲁伦	男	总监	5700	6000	800	12500	1190	11310
4	0006	曹良	男	工程师	4500	4000	250	8750	815	7935
5	0008	时星	男	经理	3800	4000	300	8100	750	7350
6	0010	孙子涛	男	销售专员	2500	4000	1000	7500	690	6810
7	0012	施秦涛	男	经理	4000	4000	500	8500	790	7710
8	0016	水平	男	总监	5700	6000	1000	12700	2420	10280
9	0018	潘昌	男	经理	4500	4000	700	9200	860	8340
10	0019	曹军	男	销售专员	2500	4000	2000	8500	790	7710
11	0022	秦翔	男	出纳	3500	4000	200	7700	710	6990
12	0024	方时民	男	文员	3500	4000	300	7800	720	7080
13			男 计数	11						
14			男 平均值							8366.818
15	0001	廉民婧	女	总经理	6200	8000	800	15000	2880	12120
16	0004	鲁萱琛	女	经理	3500	4000	900	8400	780	7620
17	0005	张妍	女	经理	5500	4000	700	10200	960	9240
18	0007	葛婕坚	女	总监	5800	6000	200	12000	1140	10860
19	0009	潘成婧	女	经理	4000	4000	200	8200	760	7440
20	0011	吴保婕	女	招聘专员	3300	4000	400	7700	710	6990
21	0013	孟虹翔	女	薪酬专员	3300	4000	500	7800	720	7080
22	0014	尤涵	女	总监	6000	6000	600	12600	1200	11400
23	0015	齐雅	女	人事助理	3200	4000	700	7900	730	7170
24	0017	孟瑗	女	高级经理	4800	4000	800	9600	900	8700
25	0020	滕和昌	女	销售专员	2500	4000	1500	8000	740	7260
26	0021	平世保	女	工程师	4500	4000	700	9200	860	8340
27	0023	韩雅梁	女	文员	3500	4000	300	7800	720	7080
28			女 计数	13						
29			女 平均值							8561.538
30			总计数	24						
31			总计平均值							8472.292

图 6-74　按性别统计人数的完成效果

5. 数据透视表、图

(1) 建立数据透视表。

分类汇总是按照一个字段进行分类，然后对一个或多个字段进行汇总。但是在实际工作中，有时还需要对多个字段进行分类后再汇总。此时使用“分类汇总”命令就难以完成，而利用系统提供的“数据透视表”命令则可以轻松完成这项工作。

在“员工数据.xlsx”工作簿文件中添加一张新的工作表，并重命名为“员工结构表”，利用数据透视表功能统计各部门的员工人数、男女人数、各学历的人数。

步骤 1：在工作表“员工结构表”中，单击“视图”按钮，且把显示组中默认“网格线”取消勾选，按图 6-75 所示要求在相应单元格中输入文字并设置表格线。

	A	B	C	D	E	F	G	H
1	部门	员工人数	性别		学历			
2			男	女	博士研究生	大学本科	大学专科	硕士研究生
3	财务部							
4	行政部							
5	技术部							
6	人事部							
7	销售部							
8	总经办							
9	合计							

图 6-75　设置好的“员工结构表”

步骤 2：首先将光标定位到工作表“员工结构表”中的任一空白单元格，然后选择“插入”选项卡，在“表格”功能组中单击“数据透视表”按钮，在弹出的“创建数据透视表”对话框中“请选择要分析的数据”栏选择默认选项“选择一个表或区域”，在“表/区域”编辑框中输入或用鼠标选取工作表“员工信息表”的单元格区域“员工信息表!$A$2:$M$26”，在"选择放置数据透视表的位置"栏中选中"现有工作表"选项并在"位置"编辑框中输入数据透视表的开始存放位置，如"员工结构表!$J$1"，最后单击"确定"按钮，一个空的数据透视表就添加到指定位置，并在工作表窗口右侧显示"数据透视表字段"任务窗格。

步骤3：在"数据透视表字段"任务窗格中选中"部门"字段并将其拖到下方的"行"区域，选中"性别"字段并将其拖到下方的"列"区域，此时在空数据透视表位置增加了"部门"分类行标签和"性别"分类列标签，拖曳"姓名"字段到"值"区域，进行"计数"计算，得到各部门男女人数的汇总数据，并把数据填充至左侧表格中，制作好的性别分布透视表如图6-76所示。

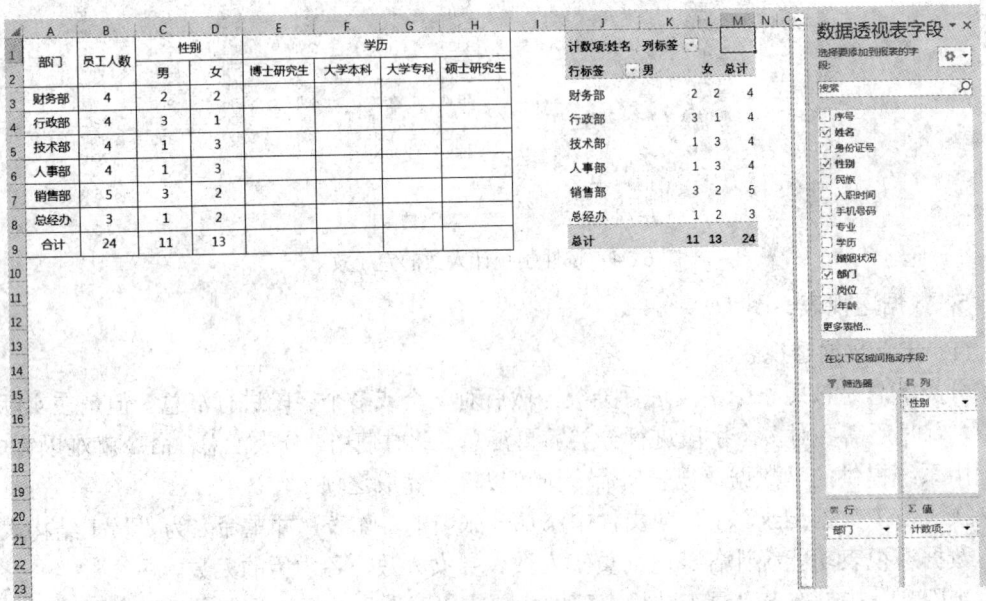

图6-76 性别分布透视表

步骤4：用同样的方法再添加新的数据透视表，统计各部门不同学历的分布情况，如图6-77所示。

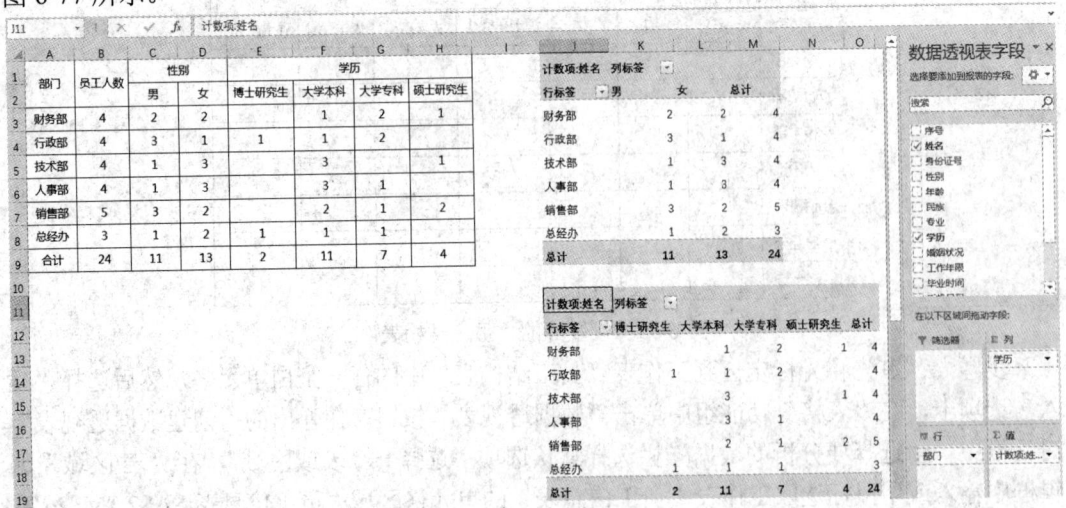

图6-77 学历分布透视表

(2) 建立数据透视图。

数据透视图将数据透视表的汇总数据以图形的形式显示。

步骤 1：将光标定位到数据透视表中的任一单元格。

步骤 2：选择"分析"选项卡，在"工具"组中单击"数据透视图"按钮，弹出"插入图标"对话框。

步骤 3：在"插入图标"对话框中，选择图标的类型为"簇状柱形图"，然后单击"确定"按钮完成，如图 6-78 所示。

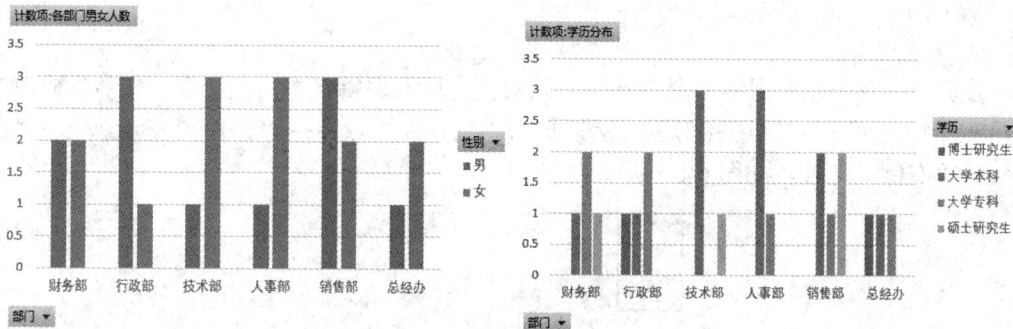

图 6-78　数据透视图

任务四　数据展示

(1) 了解图表的组成及掌握各组成部分的意义与作用。

(2) 了解和掌握 Excel 支持的图表类型，并能根据实际需要选择合适的图表类型制作相应图表。

(1) 利用工作表"员工信息表"的数据制作柱形图。

(2) 利用"员工结构表"的数据制作三维饼图。

1. 柱形图

在工作表"员工信息表"中制作员工年龄的柱形图，修改图表标题为"员工年龄柱形图"，图例放到右侧显示。

步骤 1：首先在工作表"员工信息表"中选取单元格区域 B2:B26，然后按住"Ctrl"键，再选取单元格区域 M2:M26，将两个不连续的单元格区域同时选中；最后选择"插入"选项卡，在"图表"选项组中单击"插入柱形图或条形图"按钮，在弹出的下拉列表中选择"二维柱形图"栏的"簇状柱形图"(即第 1 个)，即可完成图表的插入；适当调整图表的宽度，效果如图 6-79 所示。

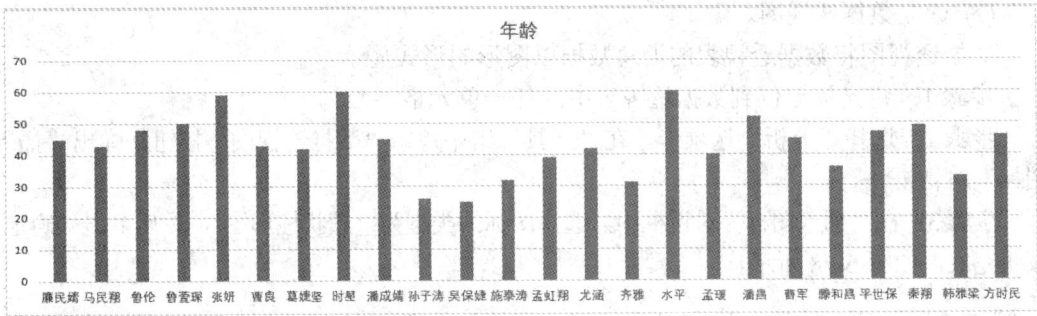

图 6-79　插入的柱形图

步骤 2：双击柱形图中"图表标题"元素使之进入编辑状态，把文字"年龄"修改为"员工年龄柱形图"；选中柱形图，然后单击"设计"选项卡→"添加图表元素"→"图例"→"右侧"选项，如图 6-80 所示。

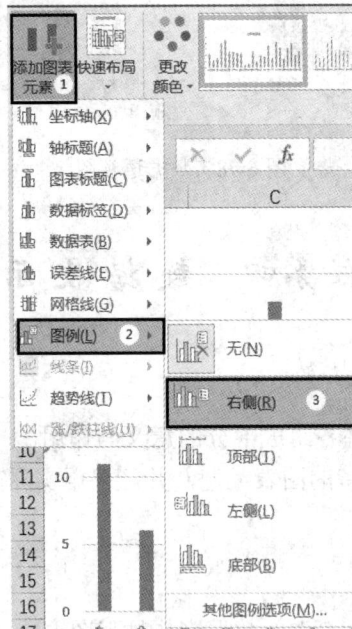

图 6-80　添加柱形图图例

步骤 3：适当调整图表的宽度，完成效果如图 6-81 所示。

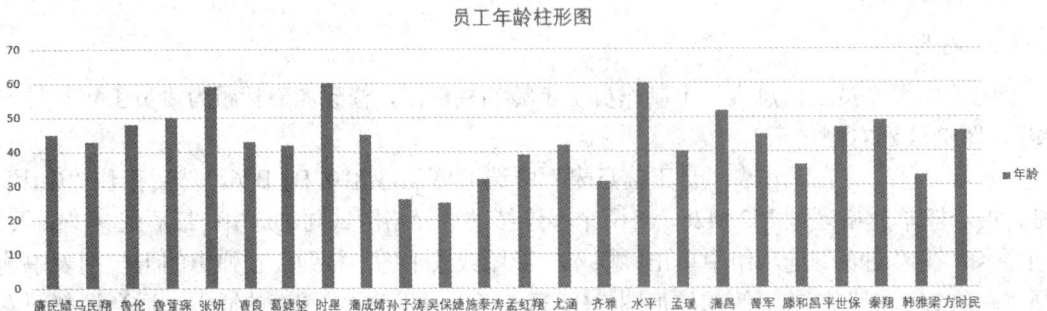

图 6-81　柱形图完成效果

2. 饼图

在工作表"员工结构表"中制作性别占比分布三维饼图，并修改图表标题为"公司男女比例"，图例放到右侧显示且显示各部分百分比的数值。

步骤 1：首先在工作表"员工结构表"中选取单元格区域 C2:D2，然后按住"Ctrl"键，再选取单元格区域 C9:D9，将两个不连续的单元格区域同时选中；最后选择"插入"选项卡，在"图表"选项组中单击"插入饼图或圆环图"按钮，在弹出的下拉列表中选择"三维饼图"选项，即可完成图表的插入，结果如图 6-82 所示。

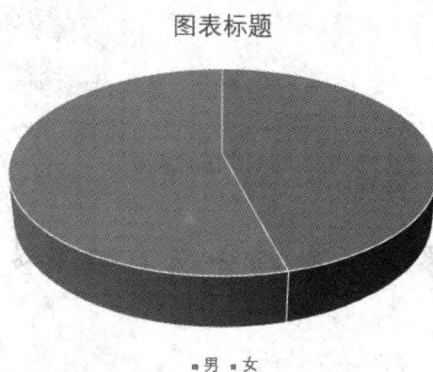

图 6-82　插入的饼图

步骤 2：双击饼图中"图表标题"元素使之进入编辑状态，修改文字为"公司男女比例"；选中饼图，然后单击"设计"选项卡→"添加图表元素"→"图例"→"右侧"选项，如图 6-83 所示。

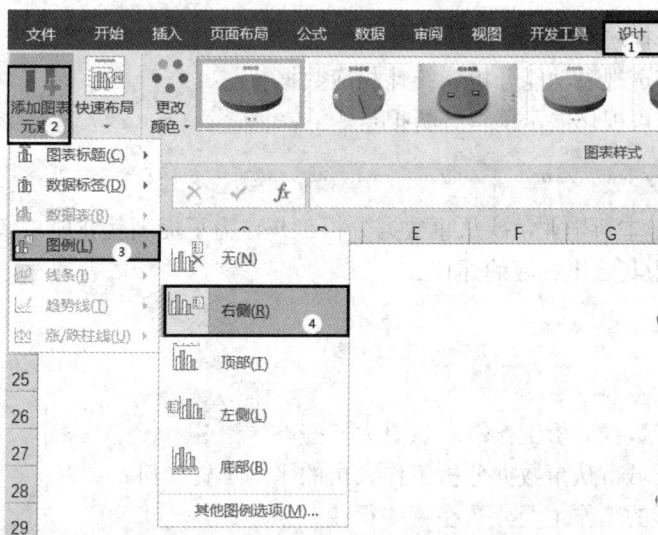

图 6-83　添加饼图图例

步骤 3：选中饼图，然后单击"设计"选项卡→"添加图表元素"→"数据标签"→"其他图据标签选项(M)…"选项，并在右侧设置数据标签格式窗口中仅勾选"百分比"，标签位置选择"数据标签外"。饼图完成后效果如图 6-84 所示。

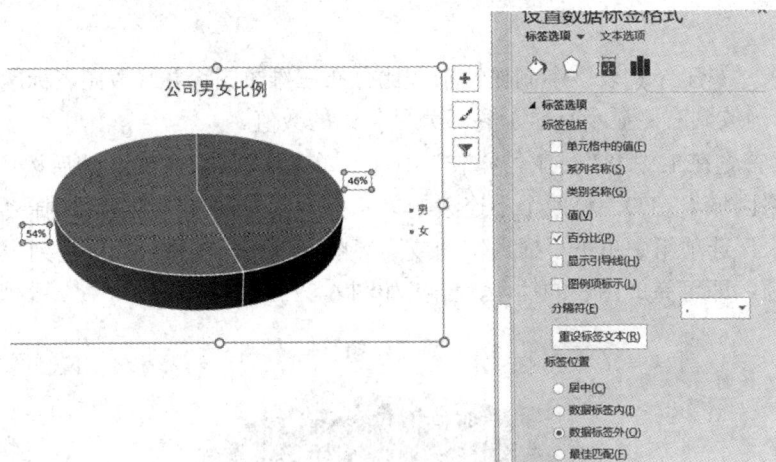

图 6-84　饼图完成效果

任务五　数据分析与决策支持

任务目的 ▶▶------●●●

(1) 了解数据分析各步骤的意义与作用。

(2) 掌握 Excel 常用函数及使用方法，并将其运用到数据分析中，同时通过对相关数据分析撰写分析报告。

任务内容 ▶▶------●●●

(1) 根据任务描述对原始数据进行数据清洗。

(2) 利用数据透视表功能分析、统计相应数据。

(3) 通过数据可视化展示撰写分析报告。

任务描述 ▶▶------●●●

张三即将大学本科毕业，欲从事数据分析工作，为了提高就业成功率，请你通过招聘数据进行分析，为其给出相应的建议。

任务步骤 ▶▶------●●●

1. 明确问题

(1) 哪些城市数据分析工作需求量更大一些？

(2) 各大主要城市从事数据分析工作人员的平均工资如何？

(3) 数据分析的工作主要分布在哪些行业？

(4) 数据分析工作对于工作年限的要求有什么特点？

(5) 数据分析工作对于学历要求有什么特点？

(6) 工作经验与薪资是否存在相关性？

数据的获取技术在本任务中不涉及，因此可从招聘网站上获取信息并查找。

2. 理解数据

寻找与任务相关的数据；从数据中获取信息；理解字段信息。

3. 数据清洗

往往原始数据无法直接拿来做分析，因为有些数据不符合要求，因此需要对数据进行清洗。在实际的数据分析过程中有很大一部分工作是做数据清洗。数据越规范、越完整，做出来的分析才越准确、越有意义。数据清洗分为以下几个步骤：

(1) 选择子集：原始数据已删除无关数据列，因此所有列都可以参与分析。

(2) 列名重命名：原始数据列名已处理，不需要重命名。

(3) 删除重复值：对相同的数据行进行删除重复值的操作。

(4) 缺失值处理：当缺失比例很小时，可直接对缺失记录进行舍弃或进行手工处理。但在实际数据中，往往缺失数据占有相当的比重。这时如果手工处理非常低效，如果舍弃缺失记录，则会丢失大量信息，使不完全观测数据与完全观测数据间产生系统差异，对这样的数据进行分析很可能会得出错误的结论。有关缺失数据补齐的方法涉及数据挖掘中的相关知识，本书不过多赘述。

注：此任务中的原始数据已将缺失值做了简单的删除操作。

(5) 一致化处理包含以下内容：

① 因为实习的薪资和全职计算不一样，所以在数据集的岗位中应去掉含有"实习"的行，以方便统计。

② 将薪资列的值进行拆分，新增"最低""最高"两列，分别作为一个岗位薪资的最低值和最高值，如是单值的，用最低值填充最高值。

③ 有些公司标注"1X"薪等，因此新增一列"奖金率"以计算每个岗位的奖金率。

④ 公司所属领域一列存在一个或多个领域，中间用逗号分隔，后期分析需要拆成多列。实验中使用分列功能实现步骤如下：

步骤 1：选中公司所属领域列。

步骤 2：单击"数据"选项卡→"分列"→"分隔符"选项。

步骤 3：单击"逗号"→"下一步"→"完成"按钮。

操作完成之后发现有部分数据并没有分列成功，原因一般是分隔符的逗号不统一，因此在进行上述步骤之前应先把此列中的逗号统一替换为英文输入法状态下的逗号。

⑤ 把"最低""最高""奖金率"列转换为数值，新增一列"平均薪资"并计算出每个岗位的平均薪资。

⑥ 将"经验需求"列拆分出来放入新增"工作经验"字段列，学历要求放入"学历要求"字段列。如果公司对此无要求，则新增列中填充"不限"。

(6) 异常值处理：查看岗位，是否有不属于数据分析师岗位的数据。

4. 数据分析

根据提出的问题，利用 Excel 的数据透视表功能来统计分析。

5. 数据可视化

根据数据透表统计的数据，选择对应的图表来直观展示数据。

6. 报告撰写

通过对招聘信息的统计分析，为张三未来 5 个职业规划撰写不少于 300 字的分析报告。

项目 7

Python 数据分析实训

任务一　生成数据

任务 目的

(1) 掌握 Python 中新建、打开、处理 Excel 文件的方法。

(2) 掌握 Python 中写入 Excel 文件数据的方法。

(3) 掌握 Python 中生成随机数的方法。

(4) 掌握 Python 中生成 Excel 随机测试数据文件的完整方法。

任务 内容

(1) 新建、打开 Excel 文件。

(2) 写入 Excel 文件数据。

(3) 生成随机数。

(4) 生成 Excel 随机测试数据文件。

任务 步骤

Python 和 Excel 都是数据分析工具和数据处理工具，但两者之间存在较大的差异。

首先，在处理大量数据时，Python 的效率高于 Excel。当数据量很小的时候，Excel 和 Python 的数据处理速度基本上差不多，但是当数据量较大或者公式嵌套很多时，Excel 就会变得很慢。需要说明的是，Excel 所处理的数据量是有一定限制的。在当今大数据时代，企事业单位所产生及需要处理的数据量极为庞大，动辄以百万条计，这在 Excel 中几乎是极难做到的，通过 Python 编程则可轻易实现。

其次，Python 可以轻松实现自动化处理。如我们要将多个 Excel 文件内部的数据进行处理和分析，形成一个需要上报的汇聚型图文报表，使用 Excel 是无法实现的，而通过 Python 可以轻松实现自动化处理。

第三，Python 可以用作算法模型，也就是说，Python 在处理复杂工作问题方面远比 Excel 具有更大的优势。比如，Python 在商业上可以使用 AI 算法搭建数学模型对用户进行社交图谱分析并生成决策辅助意见，协助企事业单位高层进行决策。

　　本教材主要定位于教学，因此需要采用 Excel 文档作为数据文件。在实际工作中，企事业单位更多的是采用 MySQL、MS SQL 等专业数据库系统来进行存储和处理数据文件。

　　以下以随机动态生成一份 Excel 分数表为例来实现对 Excel 文件和数据进行处理。本例中所使用的模块为 openpyxl 模块，该模块是 Python 实现对 Excel 文件进行处理的主要模块之一。

1. 新建、打开、处理 Excel 文件

(1) 安装 Excel 处理模块。

```
pip install openpyxl
```

(2) 在程序中使得 Python 能顺利处理中文字符(在程序的第一行输入)。

```
# coding: UTF -8
```

(3) 在程序中导入 openpyxl 模块。

```
from openpyxl import Workbook, load_workbook
```

(4) 定义 Excel 文件名变量。

```
excelFileName = r'd:\test.xlsx'
```

(5) 创建一个新的 Excel 文件 wb 对象。

```
wb = openpyxl.load_workbook(ExcelFileName)
```

(6) 创建一个新的 Excel 工作簿对象 final_wb 用来存储数据。

```
final_wb = openpyxl.workbook( )
```

(7) 完成对 Excel 工作簿和文件的处理后，存储当前工作簿至 Excel 文件中。

```
workbook.save(filename)
```

2. 写入 Excel 文件数据

(1) 设定 Excel 当前工作表，并定义工作表的名字。

```
worksheet = workbook.worksheets[0]
worksheet.title = '学生考试成绩'
```

(2) 定义工作表首行列数据说明，按照 A、B、C 列写入。

```
worksheet.append(['姓名','课程','成绩'])
```

(3) 将变量值写入工作表中，按照 A、B、C 列写入。

```
worksheet.append([name, subjects,score])   # name, subjects,score 等变量应赋值
```

写入数据后的 Excel 文件数据如图 7-1 所示

	A	B	C
1	姓名	课程	成绩
2	何昀静	基础会计	28
3	钱志	基础会计	45
4	何坤	大学英语	85
5	钱坤	大学语文	86
6	钱伟志	基础会计	57
7	孙坤	大学语文	75
8	钱静	高等数学	25
9	赵坤	基础会计	44
10	钱昀志	基础会计	86
11	何琛坤	大学语文	42

图 7-1　写入数据后的 Excel 文件数据

3. 生成随机数

(1) 在程序中导入 random 模块。

```
from random import choice, randint
```

(2) 随机生成数值区域在 1~100 的数。

```
score = randint(0, 100)
```

(3) 随机生成课程名。

```
subjects =['大学语文','高等数学','大学英语','基础会计'] #创建课程名列表
subject = choice(subjects) #subjects 列表中的元素随机赋值给变量 subject
```

4. 生成有 30 000 条数据的 Excel 随机测试数据文件

以下是生成有 30 000 条 Excel 随机测试数据文件的源代码。

```python
# coding: UTF -8

#程序：通过随机生成学生姓名和每个科目的成绩完成测试数据文件生成

from random import choice, randint
from openpyxl import Workbook, load_workbook

def generateRandomInformation(filename):
    workbook = Workbook()
    worksheet = workbook.worksheets[0]
    worksheet.title = '学生考试成绩'
    worksheet.append(['姓名', '课程', '成绩'])

    first = '赵钱孙周王郑何'
    middle = '伟昀天琛'
    last = '坤云志静'
    subjects =['大学语文', '高等数学', '大学英语', '基础会计']

    for i in range(30000):   #生成 30 000 条数据
        #随机生成中文名字中的姓
        name = choice(first)
        #有一定概率生成有 3 个字的中文名字，生成名字中的第 2 个字
        if randint(1,100)>=50:
            name = name + choice(middle)
        #生成中文名字中的最后一个字
        name = name + choice(last)
        # 依次生成姓名、课程名和成绩
        worksheet.append([name, choice(subjects), randint(0, 100)])
```

```
        # 保存数据,生成 Excel 文件
        workbook.save(filename)
        print('文件已经全部生成!')


    if __name__ == '__main__':
        strFileName = r'd:\stuScore.xlsx'          #数据文件名及其路径
        generateRandomInformation(strFileName)
```

任务二　处理数据

任务 目的 ▶▶------•••

(1) 掌握 Python 中读取 Excel 文件数据的方法。

(2) 掌握 Python 中通过列表实现是否存在重复数据的算法。

(3) 掌握 Python 中通过字典判断某个数值是否是字典中的最大值的算法。

(4) 掌握 Python 中获得全班每位同学所参加课程多次考试的最高分的完整算法。

任务 内容 ▶▶------•••

(1) 读取 Excel 文件数据。

(2) 自行编写用于判断列表中是否存在重复数据的程序。

(3) 计算字典中某元素的最高数值。

(4) 编写获得全班每位同学所参加课程多次考试的最高分的完整算法程序。

任务 步骤 ▶▶------•••

(1) 读取 Excel 文件数据。

① 打开 Excel 文件。

```
    workbook = load_workbook(ExcelFileName)
```

② 设定 Excel 当前工作表后,读取工作表中某行某列的值。

```
    stuName = start_sheet['A'+str(i)].value   #读取 A 行 i 列的值至变量 stuName 中
```

(2) 自行编写列表中是否存在重复数据的程序。

解题思路:使用 in 来判断某个值是否在字典中。

```
    #在字典 stuGrade 中检索是否存在与 stuName 变量相同的值
    if stuName in stuGrade:
    #如果字典 stuName 存在 stuGrade 的值,则不做任何操作
        stuGrade[stuName]
    else:
    #如果字典 stuName 不存在 stuGrade 的值,则字典 stuName 新增一条数据
        stuGrade[stuName]={}
```

(3) 在字典中判断某个数值是否是字典中的最大值,若是,则写入字典中。

```
        if score>stuGrade[stuName][lesName]:
            stuGrade[stuName][lesName]=score
```

（4）编写获得全班每位同学所参加课程多次考试的最高分算法的完整程序，把考试成绩键入计算机中进行验证，并独立完成本程序的程序流程图。

```
# 找到并保留每位同学参加考试科目的最高分
from random import choice, randint
from openpyxl import Workbook, load_workbook


def getMaxScore(oldfileName,newfilrName):
    #打开学生成绩文件，并设定活动工作表
    Wb = load_workbook(oldfileName)
    start_sheet = wb.active


    #创建一个新的 Excel 工作簿对象，用来存储学生各科目最高成绩(最终成绩)
    final_wb = Workbook()
        #设置学生最高成绩文件的活动表信息
    final_sheet = final_wb.active
    final_sheet.title = '学生的各科成绩'
    final_sheet.append(['姓名', '课程', '最高分'])


    #创建一个记录参加考试学生成绩的字典
    stuGrade={}


    for i in range(2, start_sheet.max_row+1):
        #获取学生姓名、课程名和成绩
        stuName = start_sheet['A'+str(i)].value
        lesName = start_sheet['B'+str(i)].value
        score = start_sheet['C'+str(i)].value


        #判断 stuGrade 中是否存有该学生
        if stuName in stuGrade:
            stuGrade[stuName]        #若有，则定位字典中该元素
        else:
            stuGrade[stuName]={}     #若无，则字典 stuName 新增一条数据


        #先判断该学生名下的成绩字典中是否存有这门课程
        if lesName in stuGrade[stuName]:
            #如 stuGrade 中存在学生该门课成绩信息，则判断当次成绩是否是最高分
            #是最高分，则写入字典 stuGrade 中
```

```
            if score>stuGrade[stuName][lesName]:
                stuGrade[stuName][lesName]=score
        else:
            #如 stuGrade 中不存在学生该门课成绩信息，则直接写入新的成绩信息
            stuGrade[stuName][lesName]=score

        #将字典 stuGrade 的值写入 Excel 文件对象 final_sheet 中
        for student in stuGrade:
            for lesson, score in stuGrade[student].items():
                final_sheet.append([student, lesson, score])
        final_wb.save(newfilrName)


if __name__ == '__main__':
    #学生成绩文件
    oldfile = r'd:\stuScore.xlsx'
    #学生最高成绩文件
    newfile = r'd:\result.xlsx'
    getMaxScore(oldfile, newfile)
    print('已完成本次运算')
```

任务三　可视化分析数据

任务 目的

(1) 掌握 Python 中通过 matplotlib 绘制线图的方法。

(2) 掌握 Python 中用 matplotlib 绘制可视化图表时的参数含义及设置方法。

任务 内容

(1) 从键盘中输入待检索的学生姓名和课程名。

(2) 读取 Excel 文件，生成学生成绩信息字典。

(3) 生成线图的 X 轴，设置线图的字色、宽度等。

(4) 编写学生某科目考试成绩变化图(线图)绘制的完整程序。

任务 步骤

(1) 定义 Excel 文件位置。

```
scoreFile = r'd:\stuScore.xlsx'
```

(2) 从键盘中输入待分析的学生姓名和课程名。

```
stuName = input('请输入您需要分析的学生姓名：')
lesName = input('请输入您需要分析的课程名：')
```

(3) 打开 Excel 文件并定义活动表。

```
wb = load_workbook(scoreFile)
start_sheet = wb.active
```

(4) 创建一个记录参加考试学生成绩的空字典。

```
stuGrade = []
```

(5) 获取学生姓名、课程名和成绩，并写入字典 stuGrade 中，stuGrade 即为 Y 轴数据。

```
for i in range(2, start_sheet.max_row+1):
    stuName = start_sheet['A'+str(i)].value
    lesName = start_sheet['B'+str(i)].value
    if findstuName == stuName and findlesName == lesName:
        Score = start_sheet['C'+str(i)].value
        stuGrade.append(score)
```

(6) 定义 X 轴数据。

```
xValue = range(0,len(stuGrade))
```

(7) 设置输出的图片大小。

```
figsize = 11, 9
figure, ax = plt.subplots(figsize=figsize)
```

(8) 调用 olot 方法绘制线图。

```
A, = plt.plot(xValue, stuGrade,'-r', label='A', linewidth=5.0)
```

(9) 定义 X 轴和 Y 轴的标题。

```
plt.xlabel('cishu')
plt.ylabel('fenshu')
```

(10) 绘制线图。

```
plt.show()
```

(11) 编写学生某科目考试成绩变化图(线图)绘制的完整程序。

```
#--coding:utf-8--

from openpyxl import Workbook, load_workbook
import matplotlib.pyplot as plt

def showScore(scoreFile, findstuName, findlesName):
    #打开学生成绩文件，并设定活动工作表
    wb=load_workbook(scoreFile)
    start_sheet = wb.active


    #创建一个记录参加考试学生成绩的字典
    stuGrade = []
```

```
        #获取学生姓名、课程名和成绩，并写入字典 stuGrade 中
        for i in range(2, start_sheet.max_row+1):
            stuName = start_sheet['A'+str(i)].value
            lesName = start_sheet['B'+str(i)].value
            if findstuName == stuName and findlesName == lesName:
                score=start_sheet['C'+str(i)].value
                stuGrade.append(score)

    if len(stuGrade) < 1:
        print('您输入的数据有错或该学生未参加本课程考试，无成绩')
        return 0

    #在图上根据计算得来的学生成绩画一条折线
    #设置输出的图片大小
    figsize = 11,9
    figure, ax = plt.subplots(figsize=figsize)

    xValue = range(0, len(stuGrade))
    A,=plt.plot(xValue, stuGrade, '-r', label='A', linewidth=5.0)

    plt.xlabel('cishu')
    plt.ylabel('fenshu')

    #将文件保存至文件中并且画出图
    plt.show()

if __name__ == '__main__':
    #学生成绩文件
    scoreFile = r'd:\stuScore.xlsx'
    stuName=input('请输入您需要分析的学生姓名：')
    lesName=input('请输入您需要分析的课程名：')

    print('正在运算，请稍等......')
    showScore(scoreFile, stuName, lesName)
    print('已完成本次运算')
```

项目 8

Python 与树莓派

任务一　树莓派的安装与配置

任务目的 ▶▶------●●●

(1) 了解树莓派。

(2) 理解和掌握树莓派的安装过程。

(3) 掌握远程登录树莓派的方法。

(4) 掌握计算机与树莓派之间文件的传输过程。

任务内容 ▶▶------●●●

(1) 安装树莓派系统。

(2) 使用 PuTTY 工具软件连接树莓派。

(3) 使用 VNC 远程连接树莓派。

(4) 使用 FileZilla 工具软件实现计算机与树莓派之间的文件传输。

任务步骤 ▶▶------●●●

1. 认识树莓派

1) 树莓派是什么

树莓派(Raspberry Pi，RasPi/RPi)由英国的慈善组织 Raspberry Pi 基金会开发，它基于 ARM 的微型电脑主板，只有信用卡大小，却具备一台个人计算机的基本功能。树莓派实物图如图 8-1 所示。

Raspberry Pi 基金会开发树莓派的最初目的是提升学校计算机科学及相关学科的教学水平，培养青少年的计算机程序设计兴趣和能力，同时期望能有更多的应用被不断开发出来并应用到更多领域。

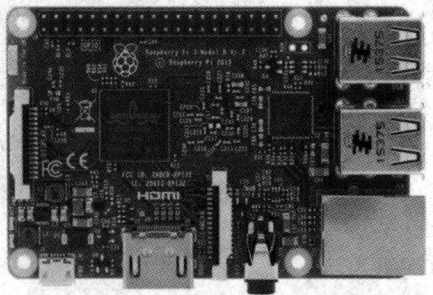

图 8-1　树莓派实物图

2) 树莓派版本介绍

自第一代树莓派 2012 年 2 月 29 日发布以来，至今树莓派已经发布了多款产品。以下是树莓派的历代产品发布历程：

◇ 2012 年 2 月 29 日，树莓派 B 发布。
◇ 2012 年 9 月 5 日，树莓派 B 修改版发布。
◇ 2014 年 7 月 14 日，树莓派 B+ 发布。
◇ 2014 年 11 月 11 日，树莓派 A+ 发布。
◇ 2015 年 2 月 2 日，树莓派 2B 发布。
◇ 2015 年 11 月 26 日，树莓派 Zero 发布。
◇ 2016 年 2 月 29 日，树莓派 3B 发布。
◇ 2017 年 2 月 28 日，树莓派 Zero W 发布。
◇ 2018 年 3 月 4 日，树莓派 3B+ 发布。
◇ 2018 年 11 月 5 日，树莓派 3A+ 发布。
◇ 2019 年 6 月 24 日，树莓派 4B 发布。

下面主要介绍树莓派 3B 版本和树莓派 4B 版本。

(1) 树莓派 3B 版本。

2016 年 2 月 29 日，树莓派 3B 版本发布。其实物图如图 8-2 所示。

图 8-2 树莓派 3B 版本实物图

树莓派 3B 版本配置参数如下：

◇ 搭载 1.2 GHz 的 64 位四核处理器(ARM Cortex-A53 1.2GHz 64-bit quad-core ARMv8 CPU)。
◇ 增加 802.11 b/g/n 无线网卡。
◇ 增加低功耗蓝牙 4.1 适配器。
◇ 最大驱动电流增加至 2.5 A。

(2) 树莓派 4B 版本。

2019 年 6 月 24 日，树莓派 4B 版本发布。其配置参数如下：

◇ 搭载 1.5 GHz 的 64 位四核处理器(Broadcom BCM2711，Quad core Cortex-A72 (ARM v8) 64-bit SoC @ 1.5GHz)。
◇ VideoCore VI GPU，支持 H.265 (4Kp60 decode)、H.264 (1080p60 decode，1080p30 encode)、OpenGL ES 3.0 graphics。
◇ 1 GB/2 GB/4 GB LPDDR4 内存。

- ◇ 全吞吐量千兆以太网(PCI-E 通道)。
- ◇ 支持 Bluetooth 5.0、BLE。
- ◇ 有两个 USB 3.0 和两个 USB 2.0 接口。
- ◇ 双 micro HDMI 输出，支持 4K 分辨率。
- ◇ microSD 存储系统增加了双倍数据速率支持。
- ◇ 驱动电流增加至 3 A。

树莓派 4B 版本实物图及接口如图 8-3 所示。

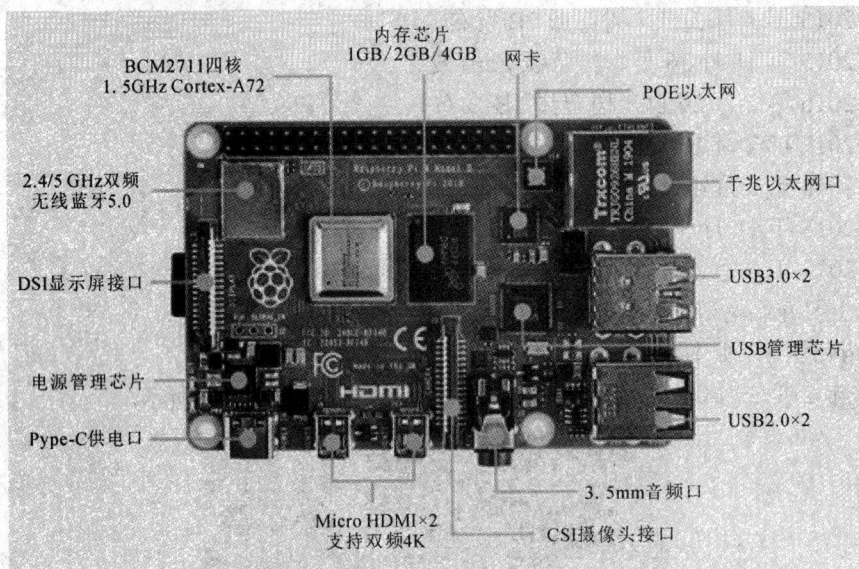

图 8-3　树莓派 4B 版本实物图及接口

树莓派 4B 版本 I/O 接口如图 8-4 所示。

图 8-4　树莓派 4B 版本 I/O 接口

树莓派接口有三种命名方案：WiringPi 编号、BCM 编号、物理编号(Physical-Number)。

WiringPi 编号是功能接线的引脚号(如 TXD、PWM0 等)；BCM 编号是 Broadcom 针脚号，通常称为 GPIO；物理编号是 PCB 板上针脚的物理位置对应的编号(1～40)。

树莓派 4B 版本引脚对照图如图 8-5 所示。

WiringPi 编号	BCM 编号	引脚名	物理编号		引脚名	BCM 编号	WiringPi 编号
		3.3V	1	2	5V		
8	2	SDA.1	3	4	5V		
9	3	SCL.1	5	6	GND		
7	4	GPIO.7	7	8	TXD	14	15
		GND	9	10	RXD	15	16
0	17	GPIO.0	11	12	GPIO.1	18	1
2	27	GPIO.2	13	14	GND		
3	22	GPIO.3	15	16	GPIO.4	23	4
		3.3V	17	18	GPIO.5	24	5
12	10	MOSI	19	20	GND		
13	9	MISO	21	22	GPIO.6	25	6
14	11	SCLK	23	24	CE0	8	10
		GND	25	26	CE1	7	11
30	0	SDA.0	27	28	SCL.0	1	31
21	5	GPIO.21	29	30	GND		
22	6	GPIO.22	31	32	GPIO.26	12	26
23	13	GPIO.23	33	34	GND		
24	19	GPIO.24	35	36	GPIO.27	16	27
25	26	GPIO.25	37	38	GPIO.28	20	28
		GND	39	40	GPIO.29	21	29

图 8-5　树莓派 4B 版本引脚对照图

3) 树莓派组件

树莓派除了主板以外，通常还有一些组件，如表 8-1 所示。

表 8-1　树莓派常用组件

序号	组件实物图	组件名	序号	组件实物图	组件名
1		5V/3A 电源适配器	4		40P 软排线
2		面包板	5		跳线
3		转接 T 型板	6		TF 卡

4) 树莓派的应用

树莓派常被用作各种项目的大脑。常见的树莓派应用有居家自动化、居家安全、媒体中心、气象站、可穿戴计算机、机器人控制器、四轴飞行器控制器、网络服务器、电子邮件服务器、GPS 跟踪器、网络摄像头控制器、咖啡机、业余无线电服务器及终端、电机控制器、延时摄影管理器、游戏控制器、比特币挖矿机、车载电脑等。

2. 安装和配置树莓派

有了树莓派硬件以后，还必须为树莓派安装一个系统，具体步骤如下：

步骤 1：下载系统镜像文件。

镜像文件上课时可由老师提供，也可自行下载，下载地址为 https://www.raspberrypi. org/software。

步骤 2：解压文件。

下载的系统镜像文件一般是 ".rar" 格式，需解压成 ".img" 格式。如果下载的系统镜像文件已经是 ".img" 格式，可直接跳过这一步。

步骤 3：格式化 TF 卡。

如果是新 TF 卡，可以忽略这一步，否则需按照以下说明进行格式化：

(1) 下载一个格式化磁盘的软件(如 SDFormatter V4.0)。

(2) 运行 SDFormatter V4.0，然后按照如图 8-6 所示的编号顺序操作。

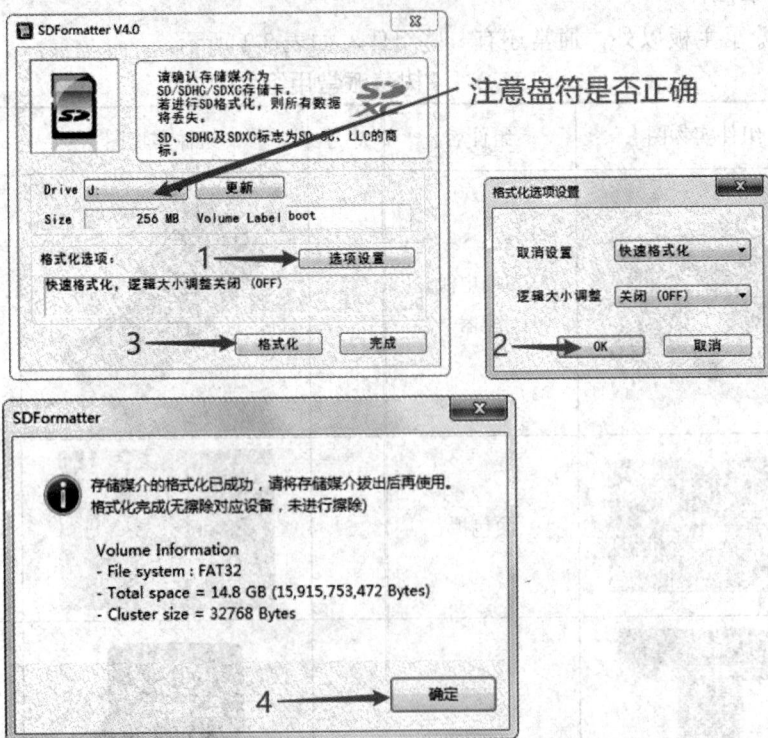

图 8-6　TF 卡格式化示意图

步骤 4：安装 etcher 烧录工具软件。

etcher 烧录工具软件可由老师提供，也可自行下载，下载地址为 https://www.balena.io/etcher。

步骤 5：烧录系统镜像文件。

将系统镜像文件烧录到 TF 卡的操作步骤如下：

(1) 启动 etcher 烧录工具软件，按照如图 8-7 所示的编号顺序操作。

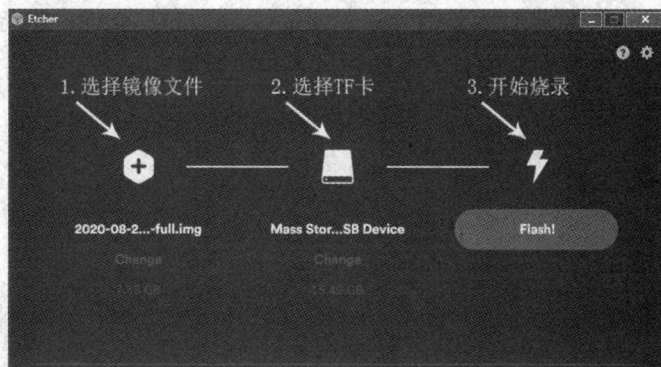

图 8-7　烧录系统镜像文件示意图

(2) 开始烧录系统镜像文件，如图 8-8 所示。

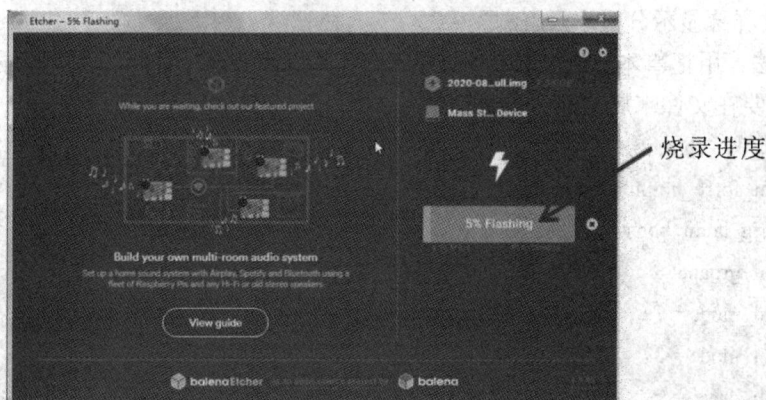

图 8-8　烧录系统镜像文件进度界面

(3) 系统镜像文件烧录成功提示界面如图 8-9 所示。

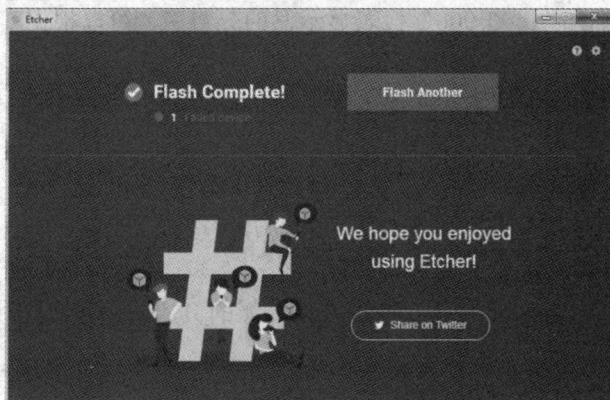

图 8-9　烧录成功提示界面

提示：此过程比较长，需要耐心等待，不要操作鼠标和键盘，以免烧录出错。

步骤 6：系统配置。

(1) 开启 SSH 服务。

操作方法：在 TF 卡的 boot 盘中创建名为"ssh"的无后缀空文件。

(2) 配置 WiFi。

操作方法：首先在 boot 盘中新建"wpa_supplicant.conf"文件，然后用记事本打开此文件，在文件中输入以下内容(所有字符必须是半角字符输入)：

```
ctrl_interface = DIR=/var/run/wpa_supplicant GROUP = netdev
update_config = 1
country = CN


network={
    ssid = "###"
    psk = "***"
}
```

注意：要把"###"和"***"修改为对应的 WiFi 账号名和密码(上课时由老师提供)。

(3) 修改屏幕显示分辨率。

操作方法：用记事本打开 TF 卡根目录下的"config.txt"文件，在文件的末尾加入以下内容(一定要在文件末尾另起一行输入)：

```
max_usb_current = 1
hdmi_force_hotplug = 1
config_hdmi_boost = 7
hdmi_group = 2
hdmi_mode = 1
hdmi_mode = 87
hdmi_drive = 1
display_rotate = 0
hdmi_cvt 1440 900 60 0 0 0
```

注意：最后一行的"1440 900"代表显示器的分辨率，可以根据实际使用的显示器分辨率进行修改。

编辑好后保存文件，正常删除并退出读卡器，取下 TF 卡，然后把 TF 卡插入树莓派主板对应的插槽中。

步骤 7：启动树莓派。

将树莓派与电源连接起来，按电源线中间的开关按钮启动树莓派。

步骤 8：查看树莓派的 IP 地址。

使用 Advanced IP Scanner 工具软件查看树莓派的 IP 地址，同时牢记树莓派的 IP 地址和 MAC 地址。

步骤 9：用 SSH 远程登录树莓派。

使用 PuTTY 工具软件中的 SSH 连接树莓派，如图 8-10 所示。

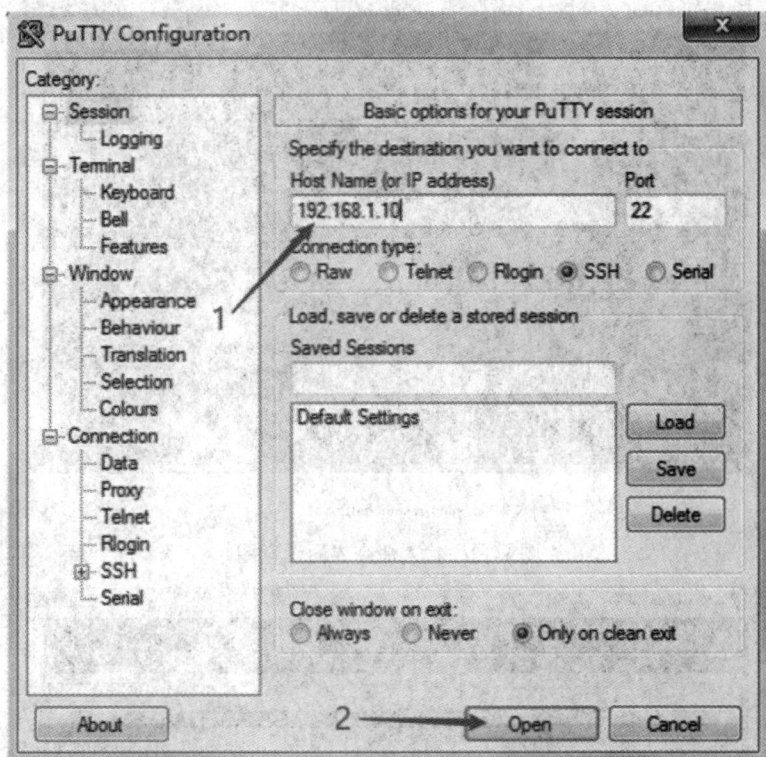

图 8-10 PuTTY 工具软件设置界面

连接成功后出现如图 8-11 所示的画面(默认的用户名为 pi，密码为 raspberry)。

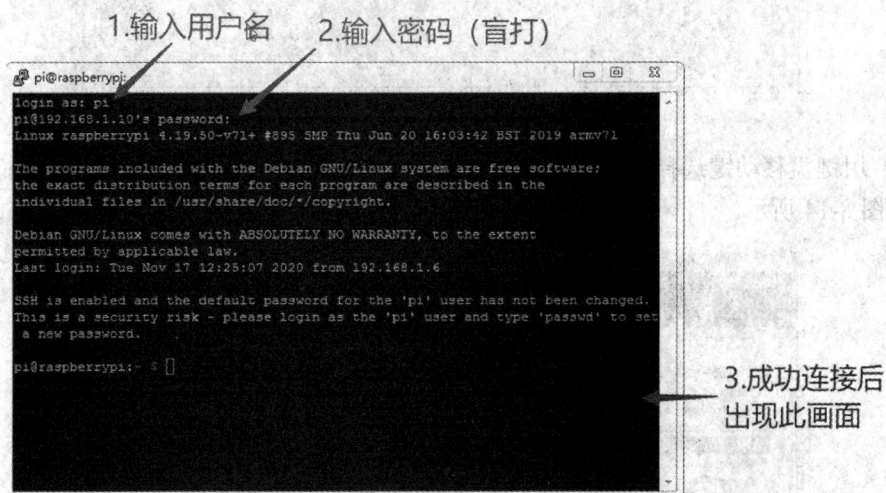

图 8-11 SSH 连接成功画面

步骤 10：开启 VNC 服务。

操作方法如下：

(1) 在图 8-11 所示界面的最后一行输入命令"sudo raspi-config"(如图 8-12 所示)，然后按回车键出现如图 8-13 所示的界面。

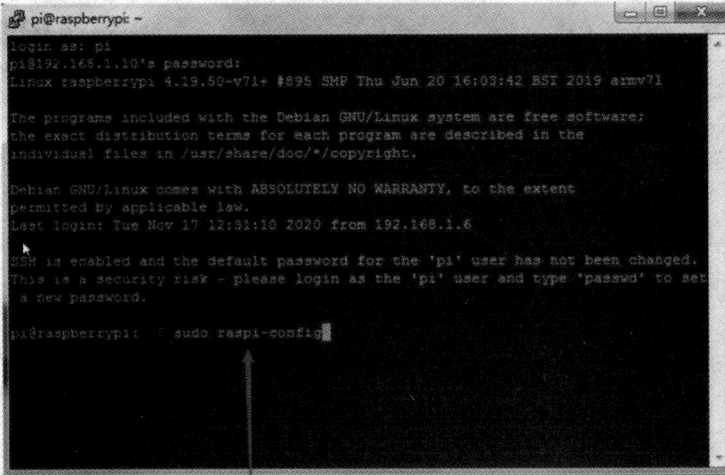

输入命令：sudo raspi-config

图 8-12 输入命令界面示意图

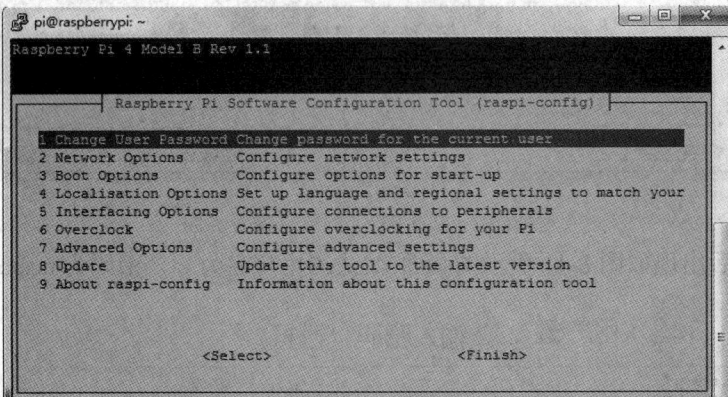

图 8-13 开启 VNC 服务设置界面 1

(2) 用键盘移动键选择第 5 项"Interfacing Options"，再用 Tab 键切换到"Select"选项，如图 8-14 所示。

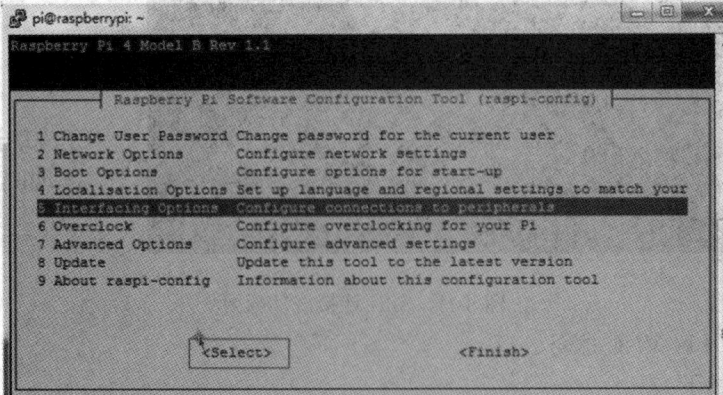

图 8-14 开启 VNC 服务设置界面 2

(3) 按回车键，出现如图 8-15 所示的画面，用键盘移动键选择"P3 VNC"选项，再用 Tab 键切换到"Select"选项。

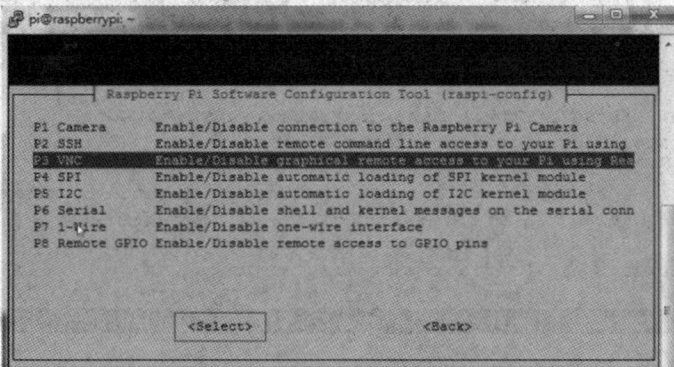

图 8-15　开启 VNC 服务设置界面 3

(4) 按回车键，出现如图 8-16 所示的画面，选择"是"选项。

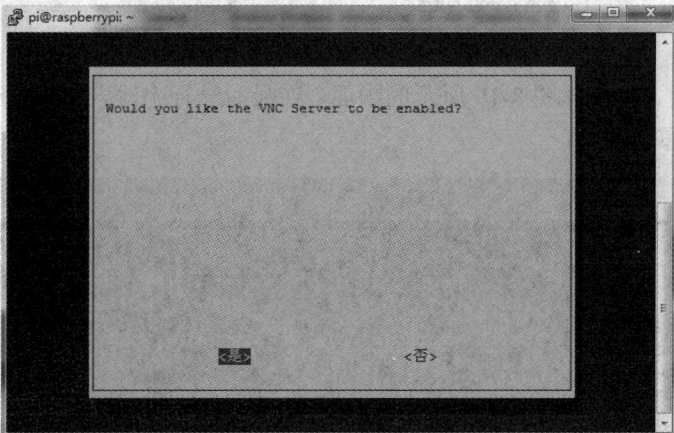

图 8-16　开启 VNC 服务设置界面 4

(5) 按回车键，出现如图 8-17 所示的画面，选择"确定"选项。

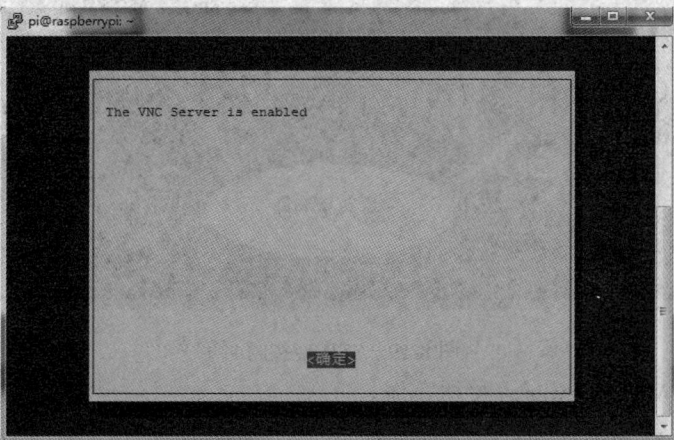

图 8-17　开启 VNC 服务设置界面 5

(6) 按回车键，出现如图 8-18 所示的画面，选择"Finish"选项。

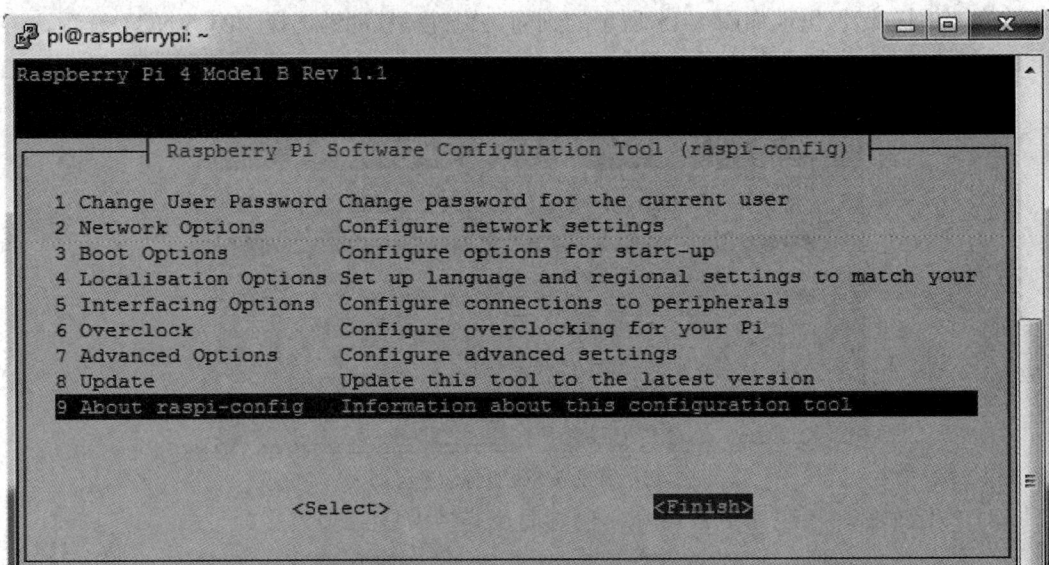

```
Raspberry Pi 4 Model B Rev 1.1

        ┌─────── Raspberry Pi Software Configuration Tool (raspi-config) ──────┐

         1 Change User Password Change password for the current user
         2 Network Options      Configure network settings
         3 Boot Options         Configure options for start-up
         4 Localisation Options Set up language and regional settings to match your
         5 Interfacing Options  Configure connections to peripherals
         6 Overclock            Configure overclocking for your Pi
         7 Advanced Options     Configure advanced settings
         8 Update               Update this tool to the latest version
         9 About raspi-config   Information about this configuration tool



                      <Select>                        <Finish>
```

图 8-18　开启 VNC 服务设置界面 6

(7) 按回车键，出现如图 8-19 所示的画面，在最后一行中输入"sudo reboot"，然后按回车键，树莓派重新启动。

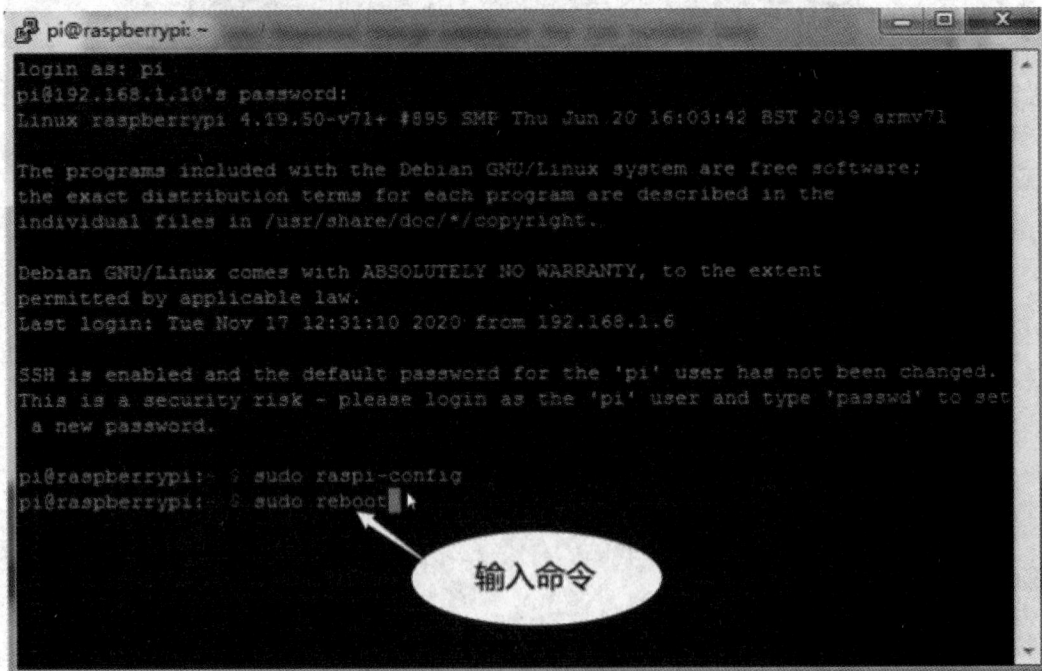

图 8-19　SSH 连接画面

步骤 11：用 VNC Viewer 连接树莓派。

操作方法如下：

(1) 安装 VNC Viewer 工具软件。

(2) 运行 VNC Viewer 工具软件，成功运行的界面如图 8-20 所示。

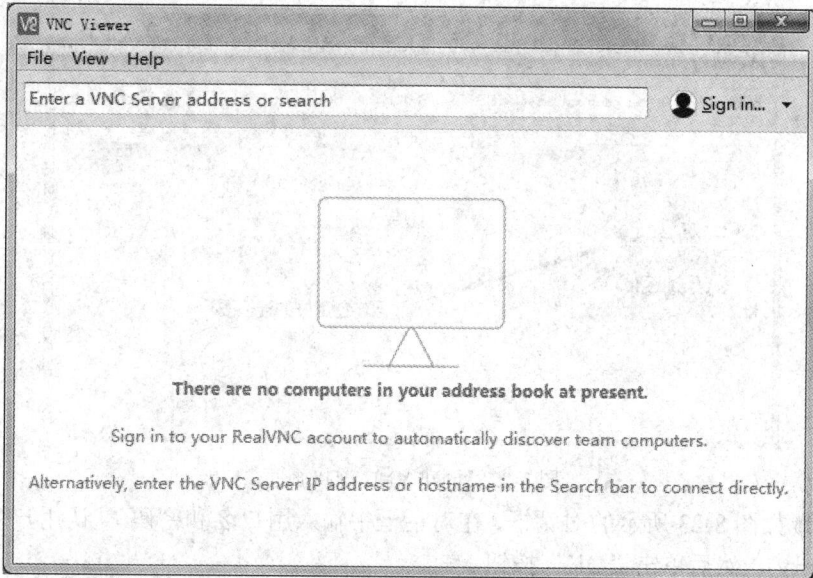

图 8-20　VNC Viewer 软件成功运行界面

　　(3) 选择 "File" 菜单中的 "New connection" 选项，出现如图 8-21 所示的对话框，在对话框中输入树莓派的 IP 地址，用户名可以不输入，然后单击 "OK" 按钮。

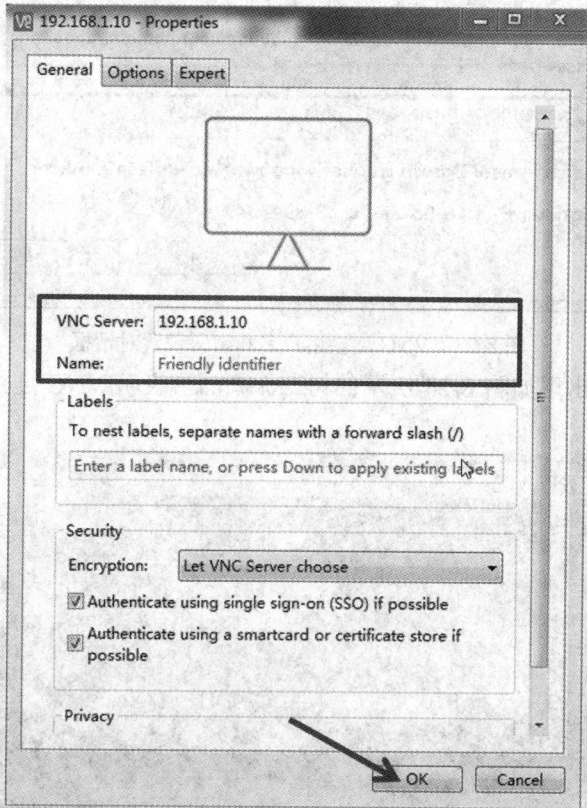

图 8-21　VNC Viewer 连接设置对话框

　　(4) 出现如图 8-22 所示的界面，双击创建好的连接图标。

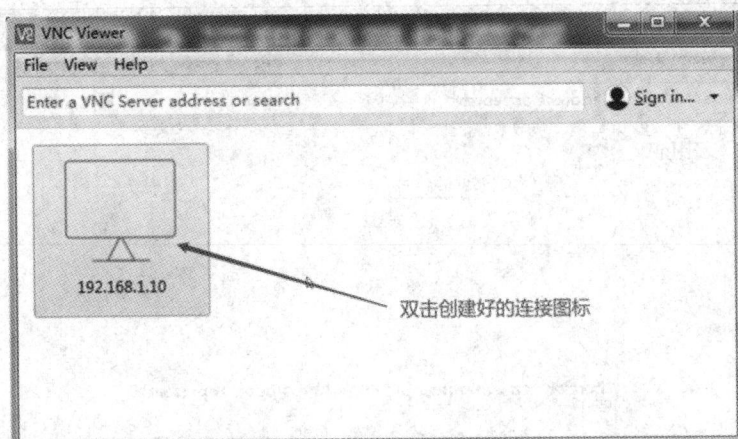

图 8-22　创建 VNC 连接画面

(5) 出现如图 8-23 所示的对话框，在对话框中输入用户名和密码(默认用户名为 pi，密码为 raspberry)，然后单击"OK"按钮。

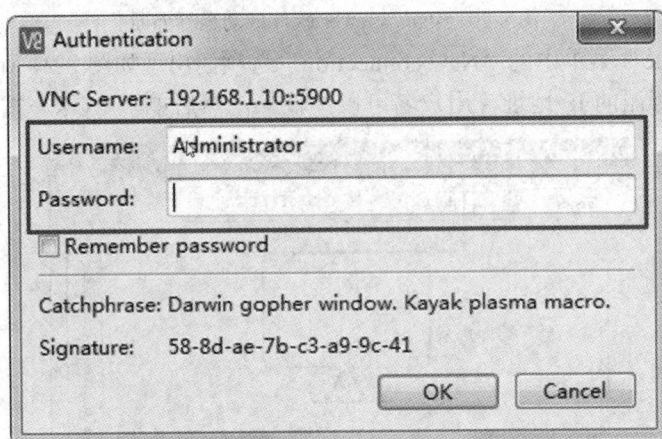

图 8-23　VNC 连接用户名和密码设置对话框

(6) 在显示器中出现如图 8-24 所示的树莓派画面，表明 VNC 连接成功。至此，用户就可以使用树莓派了。

图 8-24　树莓派主界面

步骤 12：计算机与树莓派之间进行文件传输。

当计算机远程连接树莓派以后，需要借助一个工具软件——FileZilla，将计算机中编写的程序传输到树莓派中。操作方法如下：

(1) 安装 FileZilla 软件，然后启动 FileZilla 软件，启动成功的界面如图 8-25 所示；分别输入主机名(树莓派 IP 地址)、用户名(默认 pi)和密码(默认 raspberry)，然后单击"快速连接"按钮。

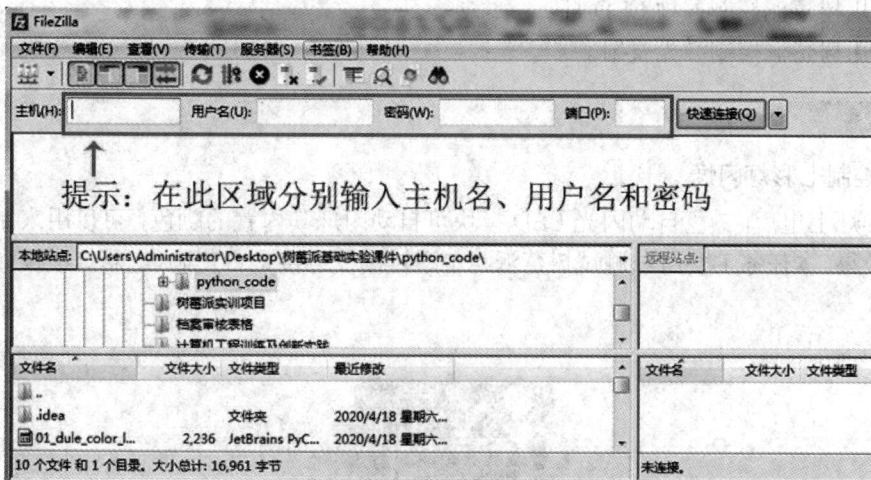

图 8-25　FileZilla 软件界面

(2) 连接成功后会出现如图 8-26 所示的画面，此时就可以在计算机和树莓派之间传输文件了。

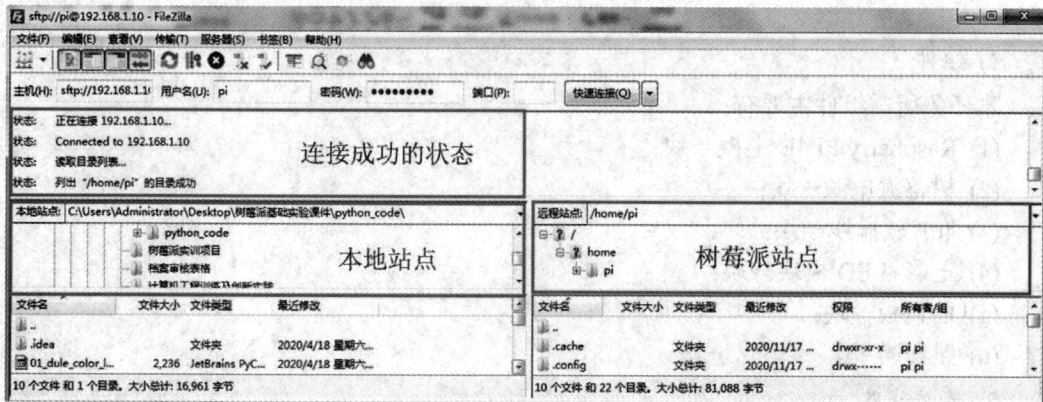

图 8-26　FileZilla 连接成功画面

任务二　用树莓派控制 LED 灯

任务目的 ▶▶▶ ------●●●

(1) 了解 GPIO。

(2) 掌握树莓派与 T 型转接板的连接方法。

(3) 掌握 T 型转接板与 LED 灯的连接方法。

(4) 会编写代码控制 LED 灯。

任务 内容 ▶-----•••

(1) 了解 GPIO L 的基础知识。

(2) 用树莓派制作呼吸灯。

(3) 用树莓派控制各种 LED 灯。

(4) 用树莓派控制激光发射。

任务 步骤 ▶-----•••

1. 控制七彩灯闪烁

七彩灯上电后，7 色自动闪光 LED 模块可自动闪烁其内置的颜色，可以用来制作迷人的灯光效果。本任务主要用于测试树莓派与 T 型转接板连接是否正确。七彩灯模块如图 8-27 所示。

图 8-27　七彩灯模块

1) 组件

本任务所需组件主要有：

(1) Raspberry Pi 4B 主板一块；

(2) 树莓派电源一块；

(3) 40P 软排线一块；

(4) 七彩 LED 模块一块；

(5) 面包板一块；

(6) 跳线若干。

2) 连接线路

树莓派、T 型转接板和七彩灯模块具体连接说明和连接图分别如表 8-2 和图 8-28 所示。

表 8-2　树莓派、T 型转接板和七彩灯模块连接说明

树 莓 派	T 型转接板	七彩灯模块
GND	GND	中间引脚
5 V	5 V	S
—	—	— (不用)

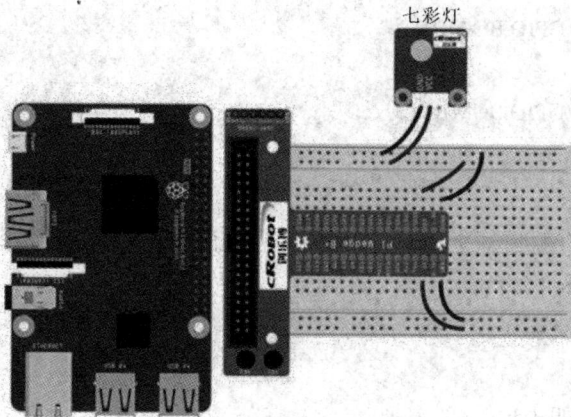

图 8-28　七彩灯实验连接图

3) 观察实验效果

七彩灯模块内置有控制 LED 灯闪烁的芯片，本任务不需要编程，通电即可看到实验效果。

2．GPIO 及制作呼吸灯

1) GPIO 是什么

GPIO(General Purpose I/O Ports)即通用输入/输出端口，通俗地说就是一些引脚，通过它们可以输出高低电平或者读入引脚的状态(是高电平或是低电平)。

GPIO 是一个比较重要的概念，用户可以通过 GPIO 和硬件进行数据交互(如 UART)，还可以控制硬件(如 LED、蜂鸣器等)和读取硬件的工作状态信号(如中断信号)等。GPIO 的使用非常广泛。

2) 导入 GPIO 模块

可以用下面的代码导入 RPi.GPIO 模块。

```
import RPi.GPIO as GPIO
```

如果想检查模块是否引入成功，可以使用下面的代码。

```
try:
import RPi.GPIO as GPIO
except RuntimeError:
    print("引入错误")
```

3) 引脚编号

在 RPi.GPIO 模块中，支持 BOARD 和 BCM 两种 GPIO 引脚编号(树莓派引脚编号见图 8-5)。

BOARD：与树莓派电路板上的物理引脚编号相对应。使用这种编号的好处是硬件一直可以使用，不用担心树莓派的版本问题。因此，在电路板升级后，不需要重写连接器或代码。

BCM：一种更底层的工作方式，它和 Broadcom 的片上系统中信道编号相对应。用户在使用一个引脚时，需要查找信道号和物理引脚编号之间的对应规则。对于不同的树莓派版本，需要编写不同的脚本文件。

使用引脚代码如下：

```
GPIO.setmode(GPIO.BOARD)
#or
GPIO.setmode(GPIO.BCM)
```

4) 使用 GPIO

(1) 禁用警告。

如果 RPi.GRIO 检测到一个引脚已经被设置成了非默认值，那么将看到一个警告信息。可以通过下列代码禁用警告：

```
GPIO.setwarnings(False)
```

(2) 设置引脚。

引脚设置的代码如下：

```
#将引脚设置为输入模式
GPIO.setup(channel, GPIO.IN)
#将引脚设置为输出模式
GPIO.setup(channel, GPIO.OUT)
#为输出的引脚设置默认值
GPIO.setup(channel, GPIO.OUT, initial = GPIO.HIGH)
```

(3) 释放引脚。

一般来说，程序运行到最后都需要释放资源，这样可以避免偶然损坏树莓派。释放脚本中使用的引脚代码如下：

```
GPIO.cleanup()
```

(4) 输出引脚状态。

要想点亮一个 LED 灯或者驱动某个设备，需要给它们输入电流和电压，实现代码如下：

```
GPIO.output(channel, state)
```

其中：state 状态可以设置为 0 / GPIO.LOW / False / 1 / GPIO.HIGH / True；如果编码规则为 GPIO.BOARD，那么 channel 就是对应引脚的数字。

如果想一次性设置多个引脚，可使用下面的代码：

```
chan_list = [11, 12]
GPIO.output(chan_list, GPIO.LOW)                  #11，12 号引脚都是低电平
GPIO.output(chan_list, (GPIO.HIGH, GPIO.LOW))     #11 号引脚是高电平，12 号引脚是低电平
```

还可以使用 Input( )函数读取一个输出引脚的状态并将其作为输出值，例如：

```
GPIO.output(12, not GPIO.input(11))
```

(5) 读取引脚状态。

实际使用时，常常需要读取引脚的输入状态。取引脚输入状态的代码如下：

```
GPIO.input(channel)
```

如果引脚为低电平，则返回 0 / GPIO.LOW / False；为高电平，则返回 1 / GPIO.HIGH / True。

如果输入引脚处于悬空状态，引脚的值将是动态的。换句话说就是读取到的值是未知的，这是因为它并没有被连接到任何的信号上，直到按下一个按钮或开关。由于干扰的影响，输入的值可能会反复变化，使用下面代码可以解决这个问题。

```
GPIO.setup(channel, GPIO.IN, pull_up_down = GPIO.PUD_UP)

GPIO.setup(channel, GPIO.IN, pull_up_down = GPIO.PUD_DOWN)
```

其中，channel 是基于指定的编号系统(即 BOARD 或 BCM 编号系统)的通道编号。

需要注意的是，上面的代码只用于获取当前某一瞬间引脚的输入信号。

如果需要实时监控引脚的状态变化，可以采用轮询和边缘检测两种方法。

轮询是最简单、原始的方法，即每隔一段时间检查输入的信号值。如果程序读取的时机错误，则很可能会丢失输入信号。轮询是在循环中执行的，这种方法比较占用处理器资源。示例代码如下：

```
while GPIO.input(channel) == GPIO.LOW:
    time.sleep(0.01)                    #等待 10 ms，让 CPU 处理其他事件
```

边缘是指信号状态的改变，从低到高(上升沿)或从高到低(下降沿)。通常情况下，我们更关心输入状态的边的变化而不是输入信号的值。这种输入状态的边的变化被称为事件。检测这种事件是否发生就称为边缘检测。先介绍以下两个函数：

wait_for_edge() 函数：用于阻止程序的继续执行，直到检测到一个边沿。例如，上述等待按钮按下的实例代码可以改写为：

```
GPIO.wait_for_edge(channel, GPIO.RISING)
```

用此函数也可以检测 GPIO.RISING、GPIO.FALLING 或 GPIO.BOTH 类型的边沿。这样做的好处是它使用的 CPU 时间可以忽略不计，因此可让 CPU 去做其他更多的工作。

如果只想等待一段时间，则可以使用 timeout 参数：

```
#上升沿等待最多 5s(以毫秒为单位)
channel = GPIO.wait_for_edge(channel, GPIO_RISING, timeout = 5000)
if channel is None:
    print('Timeout occurred')
else:
    print('Edge detected on channel', channel)
```

add_event_detect() 函数：该函数对一个引脚进行监听，一旦引脚输入状态发生了改变，就调用 event_detected()函数返回 true。

代码如下：

```
GPIO.add_event_detect(channel, GPIO.RISING)    #对引脚增加上升沿检测
do_something()
if GPIO.event_detected(channel):
    print('Button pressed')
```

上面的代码需要自己新建一个线程去循环检测 event_detected()的值，比较麻烦。不过可采用直接传入一个回调函数的方法来轻松检测状态，代码如下：

```
def my_callback(channel):
    print('This is a edge event callback function!')
    print('Edge detected on channel %s'%channel)
```

```
        print('This is run in a different thread to your main program')

    GPIO.add_event_detect(channel, GPIO.RISING, callback = my_callback)
    #对引脚增加上升沿检测
```

如果想设置多个回调函数，可采用如下代码：

```
    def my_callback_one(channel):
        print('Callback one')

    def my_callback_two(channel):
        print('Callback two')

    GPIO.add_event_detect(channel, GPIO.RISING)
    GPIO.add_event_callback(channel, my_callback_one)
    GPIO.add_event_callback(channel, my_callback_two)
```

注意：在这种情况下，回调函数是按顺序运行的，而不是同时运行的。这是因为只有一个线程用于回调函数，每个回调函数都要按照定义的顺序运行。

5) 点亮 LED 灯

编写代码之前，首先需要将 LED 灯的引脚通过杜邦线连接到树莓派的引脚上，比如连接到 11 号引脚。新建一个 main.py 文件，写入如下代码：

```
    import PRi.GPIO as GPIO      #调入树莓派的 GPIO 库并命名为 GPIO
    import time                  #调入时间的函数库

    GPIO.setmode(GPIO.BOARD)     #设置引脚编号规则
    GPIO.setup(11, GPIO.OUT)     #将 11 号引脚设置为输出模式
    while True:
        GPIO.output(11, GPIO.HIGH)   #将引脚的输出状态设置为高电平，此时 LED 灯亮
        time.sleep(1)                #程序休眠 1 s，让 LED 灯亮 1 s
        GPIO.output(11, GPIO.LOW)    #将引脚的输出状态设置为低电平，此时 LED 灯灭
        time.sleep(1)                #程序休眠 1 s，让 LED 灯灭 1 s
    GPIO.cleanup()                   #程序的最后要清除所有资源
```

运行此段代码，可以看到 LED 灯一闪一闪的。我们还可以利用 PWM 来制作呼吸灯效果，代码如下：

```
    import RPi.GPIO as GPIO      #调入树莓派的 GPIO 库并命名为 GPIO
    import time                  #调入时间的函数库

    GPIO.setmode(GPIO.BOARD)     #设置引脚编号规则
    GPIO.setup(12, GPIO.OUT)     #将 12 号引脚设置为输出模式

    p = GPIO.PWM(12, 50)         #调用 PWM 函数创建对象，引脚号为 12, 频率为 50 Hz
    p.START(0)                   #以 0%占空比(0%~100%)开始
```

```
        try:                         #错误处理
            while True:              #一直循环
                for i in range(0, 101, 2)    #循环，从 0 到 100 每隔两个取一次数
                    p.ChangedutyCyCle(i)  #更改占空比，数值越大，LED 灯就越亮
                    time.sleep(0.03)      #延时 30 ms，程序中的单位是 s，最高精度是 ms
                for i in range(100, -1, -2)  #循环，让灯越来越暗
                    p.ChangedutyCyCle(i)
                    time.sleep(0.03)
        except KeyboardInterrupt:    #当有键盘中断时(大部分时候为"CTRL + C"键)
         pass                        #表示什么也不做，然后继续跳到下一行执行
        p.stop()                     #停用 PWM
        GPIO.cleanup()               #清理 GPIO 口
```

占空比就是实际高电平占逻辑高电平的多少(比如，逻辑上，高电平应该是 10 s，但是只在这 10 s 里产 1 s 的高电平，剩下的 9 s 都是低电平，则占空比是 10%)

3. 控制双色 LED 灯

双色(LED)灯能发出红色和绿色两种不同颜色的光。正电压作用于 LED 灯端子之一时，使 LED 灯发出相应的颜色的光，一次电压只能作用于一个引脚，常用于各种设备的指示灯。双色 LED 灯模块如图 8-29 所示。

1) 组件

控制双色 LED 灯所需组件有:

(1) Raspberry Pi 4B 主板一块;

(2) 树莓派电源一块;

(3) 40P 软排线一块;

(4) 双色 LED 灯模块一块;

(5) 面包板一块;

(6) 跳线若干。

图 8-29 双色 LED 灯模块

2) 实验原理

将引脚 R 和 G 连接到 Raspberry Pi 的 GPIO，对 Raspberry Pi 进行编程，将 LED 灯的颜色从红色变为绿色，然后使用 PWM(脉宽调制)混合成其他颜色。其原理图如图 8-30 所示。

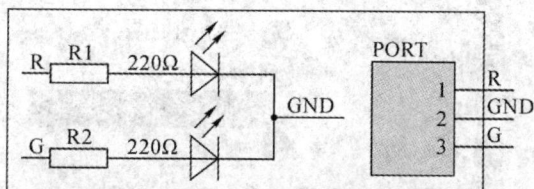

图 8-30 双色 LED 灯模块原理图

3) 连接线路

将树莓派通过 T 型转接板连接到面包板，树莓派 GPIO 11 接 T 型转接板 GPIO 17，红白线连接双色 LED 灯模块 R 端子;树莓派 GPIO 12 接 T 型转接板 GPIO 18，绿白线连接

双色 LED 灯模块 G 端子；树莓派 GND 接 T 型转接板 GND，黑线连接双色 LED 灯模块 GND 端子。具体连接可参照表 8-3 和图 8-31。

表 8-3　树莓派、T 型转接板和双色 LED 灯模块连接说明

树　莓　派	T 型转接板	双色 LED 灯模块	引脚说明
GPIO 0(序号 11)	GPIO 17	—	R(红色)
GND	GND	中间引脚	GND(接地)
GPIO 1(序号 12)	GPIO 18	S	G(绿色)

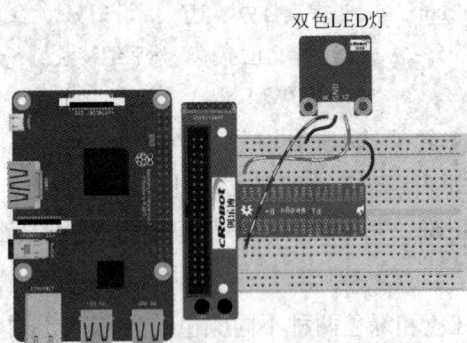

图 8-31　双色 LED 灯电路连接图

4) 启动树莓派

启动树莓派后可采用集成开发环境 Python IDE 编写代码。打开 Python IDE 的方法如图 8-32 所示。

图 8-32　打开 Python IDE 示意图

5) 编写代码

打开 Python IDE 后，在"file"菜单下单击"new file"按钮，新建文件，开始编程。代码编写过程如下：

(1) 导入模块。

(2) 设置常量。

(3) 设置板载模式。

RGB 色彩模式是工业界的一种颜色标准，是通过对红(R)、绿(G)、蓝(B)三个颜色通道的变化以及它们相互之间的叠加来得到各式各样的颜色的。在计算机中，所谓 R、G、B 的"多少"，是指亮度，并使用整数来表示。通常情况下，R、G、B 各有 256 级亮度，分别用数字 0，1，2，…，255 表示。其中，0 表示没有刺激量，255 表示刺激量达最大值。R、G、B 均为 255 时就合成了白色，R、G、B 均为 0 时就合成了黑色。

下面代码段的颜色列表中，用两位十六进制数表示每种颜色的刺激量，本任务中只有红色和绿色两种基色，所以每种颜色用四位十六进制数表示。如"0xFF00"表示红色，"0x00FF"表示绿色，而 "0x0FF0"表示红色的刺激量为前两位十六进制数"0F"，绿色的刺激量为后两位十六进制数"F0"。代码段如下：

```python
#!/usr/bin/env python          #告诉 Linux 本文件是一个 Python 程序
import RPi.GPIO as GPIO        #导入控制 GPIO 的模块 RPi.GPIO
import time                    #导入时间模块，提供延时、时钟和其他时间函数


colors = [0xFF00, 0x00FF, 0x0FF0, 0xF00F]    #颜色列表
 pins = {'pin_R':11, 'pin_G':12}  #针脚字典，物理位置编号，红色为 11 号，绿色为 12 号


GPIO.setmode(GPIO.BOARD)   #设置引脚编号模式为板载模式，即树莓派上的物理位置
                             编号或者为 BCM 模式：#GPIO.setmode (GPIO.BCM)
```

(4) 初始化 LED 灯。

初始化 LED 灯是指对 LED 灯输入输出模式、初始电平、频率、占空比的初始化。脉宽调制(PWM)是指用微处理器的数字输出对模拟电路进行控制，是一种对模拟信号电平进行数字编码的方法。代码段如下：

```python
for i in pins:
    GPIO.setup(pins[i], GPIO.OUT)      #设置针脚模式为输出(或者输入 GPIO.IN)
    GPIO.output(pins[i], GPIO.LOW)     #设置针脚为低电平，关掉 LED 灯

p_R = GPIO.PWM(pins['pin_R'], 2000)    #设置频率为 2 kHz
p_G = GPIO.PWM(pins['pin_G'], 2000)

p_R.start(0)        #初始占空比为 0(范围：0.0≤dc≤100.0，0 为关闭状态)
p_G.start(0)        # p.start(dc)，dc 代表占空比
```

PWM 的频率决定了输出的数字信号 on(1)和 off(0)的切换速度。频率越高，切换就越快。

占空比是指一串理想脉冲序列中，正脉冲的持续时间与脉冲总周期的比值，是通过调整 LED 灯有电流和没有电流的时间比来控制的。由于人眼有视觉暂留特性，因此只要有电流和没有电流变换的频率足够高是看不出来 LED 灯是在闪烁的。当然有电流比没有电

流的时间比例越大，LED 灯做的功就越多，这样也就越亮。需要注意的是，LED 灯模块的温升和最大电流值不能超标，否则会影响其寿命。

低占空比意味着输出的能量低，即在一个周期内大部分时间信号处于关闭状态，如果 PWM 控制的负载为 LED 灯，则具体表现为 LED 灯很暗。

高占空比意味着输出的能量高，即在一个周期内大部分时间信号处于 on 状态，具体表现为 LED 灯比较亮。

当占空比为 100%时表示 fully on，即在一个周期内信号都处于 on 状态，具体表现为 LED 灯的亮度到达 100%。

当占空比为 0%时表示 totally off，即在一个周期内信号一直处于 off 状态，具体表现为 LED 灯熄灭。

通过以上分析可知：脉冲宽度调制，这个宽，不是物体的宽度，而是高电平(有效电平)信号在一个调制周期中持续时间的长短，它可以用占空比来衡量，占空比越大，脉冲宽度越宽。

(5) 创建 map()函数。

由于 RGB 格式各颜色的刺激量取值范围为 0~255(最小为 0，最大为 255)，而占空比的取值范围为 0~100(最小为 0，最大为 100)，因此要将颜色的刺激量转换为占空比对应的值。代码段如下：

```
def map(x, in_min, in_max, out_min, out_max):
    return (x - in_min) * (out_max - out_min) / (in_max - in_min) + out_min
```

(6) 创建 setcolor()函数。

通过更改占空比调整各基色的亮度，进而改变 LED 灯的发光颜色。

```
def setColor(col):                      #设置颜色
    R_val = (col & 0xFF00) >> 8         #先"与"运算只保留灯现有颜色所在位的值有效
    G_val = (col & 0x00FF) >> 0         #再"右移"运算将灯现有颜色所在位的值提取出来

    R_val = map(R_val, 0, 255, 0, 100)    #将颜色的刺激量转换为占空比对应的值
    G_val = map(G_val, 0, 255, 0, 100)

    p_R.ChangeDutyCycle(R_val)            #更改占空比，调整该颜色的亮度
    p_G.ChangeDutyCycle(G_val)
```

(7) 创建 loop()循环函数。

创建 loop()循环函数用于循环显示。代码段如下：

```
def loop():
    while True:                 #循环函数
        for col in colors:      #遍历颜色列表
            setColor(col)       #设置颜色
            time.sleep(0.5)     #延时 0.5 s
```

(8) 创建 destroy()函数。

创建 destroy()函数用以清除 LED 状态。代码段如下：

```
def destroy():
    p_R.stop()                                      #停止 PWM
p_G.stop()
    for i in pins:
        GPIO.output(pins[i], GPIO.LOW)      #关掉所有 LED 灯
        GPIO.cleanup()                      #重置 GPIO 状态
```

(9) 创建异常处理。

一个 Python 文件通常有两种使用方法：一是作为脚本直接执行；二是 import 到其他的 Python 脚本中被调用执行。"if __name__ == "__main__":" 语句的作用就是控制这两种执行代码的过程，该语句只在第一种情况(作为脚本直接执行)时为真，而 import 到其他脚本中执行时为假。代码如下：

```
if __name__ == "__main__":
    try:                                #用 try-except 代码块来处理可能引发的异常
        loop()
    except KeyboardInterrupt:           #如果遇到用户中断(control+C)，则执行 destroy()函数
        destroy()
```

6) 运行代码

运行代码，可以看到双色 LED 灯模块不断发出两种不同颜色的光。

4. 控制 RGB LED 灯

RGB LED 灯可以发出各种颜色的光。红色、绿色和蓝色的三个 LED 灯被封装到透明或半透明的塑料外壳中，并带有四个引脚。红色、绿色和蓝色三原色可以按照亮度混合并组合成各种颜色，因此可以通过控制电路使 RGB LED 灯发出各种光。

1) 组件

控制 RGB LED 灯所需组件有：

(1) Raspberry Pi 4B 主板一块；

(2) 树莓派电源一块；

(3) 40P 软排线一块；

(4) RGB LED 模块一块；

(5) 面包板一块；

(6) 跳线若干。

2) 实验原理

在本任务中，我们将使用 PWM 技术来控制 RGB LED 灯的亮度。RGB LED 灯电路原理图如图 8-33 所示。

脉冲宽度调制(PWM)是一种通过数字方式获取模拟结果的技术。数字控制用于创建方波，信号在高电平和低电平之间切换。这种开关模式可以通过改变信号持续的时间与信号关闭的时间来模拟开(5 V)和关(0 V)之间的电压。

"有效"的持续时间称为脉冲宽度。要获得不同的模拟值，可以更改或调制脉冲宽度。

如果使 LED 灯重复此开关模式足够快，好像信号是 0 到 5V 之间的稳定电压控制 LED 灯的亮度。

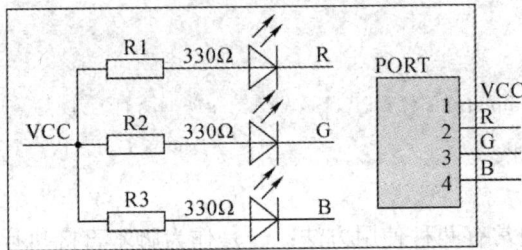

图 8-33　RGB LED 灯电路原理图

3) 连接电路

将树莓派通过 T 型转接板连接到面包板，树莓派 GPIO 11 接 T 型转接板 GPIO 17，红白线连接 RGB LED 模块 R 端子；树莓派 GPIO 12 接 T 型转接板 GPIO 18，绿白线连接 RGB LED 模块 G 端子；树莓派 GPIO 13 接 T 型转接板 GPIO27，蓝白线连接 RGB LED 模块 B 端子；树莓派 GND 接 T 型转接板 GND，黑线连接 RGB LED 模块 GND 端子。具体连接可以参照表 8-4 和图 8-34。

表 8-4　树莓派、T 型转接板和 RGB LED 模块连接说明

树 莓 派	T 型转接板	RGB LED
GND	GND	GND
GPIO 0(序号 11)	GPIO 17	R
GPIO 1(序号 12)	GPIO 18	G
GPIO 2(序号 13)	GPIO 27	B

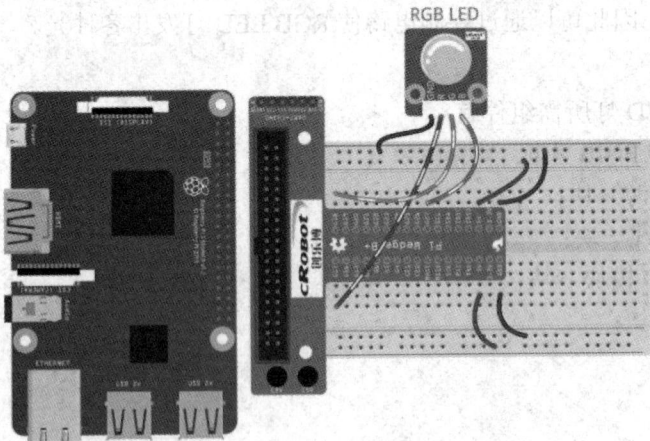

图 8-34　RGB LED 模块连接图

4) 编辑代码

通过 VNC-Viewer 软件打开树莓派的远程桌面，启动 Python IDE 后开始编程。

(1) 设置颜色值和引脚编号。

下面代码段的颜色列表中，用两位十六进制数表示每种颜色的刺激量，所以每种颜色用六位十六进制数表示。如"0xFF0000"表示红色，"0x00FF00"表示绿色，而

"0xFF00FF"表示介于红色和蓝色之间的紫色。

```
#!/usr/bin/env python          #告诉 Linux 本文件是一个 Python 程序
import RPi.GPIO as GPIO        #导入控制 GPIO 的模块 RPi.GPIO
import time                    #导入时间模块，提供延时、时钟和其他时间函数

colors = [0xFF0000, 0x00FF00, 0x0000FF, 0xFFFF00, 0xFF00FF, 0x00FFFF]   #颜色列表
R = 11                         #定义物理针脚号
G = 12
B = 13
```

(2) 初始化 RGB LED 灯。

初始化 RGB LED 灯的参考代码如下：

```
def setup(Rpin, Gpin, Bpin):
    global pins          #在函数内部声明被其修饰的变量是全局变量
    global p_R, p_G, p_B
    pins = {'pin_R': Rpin, 'pin_G': Gpin, 'pin_B': Bpin}   #定义引脚字典
    GPIO.setmode(GPIO.BOARD)          #设置引脚编号模式为板载模式

    for i in pins:
        GPIO.setup(pins[i], GPIO.OUT)     #设置针脚模式为输出(或者输入 GPIO.IN)
        GPIO.output(pins[i], GPIO.LOW)    #设置引脚开始输出为低电平，关掉 LED 灯

    p_R = GPIO.PWM(pins['pin_R'], 2000)   #设置 PWM 调控频率为 2 kHz
    p_G = GPIO.PWM(pins['pin_G'], 1999)
    p_B = GPIO.PWM(pins['pin_B'], 5000)

    p_R.start(0)                          #初始占空比为 0(LED 灯不亮)
    p_G.start(0)
    p_B.start(0)
```

(3) 定义 map()和 off()函数。

由于 RGB 格式各颜色的刺激量取值范围为 0~255（最小为 0，最大为 255），而占空比的取值范围为 0~100（最小为 0，最大为 100），因此要用 map()函数将颜色的刺激量转换为占空比对应的值。off()函数用于关闭 RGB LED 灯。参考代码如下：

```
def map(x, in_min, in_max, out_min, out_max):  #将颜色的刺激量转换为占空比对应的值
    return (x - in_min) * (out_max - out_min) / (in_max - in_min) + out_min

def off():
    for i in pins:
        GPIO.output(pins[i], GPIO.LOW)       #关掉所有 RGB LED 灯
```

(4) 创建 setcolor()函数。

通过更改占空比调整各基色的亮度，进而设置 RGB LED 灯的发光颜色。参考代码如下：

```
def setColor(col):                        #例如: col = 0x112233
    R_val = (col & 0xff0000) >> 16    #先"与"运算只保留灯现有颜色所在位的值有效
    G_val = (col & 0x00ff00) >> 8     #再"右移"运算将灯现有颜色所在位的值提取出来
    B_val = (col & 0x0000ff) >> 0

    R_val = map(R_val, 0, 255, 0, 100)    #将颜色的刺激量转换为占空比对应的值
    G_val = map(G_val, 0, 255, 0, 100)
    B_val = map(B_val, 0, 255, 0, 100)

    p_R.ChangeDutyCycle(R_val)            #更改占空比，调整该颜色的亮度
    p_G.ChangeDutyCycle(G_val)
    p_B.ChangeDutyCycle(B_val)
```

(5) 定义循环函数。

循环函数的代码如下：

```
def loop():
    while True:
        for col in colors:
            setColor(col)
            time.sleep(1)
```

(6) 定义清除 RGB LED 灯状态的函数。

清除 RGB LED 灯状态的函数的代码如下：

```
def destroy():
    p_R.stop()        #停止 PWM
    p_G.stop()
    p_B.stop()
    off()             #关闭所有 RGB LED 灯
    GPIO.cleanup()    #重置 GPIO 状态
```

(7) 创建异常处理。

创建异常处理的代码如下：

```
if __name__ == "__main__":
    try:                          #用 try-except 代码块来处理可能引发的异常
        setup(R, G, B)            #调用初始化设置 RGB LED 灯的函数
        loop()                    #调用循环函数
    except KeyboardInterrupt:     #如果遇到用户中断(control+C)，则执行 destroy()函数
        destroy()                 #调用清除 RGB LED 灯状态的函数
```

5. 控制激光发射

激光具有良好的指向性和能量集中性，被广泛用于医疗、军事等领域。激光发射模块是一种可以发射激光的模块。激光传感器模块如图 8-35 所示。

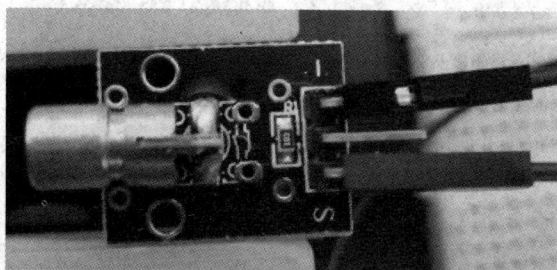

图 8-35 激光传感器模块

1) 组件

控制激光发射所需组件有:

(1) Raspberry Pi 4B 主板一块;

(2) 树莓派电源一块;

(3) 40P 软排线一块;

(4) 激光传感器模块一块;

(5) 面包板一块;

(6) 跳线若干。

2) 实验原理

具体的实验原理如图 8-36 所示。

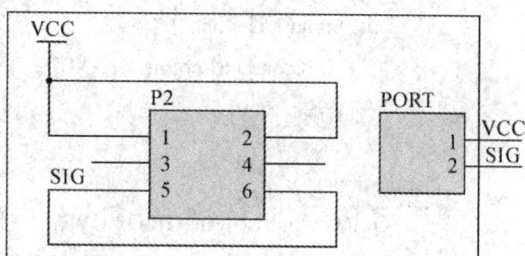

图 8-36 激光发射模块原理图

3) 连接线路

连接线路具体可参照表 8-5。

表 8-5 树莓派、T 型转接板和激光发射模块连接说明

树 莓 派	T 型转接板	激光发射模块
GPIO 0(序号 11)	GPIO 17	S
GND	GND	—

4) 编辑代码

参考代码如下:

```
#!/usr/bin/env python
#######################################################
#
#     DO NOT WATCH THE LASER DERECTELY IN THE EYE!
#
#######################################################
import RPi.GPIO as GPIO
import time

LedPin = 11
```

```
def setup():
    GPIO.setmode(GPIO.BOARD)
    GPIO.setup(LedPin, GPIO.OUT)
    GPIO.output(LedPin, GPIO.LOW)

def loop():
    while True:
        print ('...Laser off')
        GPIO.output(LedPin, GPIO.LOW)
        time.sleep(0.5)
        print ('Laser on...')
        GPIO.output(LedPin, GPIO.HIGH)
        time.sleep(0.5)

def destroy():
    GPIO.output(LedPin, GPIO.LOW))
    GPIO.cleanup()

if __name__ == '__main__':
    setup()
    try:
        loop()
    except KeyboardInterrupt:
        destroy()
```

5）运行代码

运行代码，观察实验效果。

任务三　用树莓派控制各种开关

任务 目的 ▶▶------●●●

(1) 掌握树莓派与 T 型转接板的连接方法。

(2) 掌握 T 型转接板与各种开关的连接方法。

(3) 掌握如何编写代码控制各种开关传感器。

任务 内容 ▶▶------●●●

(1) 使用树莓派控制继电器。

(2) 使用树莓派控制轻触开关按键。

(3) 使用树莓派控制倾斜开关。

（4）使用树莓派控制震动开关。

（5）使用树莓派控制触摸开关。

任务步骤 ▶▶----●●●

1．控制继电器

继电器是一种用于响应施加的输入信号，可在两个或多个点或设备之间提供连接的设备。换句话说，继电器提供了控制器和设备之间的隔离，当需要用小电信号控制大电流或电压时，继电器非常有用。

1）组件

控制继电器所需组件有：

（1）Raspberry Pi 3 主板一块；

（2）树莓派电源一块；

（3）40P 软排线一块；

（4）继电器模块一块；

（5）双色 LED 模块一块；

（6）面包板一块；

（7）跳线若干。

2）实验原理

每个继电器包括以下 5 个部件(继电器实物图如图 8-37 所示)：

（1）电磁铁：由一个线圈缠绕的铁芯组成，当电流通过时变成磁性的，因此被称为电磁铁。

（2）电枢：是一种可移动磁条，当电流流过时线圈通电，从而产生一个磁场，用于闭合常开点和断开常闭点，可用直流电或交流电驱动。

（3）弹簧：当没有电流流过电磁铁上的线圈时，弹簧将电阻拉开，因此电路无法形成回路。

（4）触点：有两个触点：

常开——继电器被激活时连接，不活动时断开。

常闭——继电器激活时未连接，未激活时连接。

（5）模制外壳：继电器覆盖有塑料壳，具有保护作用。

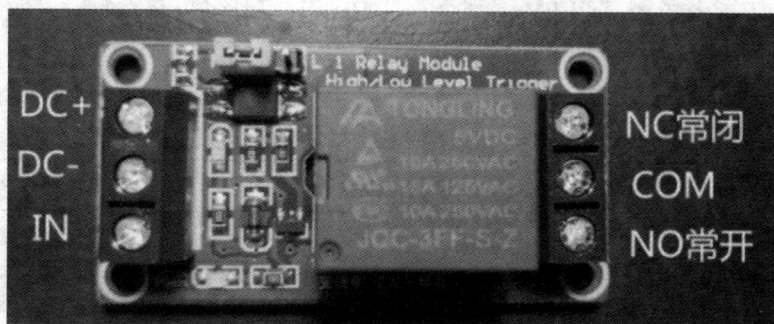

图 8-37　继电器实物图

继电器的工作原理很简单。当继电器供电时，电流开始流经控制线圈，使电磁体开始通电，然后衔铁被吸引到线圈上，将动触点向下拉，从而与常开触点连接，使带负载的电路通电。断开电路则会出现相反的情况，在弹簧的作用下，动触头将被拉到常闭触点。这样，继电器的接通和断开可以控制负载电路的状态，其工作原理如图 8-38 所示。

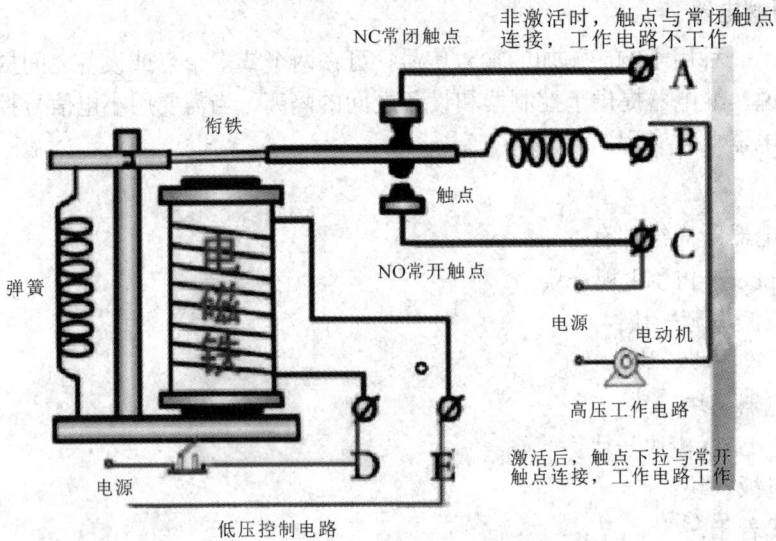

图 8-38　继电器工作原理图

继电器工作时，将 IN 连接到 Raspberry Pi，Raspberry Pi 发送一个高电平给 IN，晶体管通电，且继电器的线圈通电，于是继电器的常开触点闭合，常闭触点将脱离公共端口。继电器要停止工作时 Raspberry Pi 向 IN 发送低电平，晶体管断开，继电器的线圈断电，于是继电器恢复到初始状态。

3. 连接线路

连接线路可参照表 8-6、表 8-7 和图 8-39。

表 8-6　T 型转接版和继电器模块管脚连接说明表

树 莓 派	T 型转接板	继电器模块
GPIO 0(序号 11)	GPIO 17	SIG(IN)
5 V	5 V	VCC(DC+)
GND	GND	GND(DC−)
5 V	5 V	COM

表 8-7　继电器和双色 LED 模块管脚连接说明表

双色 LED 模块	T 型转接板	继电器模块
R	—	常开(NO)
GND	GND	—
G	—	常闭(NC)

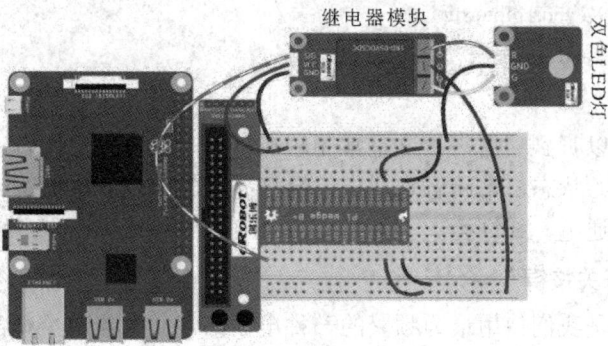

图 8-39　继电器连接图

4) 编辑代码

参考代码如下：

```python
#!/usr/bin/env python
import RPi.GPIO as GPIO
import time

RelayPin = 11                           # 11 号管脚

def setup():
    GPIO.setmode(GPIO.BOARD)
    GPIO.setup(RelayPin, GPIO.OUT)
    GPIO.output(RelayPin, GPIO.LOW)

def loop():
    while True:
        print('...relayd on')
        GPIO.output(RelayPin, GPIO.LOW)     #低电平时，继电器为初始状态
        time.sleep(0.5)                     #常闭触点通电，绿灯亮
        print('relay off...')
        GPIO.output(RelayPin, GPIO.HIGH)    #高电平时，继电器为激活状态
        time.sleep(0.5)                     #常开触点通电，红灯亮

def destroy():
    GPIO.output(RelayPin, GPIO.LOW)
    GPIO.cleanup()

if __name__ == '__main__':
    setup()
    try:
        loop()
```

```
except KeyboardInterrupt:
    destroy()
```

5) 运行代码

运行代码，可以听到嘀嗒声，这是常闭触点打开，常开触点闭合。GPIO 17 输出低电平时，继电器为初始状态，常闭触点通电，绿灯亮；GPIO 17 输出高电平时，继电器为激活状态，常开触点通电，红灯亮。

2. 控制轻触开关按键

轻触开关按键是我们使用最为频繁的一种电子部件，内部由一对轻触拨盘构成，当按下时闭合导通，松开时自动弹开断开。其实物图如图 8-40 所示。

1) 组件

控制轻触开关按键所需组件有：

(1) Raspberry Pi 4B 主板一块；

(2) 树莓派电源一块；

(3) 40P 软排线一块；

(4) 轻触开关按键模块一块；

(5) 双色 LED 模块一块；

(6) 面包板一块；

(7) 跳线若干。

图 8-40　轻触开关按键实物图

2) 实验原理

轻触开关按键电路原理图如图 8-41 所示。

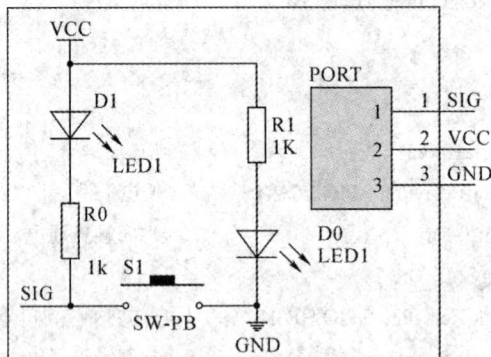

图 8-41　轻触开关按键电路原理图

3) 连接线路

连接线路可参照表 8-8、表 8-8 和图 8-42。

表 8-8　T 型转接板和轻触开关模块连接说明表

树 莓 派	T 型转接板	轻触开关
GPIO 0(序号 11)	GPIO 17	S
5 V	5 V	VCC(中间触点)
GND	GND	—

表 8-9　T 型转接板和双色 LED 灯连接说明表

树 莓 派	T 型转接板	双色 LED 灯
GPIO 1(序号 12)	GPIO 18	R(红色端口)
GND	GND	GND
GPIO 2(序号 13)	GPIO 27	G(绿色端口)

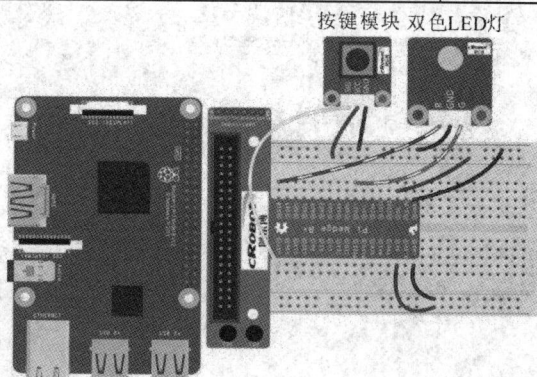

图 8-42　轻触开关按键连接图

4) 编辑代码

代码如下：

```python
#!/usr/bin/env python
import RPi.GPIO as GPIO

BtnPin = 11
Rpin   = 12
Gpin   = 13

def setup():          #定义针脚参数和初始化设置函数 setup()
    GPIO.setmode(GPIO.BOARD)
    GPIO.setup(Gpin, GPIO.OUT)
    GPIO.setup(Rpin, GPIO.OUT)
    GPIO.setup(BtnPin, GPIO.IN, pull_up_down=GPIO.PUD_UP)
    GPIO.add_event_detect(BtnPin, GPIO.BOTH, callback=detect, bouncetime=200)

def Led(x):           #定义控制双色 LED 灯闪烁的函数
    if x == 0:
        GPIO.output(Rpin, 1)      #红灯亮
        GPIO.output(Gpin, 0)      #绿灯灭
    if x == 1:
        GPIO.output(Rpin, 0)      #红灯灭
        GPIO.output(Gpin, 1)      #绿灯亮
```

```python
    def Print(x):            #打印按键是否按下的提示消息
        if x == 0:
            print(' ***********************')
            print(' *    Button is down!    *')
            print(' ***********************')
        elif x == 1:
            print(' ***********************')
            print(' *    Button is up !    *')
            print(' ***********************')


    def detect(chn):
        Led(GPIO.input(BtnPin))          #控制双色 LED 灯闪烁
        Print(GPIO.input(BtnPin))        #打印按键是否按下的提示消息


    def loop():
        while True:
            pass                         #pass 不做任何事情,一般用作占位语句


    def destroy():
        GPIO.output(Gpin, GPIO.LOW)      #绿灯灭
        GPIO.output(Rpin, GPIO.LOW)      #红灯灭
        GPIO.cleanup()                   #清除状态


    if __name__ == '__main__':
        setup()
        try:
            loop()
        except KeyboardInterrupt:
            destroy()
```

5) 运行代码

运行代码,若轻触开关按键没有按下则输出信号为高电平,即 GPIO.input(BtnPin)的值为 1,LED(x)中的 x==1,绿灯亮,打印显示"Button is up !";按下键后输出信号为低电平,即 GPIO.input(BtnPin)的值为 0,LED(x)中的 x==0,红灯亮,打印显示"Button is down !"。

3. 控制倾斜开关

带有金属球的球形倾斜开关用于检测小角度的倾斜。倾斜开关模块如图 8-43 所示。

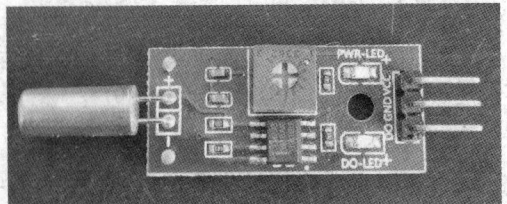

图 8-43　倾斜开关模块

1) 组件

控制倾斜开关所需组件有：

(1) Raspberry Pi 4B 主板一块；

(2) 树莓派电源一块；

(3) 40P 软排线一块；

(4) 倾斜传感器模块一块；

(5) 双色 LED 灯模块一块；

(6) 面包板一块；

(7) 跳线若干。

2) 实验原理

倾斜开关模块使用双向传导的球形倾斜开关，当倾斜开关中球以不同的倾斜角度移动可触发电路。当它向一侧倾斜时，只要倾斜度和力满足条件开关就会通电，从而输出低电平信号。电路原理图如图 8-44 所示。

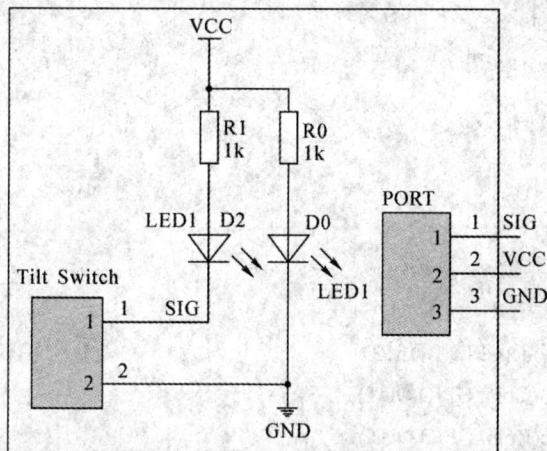

图 8-44　倾斜开关原理图

3) 连接线路

连接线路可参照表 8-10、表 8-11 和图 8-45。

表 8-10　T 型转接板与倾斜开关线路连接说明表

树 莓 派	T 型转接板	倾斜开关
GPIO 0(序号 11)	GPIO 17	SIG(DO)
5 V	5 V	VCC
GND	GND	GND

表 8-11　T 型转接板与双色 LED 灯线路连接说明表

树 莓 派	T 型转接板	双色 LED 灯
GPIO 1(序号 12)	GPIO 18	R(红色端口)
GND	GND	GND
GPIO 2(序号 13)	GPIO 27	G(绿色端口)

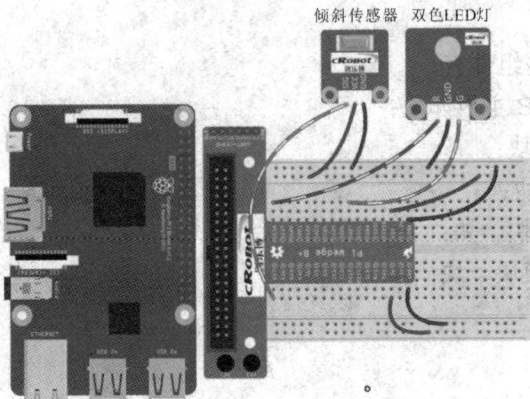

图 8-45 倾斜开光连接线路图

4) 编辑代码

代码如下：

```python
#!/usr/bin/env python
import RPi.GPIO as GPIO


TiltPin = 11
Rpin   = 12
Gpin   = 13


def setup():
    GPIO.setmode(GPIO.BOARD)
    GPIO.setup(Gpin, GPIO.OUT)
    GPIO.setup(Rpin, GPIO.OUT)
    GPIO.setup(TiltPin, GPIO.IN, pull_up_down=GPIO.PUD_UP)
    GPIO.add_event_detect(TiltPin, GPIO.BOTH, callback=detect, bouncetime=200)


def Led(x):                          #定义控制双色 LED 灯闪烁的函数
    if x == 0:
        GPIO.output(Rpin, 1)         #红灯亮
        GPIO.output(Gpin, 0)         #绿灯灭
    if x == 1:
        GPIO.output(Rpin, 0)
        GPIO.output(Gpin, 1)


def Print(x):        #打印按键是否倾斜的提示消息
    if x == 0:
        print( '     **************')
```

```
            print('   *   Tilt!   *')
            print( '   *************')

    def detect(chn):                        #定义回调函数 detect
        Led(GPIO.input(TiltPin))            #控制双色 LED 灯闪烁
        Print(GPIO.input(TiltPin))          #打印按键是否倾斜的提示消息

    def loop():
        while True:
            pass

    def destroy():
        GPIO.output(Gpin, GPIO.LOW)
        GPIO.output(Rpin, GPIO.LOW)
        GPIO.cleanup()

    if __name__ == '__main__':
        setup()
        try:
            loop()
        except KeyboardInterrupt:
            destroy()
```

5) 运行代码

运行代码，当倾斜开关模块水平放置时，输出信号为高电平，即 GPIO.input(TiltPin)的值为 1，LED(x)中的 x == 1，绿灯亮，无打印信息；当倾斜时，开关通电，从而输出低电平信号，GPIO.input(TiltPin)的值为 0，即 LED(x)中的 x ==0，红灯亮，打印显示"Tilt！"。

4. 控制震动开关

震动开关也称为弹簧开关或震动传感器，是一种电子开关。它会产生震动力，并将结果传送给电路装置，从而触发其工作。它包含以下部分：导电震动弹簧、开关主体、触发销和包装壳。震动开关模块如图 8-46 所示。

图 8-46　震动开关模块

1) 组件

控制震动开关所需组件有:

(1) Raspberry Pi 4B 主板一块;

(2) 树莓派电源一块;

(3) 40P 软排线一块;

(4) 震动开关传感器模块一块;

(5) 双色 LED 灯模块一块;

(6) 面包板一块;

(7) 跳线若干。

2) 实验原理

在震动开关模块中,导电的震动弹簧和触发销被精确地放置在开关体中,并且通过黏合剂结合到固定位置。通常,弹簧和触发销不接触,一旦震动,弹簧就会震动并与触发器引脚接触,从而产生触发信号。

在此实验中,将双色 LED 灯模块连接到树莓派用于指示震动开关状态改变。敲击震动传感器时,震动开关打开,双色 LED 灯将闪烁绿色,再次敲击震动开关则变为红色,每一次敲击后双色 LED 灯会在两种颜色之间切换。实验原理图如图 8-47 所示。

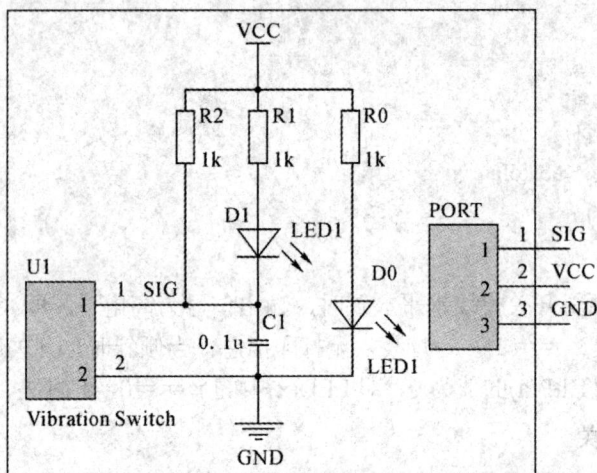

图 8-47　震动开关原理图

3) 连接线路

连接线路可参照表 8-12、表 8-13 和图 8-48。

表 8-12　T 型转接板与震动开关线路连接说明表

树莓派	T 型转接板	震动开关
GPIO 0(序号 11)	GPIO 17	SIG(DO)
5 V	5 V	VCC
GND	GND	GND

表 8-13　T 型转接板与双色 LED 灯线路连接说明表

树莓派	T 型转接板	双色 LED 灯
GPIO 1(序号 12)	GPIO 18	R(红色端口)
GND	GND	GND
GPIO 2(序号 13)	GPIO 27	G(绿色端口)

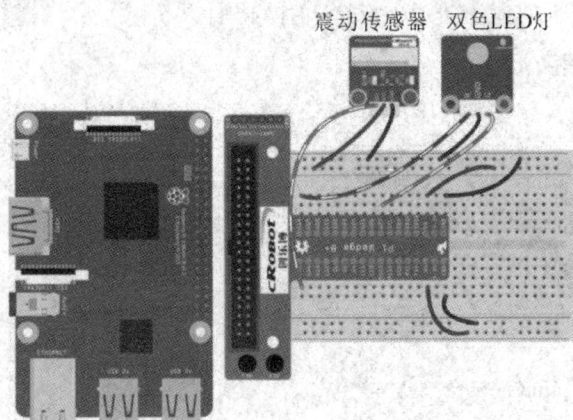

图 8-48　震动开关实验电路图

4) 编辑代码

代码如下：

```
#!/usr/bin/env python
import RPi.GPIO as GPIO
import time


VibratePin = 11
Rpin    = 12
Gpin    = 13


tmp = 0

def setup():
    GPIO.setmode(GPIO.BOARD)
    GPIO.setup(Gpin, GPIO.OUT)
    GPIO.setup(Rpin, GPIO.OUT)
    GPIO.setup(VibratePin, GPIO.IN, pull_up_down=GPIO.PUD_UP)


def Led(x):        #定义控制双色 LED 灯闪烁的函数
```

```python
        if x == 0:
            GPIO.output(Rpin, 1)      #红灯亮
            GPIO.output(Gpin, 0)      #绿灯灭
        if x == 1:
            GPIO.output(Rpin, 0)
            GPIO.output(Gpin, 1)


def Print(x):      #打印按键是否切换开关的提示消息
    global tmp
    if x != tmp:
        if x == 0:
            print('    **********')
            print('    *    ON *')
            print('    **********')

        if x == 1:
            print('    **********')
            print('       * OFF  *')
            print('    **********')
        tmp = x


def loop():
    state = 0
    while True:
        if GPIO.input(VibratePin):   #每当震动产生时
            state = state + 1
            if state > 1:
                state = 0
            Led(state)
            Print(state)
            time.sleep(1)


def destroy():
    GPIO.output(Gpin, GPIO.LOW)          #绿灯灭
    GPIO.output(Rpin, GPIO.LOW)          #红灯灭
    GPIO.cleanup()


if __name__ == '__main__':
setup()
```

```
    try:
        loop()
    except KeyboardInterrupt:
  destroy()
```

5) 运行代码

运行代码，当震动开关模块平稳没有震动时，GPIO.input(TiltPin)的值为 0，IF 语句不执行；当震动时，GPIO.input(TiltPin)的值为 1，执行 IF 语句。每次执行 IF 语句时，Led(state)中的 state 值都与上次不同，所以 LED 的颜色会在红绿之间切换。

5. 控制触摸开关

触摸开关也叫金属触摸传感器，它是一种仅在被带电体触摸时才操作的开关。它有一个接收电子信号时通电的高频晶体管。触摸开关模块如图 8-49 所示。

图 8-49　触摸开关模块

1) 组件

控制触摸开关所需组件有：

(1) Raspberry Pi 4B 主板一块；

(2) 树莓派电源一块；

(3) 40P 软排线一块；

(4) 触摸传感器模块一块；

(5) 双色 LED 灯模块一块；

(6) 面包板一块；

(7) 跳线若干。

2) 实验原理

因为人体本身是一种导体和可以接收空气中的电磁波的天线，当用手指触摸触摸开关晶体管的基极使其导通时，触摸开关模块从人体接收的电磁波信号由晶体管放大，并由模块上的比较器进行处理以输出稳定信号。

在这个实验中，触摸开关传感器产生是否被手指触摸的信号，触摸开关模块根据这个信号控制双色 LED 灯的颜色变化。其电路原理图如图 8-50 所示。

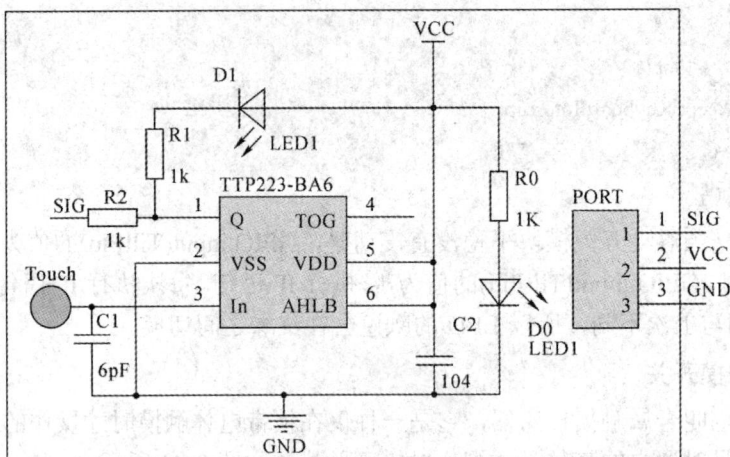

图 8-50　触摸开关原理图

3) 连接线路

连接线路可参照表 8-14、表 8-15 和图 8-51。

表 8-14　T 型转接板和触摸开关线路连接说明表

树 莓 派	T 型转接板	触摸开关传感器模块
GPIO0(序号 11)	G17	SIG
5 V	5 V	VCC
GND	GND	GND

表 8-15　T 型转接板和双色 LED 灯线路连接说明表

树 莓 派	T 型转接板	双色 LED 灯
GPIO1(序号 12)	G18	R
GPIO2(序号 13)	G27	G
GND	GND	GND

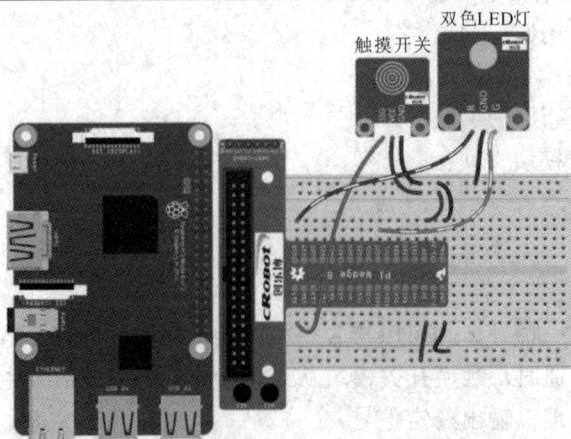

图 8-51　触摸开关线路连接图

4) 编辑代码

代码如下：

```python
#!/usr/bin/env python
import RPi.GPIO as GPIO


TouchPin = 11
Rpin    = 12
Gpin    = 13


tmp = 0


def setup():
    GPIO.setmode(GPIO.BOARD)
    GPIO.setup(Gpin, GPIO.OUT)
    GPIO.setup(Rpin, GPIO.OUT)
    GPIO.setup(TouchPin, GPIO.IN, pull_up_down=GPIO.PUD_UP)


def Led(x):      #当手触摸时为高电平 1，亮红灯；当拿开手指时为低电平 0，亮绿灯
    if x == 1:
        GPIO.output(Rpin, 1)
        GPIO.output(Gpin, 0)
    if x == 0:
        GPIO.output(Rpin, 0)
        GPIO.output(Gpin, 1)


def Print(x):
    global tmp
    if x != tmp:
        if x == 1:   #当手触摸时为高电平，打印 Touch ON
            print( '    ***********')
            print( '    * Touch ON *')
            print( '    ***********')

        if x == 0:   #当拿开手指时为低电平，打印 Take OFF
            print( '    ***********')
            print( '    * Take OFF *')
            print( '    ***********')
```

```
        tmp = x

    def loop():
        while True:
            Print(GPIO.input(TouchPin))        #当手触摸时为高电平 1, 当拿开手指时为低电平 0
            Led(GPIO.input(TouchPin))
            Print(GPIO.input(TouchPin))

    def destroy():
        GPIO.output(Gpin, GPIO.LOW)            #绿灯灭
        GPIO.output(Rpin, GPIO.LOW)            #红灯灭
        GPIO.cleanup()

    if __name__ == '__main__':
        setup()
        try:
            loop()
        except KeyboardInterrupt:
            destroy()
```

5. 运行代码

运行代码，当手触摸触摸开关时为高电平 1，亮红灯，打印"Touch ON"；当拿开手指时为低电平 0，亮绿灯，打印"Take OFF"。

任务四　用树莓派控制各种传感器

任务目的 ▶▶----●●●

(1) 掌握树莓派与 T 型转接板的连接方法。
(2) 掌握 T 型转接板与各种传感器的连接方法。
(3) 掌握如何编写代码控制各种传感器。

任务内容 ▶▶----●●●

(1) 使用树莓派控制干簧管传感器。
(2) 使用树莓派控制 U 型光电传感器。
(3) 使用树莓派控制超声波测距传感器。
(4) 使用树莓派控制旋转编码器。
(5) 使用树莓派控制有源蜂鸣器。

任务 步骤 ▶▶------●●●

1. 控制干簧管传感器

干簧管传感器也称之为磁簧开关(Reed Switch)，它是一个通过所施加的磁场操作的电开关。

基本型干簧管是将两片磁簧片密封在玻璃管内，两片磁簧片虽重叠，但中间间隔有一小空隙。当有外来磁场时将使两片磁簧片接触，进而导通；一旦磁体被拉开远离开关时，磁簧开关将返回到原来的位置。干簧管传感器可以用来计数或限制位置。干簧管传感器如图 8-52 所示。

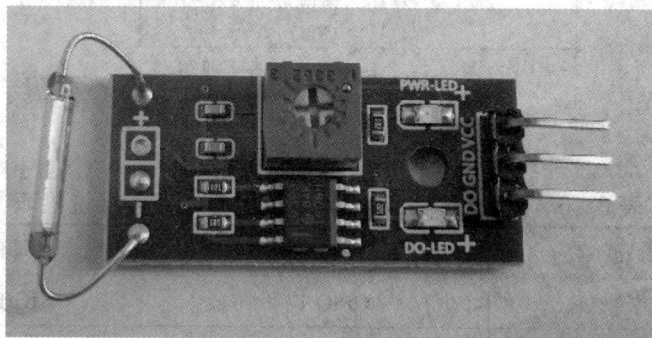

图 8-52　干簧管传感器

1) 组件

控制干簧管传感器所需组件有：

(1) Raspberry Pi 4B 主板一块；

(2) 树莓派电源一块；

(3) 40P 软排线一块；

(4) 干簧管传感器模块一块；

(5) 双色 LED 灯模块一块；

(6) 面包板一块；

(7) 跳线若干。

2) 实验原理

磁簧开关的工作原理非常简单。两片端点处重叠的可磁化的簧片(通常由铁和镍这两种金属所组成的)密封于一玻璃管中，两簧片呈交叠状且间隔有一小段空隙(仅约几微米)，这两片簧片上的触点上镀有一层很硬的金属，通常为铑和钌，这层硬金属大大提升了切换次数及产品寿命。玻璃管中装填有高纯度的惰性气体(如氮气)，有些磁簧开关为了提升其耐高压性能，会把内部做成真空状态。

磁簧开关簧片的作用相当于一个磁通导体。在尚未有磁场时，两片簧片并未接触；在通过永久磁铁或电磁线圈产生磁场时，外加的磁场使两片簧片端点位置附近产生不同的磁场极性，当磁力超过簧片本身的弹力时，这两片簧片会吸合导通电路；当磁场减弱或消失后，簧片由于本身的弹性而释放，触面就会分开从而断开电路。实验原理图如图 8-53 所示。

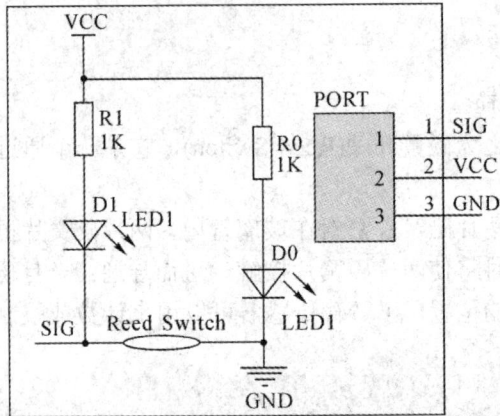

图 8-53　干簧管传感器原理图

3) 连接线路

连接线路可参照表 8-16、表 8-17 和图 8-54 所示。

表 8-16　T 型转接板和干簧管传感器线路连接说明表

树　莓　派	T 型转接板	干簧管传感器
GPIO 0(序号 11)	GPIO 17	SIG(DO)
5 V	5 V	VCC
GND	GND	GND

表 8-17　T 型转接板和双色 LED 灯线路连接说明表

树　莓　派	T 型转接板	双色 LED 灯
GPIO 1(序号 12)	GPIO 18	R(红色端口)
GND	GND	GND
GPIO 2(序号 13)	GPIO 27	G(绿色端口)

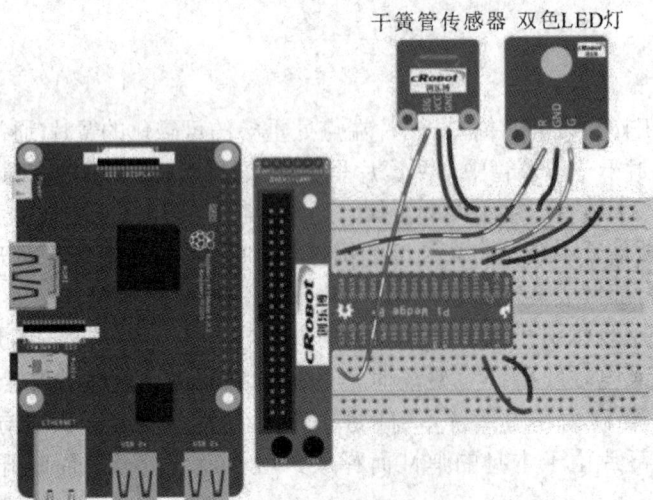

图 8-54　干簧管线路连接图

4) 编辑代码

代码如下:

```python
#!/usr/bin/env python
import RPi.GPIO as GPIO
ReedPin = 11
Rpin    = 12
Gpin    = 13


def setup():
    GPIO.setmode(GPIO.BOARD)
    GPIO.setup(Gpin, GPIO.OUT)
    GPIO.setup(Rpin, GPIO.OUT)
    GPIO.setup(ReedPin, GPIO.IN, pull_up_down=GPIO.PUD_UP)
    GPIO.add_event_detect(ReedPin, GPIO.BOTH, callback=detect, bouncetime=200)


def Led(x):          #定义控制双色 LED 灯闪烁的函数
    if x == 0:       #传感器输出低电平,干簧管簧片拉在一起,电路连通,红灯亮
        GPIO.output(Rpin, 1)
        GPIO.output(Gpin, 0)
    if x == 1:       #传感器输出高电平,干簧管簧片分开,电路断开,绿灯亮
        GPIO.output(Rpin, 0)
        GPIO.output(Gpin, 1)


def Print(x):        #打印检测到磁性物质
    if x == 0:
        print( '    ********************************')
        print( '    *    Detected Magnetic Material!    *')
        print( '    ********************************')


def detect(chn):                      #定义回调函数
    Led(GPIO.input(ReedPin))          #控制双色 LED 灯闪烁的函数
    Print(GPIO.input(ReedPin))        #打印检测到磁性物质
    print GPIO.input(ReedPin)         #验证 GPIO.input(ReedPin)的值


def loop():
    while True:
        pass


def destroy():
```

```
        GPIO.output(Gpin, GPIO.LOW)           #绿灯灭
        GPIO.output(Rpin, GPIO.LOW)           #红灯灭
        GPIO.cleanup()


    if __name__ == '__main__':
        setup()
        try:
            loop()
        except KeyboardInterrupt:
            destroy()
```

5) 运行代码

运行代码，把磁铁靠近干簧管传感器，当干簧管传感器检测到磁铁时(或者拿开磁铁时)，边缘事件检测函数都会回调 detect(chn)函数，产生低电平信号(或者高电平信号)，GPIO.input(ReedPin)的值为 0(或 1)，LED 灯会呈红(或绿)色。

2. 控制 U 型光电传感器

U 型光电传感器是一种对射式光电传感器，它由一个发射端和接收端组成。它在发射端发射红外光，并对红外发射光进行阻断和导通；在接收端通过判断红外接收管感应出的电流变化来实现传感器的开和关。适用于物体通过传感器使光线被挡住的情况，因此，U 型光电传感器广泛用于速度测量。U 型光电传感器模块如图 8-55 所示。

图 8-55　U 型光电传感器模块

1) 组件

控制 U 型光电传感器所需组件有：

(1) Raspberry Pi 4B 主板一块；

(2) 树莓派电源一块；

(3) 40P 软排线一块；

(4) U 型光电传感器模块一块；

(5) 双色 LED 灯模块一块;

(6) 面包板一块;

(7) 跳线若干。

2) 实验原理

U 型光电传感器由发射器和接收器两部分组成。发射器发光,然后光线进入接收器,如果发射器和接收器之间的光被障碍物挡住,接收器将检测不到入射光,输出电平将会改变(光线隔断是高电平,没有挡住时是低电平)。

在这个实验中,我们将通过使用 U 型光电传感器来打开或关闭 LED 灯。其原理图如图 8-56 所示。

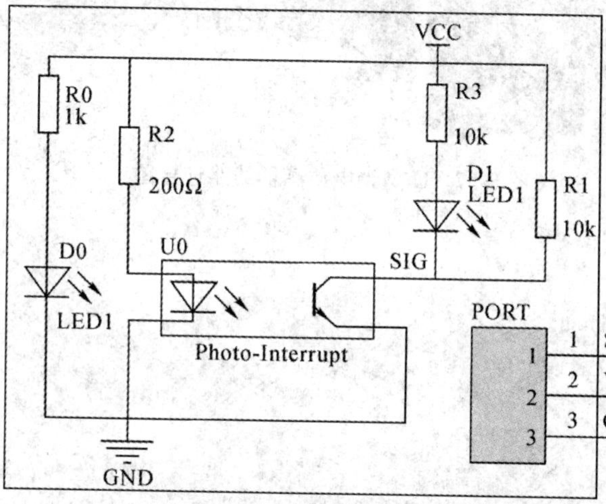

图 8-56　U 型光电传感器模块原理图

3) 连接线路

连接线路可参照表 8-18、表 8-19 和图 8-57。

表 8-18　T 型转接板和 U 型光电传感器线路连接说明表

树　莓　派	T 型转接板	U 型光电传感器
GPIO 0(序号 11)	GPIO 17	SIG(OUT)
3.3 V	3.3 V	VCC
GND	GND	GND

表 8-19　T 型转接板和双色 LED 灯线路连接说明表

树　莓　派	T 型转接板	双色 LED 灯
GPIO 1(序号 12)	GPIO 18	R(红色端口)
GND	GND	GND
GPIO 2(序号 13)	GPIO 27	G(绿色端口)

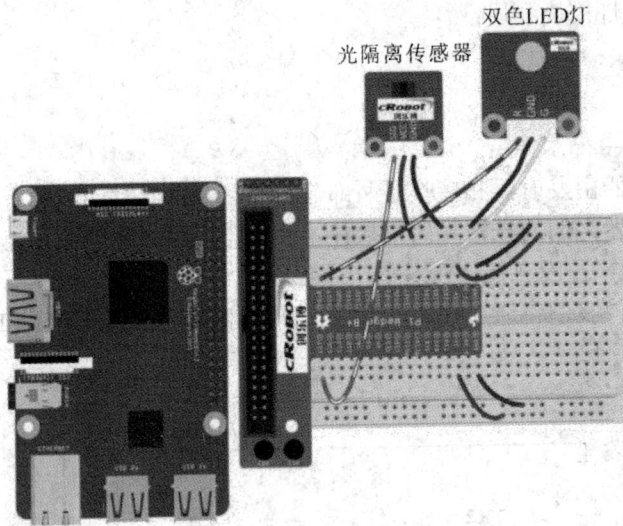

图 8-57　U 型光电传感器线路连接图

4) 编辑代码

代码如下:

```python
#!/usr/bin/env python
import RPi.GPIO as GPIO


PIPin   = 11
Rpin    = 12
Gpin    = 13


def setup():
    GPIO.setmode(GPIO.BOARD)
    GPIO.setup(Gpin, GPIO.OUT)
    GPIO.setup(Rpin, GPIO.OUT)
    GPIO.setup(PIPin, GPIO.IN, pull_up_down=GPIO.PUD_UP)
    GPIO.add_event_detect(PIPin, GPIO.BOTH, callback=detect,  bouncetime=200)


def Led(x):                  #定义控制双色 LED 灯闪烁的函数
    if x == 0:               #没有遮挡光线，电路连通，传感器输出低电平，红灯亮
        GPIO.output(Rpin, 1)
        GPIO.output(Gpin, 0)
    if x == 1:               #光线被遮挡，电路断开，传感器输出高电平，绿灯亮
        GPIO.output(Rpin, 0)
        GPIO.output(Gpin, 1)
```

```
def Print(x):              #打印光线被遮挡提示消息
    if x == 1:
        print('    ************************')
        print('    *   Light was blocked   *')
        print('    ************************')


def detect(chn):
    Led(GPIO.input(PIPin))              #控制双色 LED 灯闪烁的函数
    Print(GPIO.input(PIPin))            #打印光线被遮挡提示消息


def loop():
    while True:
        pass                            #pass 语句是空语句


def destroy():
    GPIO.output(Gpin, GPIO.LOW)         #绿灯灭
    GPIO.output(Rpin, GPIO.LOW)         #红灯灭
    GPIO.cleanup()


if __name__ == '__main__':
    setup()
    try:
        loop()
    except KeyboardInterrupt:
        destroy()
```

5) 运行代码

运行代码，当没有遮挡光线，电路接通，传感器输出低电平，红灯亮；光线被遮挡，电路断开，传感器输出高电平，绿灯亮。

3. 控制超声波测距传感器

超声波传感器使用超声波来准确检测物体并测量距离。它发出超声波并将它们转换成电信号，主要应用于汽车的倒车雷达、机器人自动避障行走、建筑施工工地以及一些工业现场。

该传感器有以下 4 个引脚(模块如图 8-58 所示)：

(1) VCC：超声波模块电源脚，接 5 V 电源。

(2) Trig：超声波发送脚，高电平时发送出 40 kHz 出超声波。

(3) Echo：超声波接收检测脚，当接收到返回的超声波时，输出高电平 5 V。

(4) GND：超声波模块 GND。

图 8-58 超声波传感器模块

1) 组件

控制超声波测距传感器所需组件有：

(1) Raspberry Pi 4B 主板一块；

(2) 树莓派电源一块；

(3) 40P 软排线一块；

(4) 超声波传感器模块一块；

(5) 面包板一块；

(6) 跳线若干。

2) 实验原理

超声波是指在弹性介质中产生的频率大于 20 kHz 的机械震荡波，其具有指向性强、能量消耗缓慢、传播距离相对较远等特点，因此常被用于非接触测距。超声波传感器工作原理如图 8-59 所示。

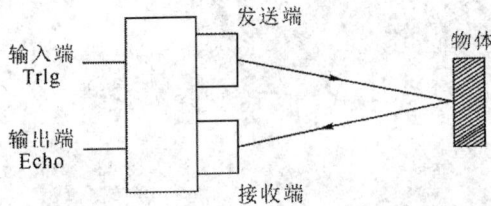

图 8-59 超声波传感器工作原理

本实验中，HC-SR04 超声波传感器通过发送声波并计算声波返回超声传感器所需的时间来工作。它通过往返时间检测法可以计算出物体相对于超声波传感器有多远。

HC-SR04 超声波测距模块可提供 2～400 cm 的非接触式距离感测功能，测距精度可高达 3 mm；

3. 连接线路

连接线路可参照表 8-20 和图 8-60。

表 8-20 T 型转接板和超声波测距模块线路连接说明表

树 莓 派	T 型转接板	超声波测距模块
GPIO 0(序号 11)	G17	Trig
GPIO 1(序号 12)	G18	Echo
5 V	5 V	VCC
GND	GND	GND

超声波传感器模块

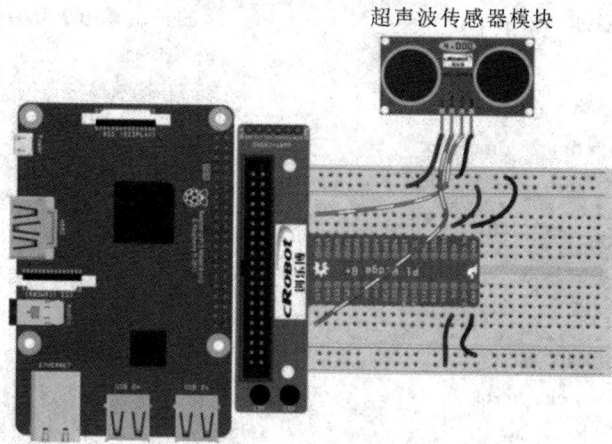

图 8-60　超声波测距传感器实验电路图

4)　编辑代码

代码如下:

```
#!/usr/bin/env python
import RPi.GPIO as GPIO
import time

TRIG = 11          #send-pin
ECHO = 12          #receive-pin

def setup():
    GPIO.setmode(GPIO.BOARD)
    GPIO.setup(TRIG, GPIO.OUT, initial = GPIO.LOW)
    GPIO.setup(ECHO, GPIO.IN)

def distance():

    GPIO.output(TRIG, 1)          #给 Trig 一个 10 μs 以上的高电平
    time.sleep(0.00001)
    GPIO.output(TRIG, 0)

    #等待低电平结束，然后记录时间

    while GPIO.input(ECHO) == 0:          #捕捉 echo 端输出上升沿
        pass
    time1 = time.time()
    #等待高电平结束，然后记录时间
```

```
        while GPIO.input(ECHO) == 1:              #捕捉 echo 端输出下降沿
            pass
        time2 = time.time()
        during = time2 - time1
        #ECHO 高电平时刻时间减去低电平时刻时间，所得时间为超声波传播时间
        return during * 340 / 2 * 100
        #超声波传播速度为 340 m/s，最后单位米换算为厘米，所以乘以 100
    def loop():
        while True:
            dis = distance()
            print(dis, 'cm')
            print('')
            time.sleep(0.3)


    def destroy():
        GPIO.cleanup()


    if __name__ == "__main__":
        setup()
        try:
            loop()
        except KeyboardInterrupt:
            destroy()
```

5) 运行代码

运行代码，将手靠近超声波测距传感器模块，观察屏幕上打印的距离数值。

4. 控制旋转编码器

旋转编码器是一种机电装置，可将轴或轴的角位置以及运动转换为模拟或数字代码。

旋转编码器通常放置在垂直于轴的一侧可用作检测自动化领域中的角度、速度、长度、位置和加速度。旋转编码器模块如图 8-61 所示。

图 8-61　旋转编码器模块

1) 组件

控制旋转编码器所需组件有：

(1) Raspberry Pi 主板一块；

(2) 树莓派电源一块；

(3) 40P 软排线一块；

(4) 旋转编码器传感器模块一块；

(5) 面包板一块；

(6) 跳线若干。

2) 实验原理

旋转编码器可通过旋转计算出正方向和反方向转动过程中输出脉冲的次数。

旋转计数不像电位计数，它是没有次数限制的，计数时配合旋转编码器上的按键可以复位到初始状态，即从 0 开始计数。

本次实验中，顺时针旋转时，计数的值变大；逆时针旋转时，计数的值减小；按下旋转按钮时，复位到初始状态，即从 0 开始计数。实验原理如图 8-62 所示。

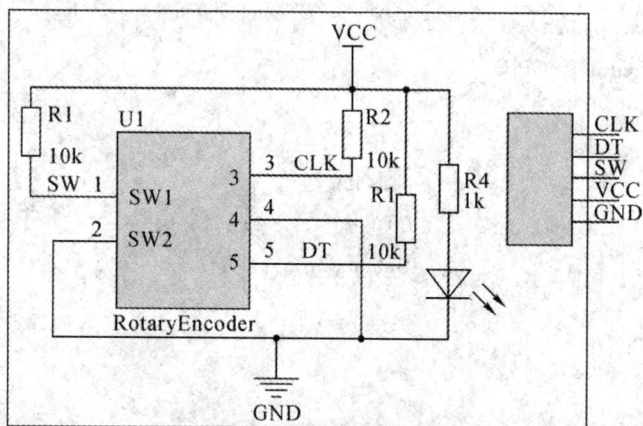

图 8-62 旋转编码器模块原理图

3) 连接线路

连接线路可参照表 8-21 和图 8-63。

表 8-21 T 型转接板和旋转编码器线路连接说明表

树莓派	T 型转接板（BCM）	旋转编码器模块
GPIO 0(序号 11)	G17	CLK
GPIO 1(序号 12)	G18	DT
GPIO 2(序号 13)	G27	SW
5 V	5 V	VCC
GND	GND	GND

旋转编码器

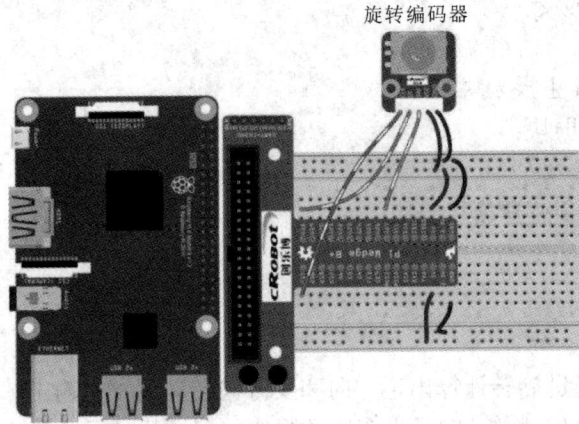

图 8-63　旋转编码器实验电路图

4) 编辑代码

代码如下：

```python
#!/usr/bin/env python
import RPi.GPIO as GPIO
import time

RoAPin = 11                    # CLK Pin
RoBPin = 12                    # DT Pin
BtnPin = 13                    # Button Pin

globalCounter = 0

flag = 0
Last_RoB_Status = 0
Current_RoB_Status = 0

def setup():
    GPIO.setmode(GPIO.BOARD)
    GPIO.setup(RoAPin, GPIO.IN)
    GPIO.setup(RoBPin, GPIO.IN)
    GPIO.setup(BtnPin, GPIO.IN, pull_up_down=GPIO.PUD_UP)

def rotaryDeal():
    global flag                      #定义全局变量
    global Last_RoB_Status
    global Current_RoB_Status
    global globalCounter
```

```
            Last_RoB_Status = GPIO.input(RoBPin)
            while(not GPIO.input(RoAPin)): #未旋转时，GPIO.input(RoAPin)值为 1，旋转时变为 0
                Current_RoB_Status = GPIO.input(RoBPin)        #旋转时的当前值
                flag = 1
            if flag == 1:
                flag = 0
                if (Last_RoB_Status == 1) and (Current_RoB_Status == 0):
                    globalCounter = globalCounter + 1        #顺时针旋转，数值增大
                if (Last_RoB_Status == 0) and (Current_RoB_Status == 1):
                    globalCounter = globalCounter - 1          #逆时针旋转，数值减小

        def btnISR(channel):                #定义回调函数
            global globalCounter
            globalCounter = 0


        def loop():
            global globalCounter
            tmp = 0 # Rotary Temperary

            GPIO.add_event_detect(BtnPin, GPIO.FALLING, callback=btnISR)
                #当按下按钮时，调用回调函数 btnISR
            while True:
                rotaryDeal()
                if tmp != globalCounter:
                    print 'globalCounter = %d' % globalCounter
                    tmp = globalCounter


        def destroy():
            GPIO.cleanup()


        if __name__ == '__main__':
            setup()
            try:
                loop()
            except KeyboardInterrupt:
                destroy()
```

5) 运行代码

运行代码，旋转编码器顺时针旋转时，计数的值变大；逆时针旋转时，计数的值减小；

按下旋转按钮时，复位到初始状态，即从 0 开始计数。

5. 控制有源蜂鸣器

蜂鸣器是音频信号装置，可分为有源蜂鸣器和无源蜂鸣器。有源蜂鸣器直接连接额定电源就可以连续发声；无源蜂鸣器则和电磁扬声器一样，需要接在音频输出电路中才能周期性地振动发声。有源蜂鸣器模块如图 8-64 所示。

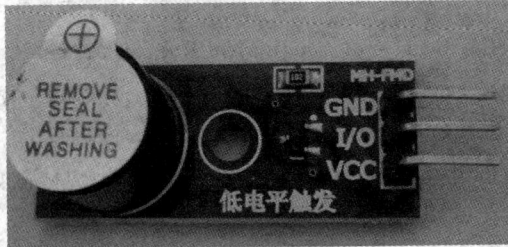

图 8-64　有源蜂鸣器模块

1）组件

控制有源蜂鸣器所需组件有：

(1) Raspberry Pi 主板一块；

(2) 树莓派电源一块；

(3) 40P 软排线一块；

(4) 有源蜂鸣器模块一块；

(5) 跳线若干。

2）原理

有源蜂鸣器内置有振荡源，所以通电时会发出声音。其电路原理图如图 8-65 所示。

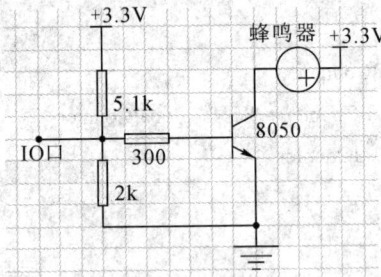

图 8-65　有源蜂鸣器电路原理图

3）连接线路

注意：本实验蜂鸣器的电源使用的是 3.3 V，而不是前面实验所使用的 5 V，若使用 5 V 电源，蜂鸣器会工作异常。连接线路可参照表 8-22 和图 8-66 所示。

表 8-22　T 型转接板和有源蜂鸣器模块线路连接说明表

树莓派	T 型转接板（BCM）	有源蜂鸣器模块
GPIO 0(序号 11)	GPIO 17	SIG(I/O)
3.3 V	3.3 V	VCC
GND	GND	GND

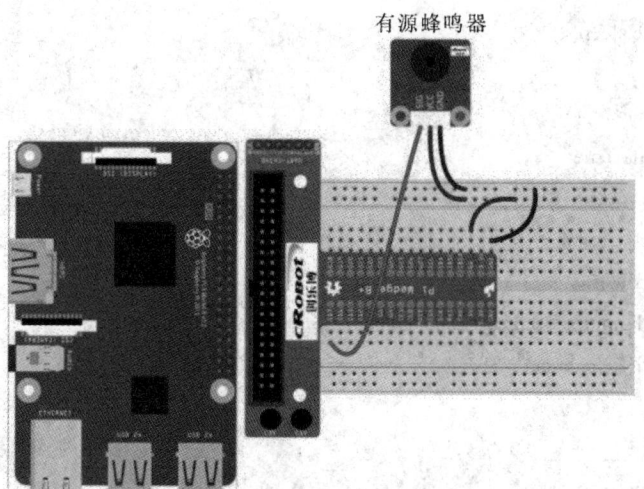

图 8-66　有源蜂鸣器实验电路图

4) 编辑代码

代码如下：

```python
#!/usr/bin/env python
import RPi.GPIO as GPIO
import time

Buzzer = 11                                    # pin11

def setup(pin):
    global BuzzerPin
    BuzzerPin = pin
    GPIO.setmode(GPIO.BOARD)
    GPIO.setup(BuzzerPin, GPIO.OUT)
    GPIO.output(BuzzerPin, GPIO.HIGH)

def on():
    GPIO.output(BuzzerPin, GPIO.LOW)        #低电平开始响

def off():
    GPIO.output(BuzzerPin, GPIO.HIGH)       #高电平停止响

def beep(x):                                #响 3 s 后停止 3 s
    on()
    time.sleep(x)
    off()
```

```
        time.sleep(x)

def loop():
    while True:
        beep(3)

def destroy():
    GPIO.output(BuzzerPin，  GPIO.HIGH)
    GPIO.cleanup()

if __name__ == '__main__':
    setup(Buzzer)
    try:
        loop()
    except KeyboardInterrupt:
        destroy()
```

5) 运行代码

运行代码，可以听到有源蜂鸣器发出声音。

附录 A 实 训 报 告

一、实训目的及意义

(1) 通过计算机硬件的拆装和操作系统的操作，培养对计算机组成及操作系统应用相关问题进行分析与表述的能力。

(2) 通过商务文档的专业训练以及计算机网络技术的学习，掌握网络的基本配置与商务文档的编排方法，培养自身的计算机应用能力。

(3) 通过多媒体的学习，掌握图像、音频、视频的编辑和合成方法，培养创新设计思维能力。

(4) 通过数据分析基础和 Python 实用案例的学习，初步掌握数据分析工具的使用和数据分析的基本算法，能够通过简要编程对本专业所采集的数据进行目的性分析，并对数据和结果进行合理解释，得到更为合理的工程问题解决方案。

二、实训内容

(逐项记录实训活动的具体内容，突出说明对自己专业技能形成以及发展具有重要意义或者需要实践环节解决的主要问题)

三、实训结果

(重点论述自己在实训活动中发现的相关问题，并进行理性分析、思考，提出解决问题的对策或建议)

四、实习总结和体会

(总结自己参加本次实训活动的收获、体会；谈谈个人对所学专业及专业前景的进一步认识；针对实训中发现的自身缺点提出今后学习、锻炼的努力方向；对本实训效果进行自我评价)

五、附录

(附加本人具有代表性的实训成果)

六、教师评阅

评阅意见						
评阅成绩		评审教师		评审时间	年 月	日

附录 B　实 训 汇 报

实训汇报的提纲如下：

一、学习内容总结

通过本次实训，你学到了什么知识？

二、学习重点

你认为本课程的学习重点有哪些？

三、学习难点

你认为本课程的学习难点有哪些？

四、我的希望

你希望该课程还能学到哪些方面的知识？

五、我的建议

你对本课程的建议有哪些？

参 考 文 献

[1]　安继芳，侯爽. 多媒体技术与应用(微课版). 北京：清华大学出版社，2019.

[2]　杨彦明，滕日，高万春，等. 多媒体技术与应用(微课版). 北京：清华大学出版社，2020.

[3]　郭建璞，董晓晓，周帜. 多媒体技术应用：基于创新创业能力培养. 北京：中国铁道出版社，2019.

[4]　徐子闻，张丹珏. 多媒体技术. 2 版. 北京：高等教育出版社，2014.

[5]　郑婵娟，贺琳，李蓉. 办公软件高级应用与实践(Office 2016). 北京：中国铁道出版社，2018.

[6]　汪瑾. 大学计算机基础：项目化实训教程. 西安：西安电子科技大学出版社，2015.

[7]　刘江，杨帆. 计算机网络实验教程. 北京：人民邮电出版社，2018.

[8]　李洪发. Excel 2016 中文版完全自学手册. 北京：人民邮电出版社，2017.

[9]　王江伟，刘青. 玩转树莓派 Raspberry Pi. 北京：北京航空航天大学出版社，2013.

[10]　BRADBURY A，EVERARD B. 树莓派 Python 编程指南. 王文峰，译. 北京：机械工业出版社，2015.

[11]　余智豪，余泽龙. 树莓派趣学实战 100 例：网络应用＋Python 编程＋传感器＋服务器搭建. 北京：清华大学出版社，2020.

[12]　刘志成，石坤泉. 大学计算机基础：基于 Windows10＋Office2016. 3 版. 北京：人民邮电出版社，2020.

[13]　LAMBERT K A. 数据结构(Python 语言描述). 李军，译. 北京：人民邮电出版社，2017.